高等教育“十二五”规划教材

Java Web 案例教程

主　编　孙　利

副主编　徐洪章　姚汝贤

张得生　李福荣

U0360884

電子工業出版社

Publishing House of Electronics Industry

北京·BEIJING

内 容 简 介

本书是根据教育部应用型科技大学的教学要求和最新大纲编写而成的。全书共分九章，主要内容包括认识 Java Web 程序设计、JSP 基础知识、Java Servlet 编程技术、JavaBean 技术、JSP 访问数据库、JSP 实用组件、MVC 设计模式、JSP 高级程序设计和 JSP 综合实例。

本书注重学生能力的培养，采用案例教学，融“教、学、做”一体化，所讲知识都是结合具体实例进行介绍，力求详略得当，使读者快速掌握用 JSP 开发动态网站的编程技术。本书可以作为普通高等院校计算机及其相关专业“Web 程序设计”、“网络编程技术”、“Web 应用程序开发”、“JSP 程序设计”等课程的教程，同时也可以作为 JSP 初学者及网站开发人员的参考书使用。

图书在版编目（CIP）数据

Java Web 案例教程 / 孙利主编. —北京：电子工业出版社，2015.1
ISBN 978-7-121-24928-0

Ⅰ. ①J… Ⅱ. ①孙… Ⅲ. ①JAVA 语言－程序设计－高等学校－教材 Ⅳ. ①TP312

中国版本图书馆 CIP 数据核字（2014）第 274689 号

策划编辑：祁玉芹
责任编辑：鄂卫华
印　　刷：中国电影出版社印刷厂
装　　订：中国电影出版社印刷厂
出版发行：电子工业出版社
　　　　　北京市海淀区万寿路 173 信箱　邮编　100036
开　　本：787×1092　1/16　印张：15　字数：365 千字
版　　次：2015 年 1 月第 1 版
印　　次：2018 年 8 月第 3 次印刷
定　　价：32.00 元

凡所购买电子工业出版社图书有缺损问题，请向购买书店调换。若书店售缺，请与本社发行部联系，联系及邮购电话：（010）88254888。

质量投诉请发邮件至 zlts@phei.com.cn，盗版侵权举报请发邮件至 dbqq@phei.com.cn。

服务热线：（010）88258888。

前言

PREFACE

近年来，随着国家教育教学改革的不断深入，各专业在课程体系、课程设置和课时安排等方面都有较大的调整，专业课程的调整尤为明显。作为计算机专业的核心课程，如何在《Web 程序设计》课程中加强对学生实践能力和动手能力的培养则显得尤为重要。

Java Server Page（简称为 JSP）是由 Sun 公司于 1999 年 6 月推出的一种基于 Java Servlet 的 Web 开发技术。它以 Java 语言为基础，与 HTML 语言紧密结合，可以很好地实现 Web 页面设计和业务逻辑分离，让 Web 程序员专注于业务逻辑的实现。JSP 程序不仅编写灵活、执行容易，而且大大提高了系统的执行性能。

本书根据当前教育面向就业、与企业接轨的思路编写，注重学生能力的培养，采用案例教学，融“教、学、做”于一体，内容丰富，知识全面，详略得当。全书共分 9 章。

第 1 章，认识 Java Web 程序设计，在介绍 Java Web 基本内容的基础上，主要介绍了 Java Web 的基本概念、应用程序组成、环境配置、运行和发布等知识。

第 2 章，JSP 基础知识，在介绍 JSP 基本知识的基础上，主要介绍了 JSP 内置的 9 大操作对象及其使用方法。

第 3 章，Java Servlet 编程技术，在介绍 Servlet 相关知识的基础上，主要介绍了 Servlet 控制程序的编写及数据处理方法。

第 4 章，JavaBean 技术，在介绍 Java Bean 的编写规范及应用的基础上，主要介绍了 JavaBean 的具体应用。

第 5 章，JSP 访问数据库，在介绍 Java 操作数据库编程的基础上，主要介绍了 JDBC 访问数据的具体步骤及其灵活应用。

第 6 章，JSP 实用组件，在介绍 JSP 实用组件的基础上，主要介绍了文件上传下载、电子邮件的发送、图表的生成和报表的使用。

第 7 章，MVC 设计模式，在介绍 MVC 设计模式和 DAO 设计模式的基础上，重点介绍了基于 MVC 设计模式的程序开发过程。

第 8 章，JSP 高级程序设计，在介绍 JSP 高级编程的基础上，主要介绍了 Ajax 技术和标签的使用。

第 9 章，JSP 综合实例，在介绍了软件开发步骤的基础上，主要介绍了如何开发综合型应用程序的过程。

本书由计算机软件专业教学一线教师编写完成，其中，主编为孙利，副主编为徐洪章、姚汝贤、张得生、李福荣。第 1 章由李福荣编写，第 2、5 章由孙利编写，第 3、8 章由徐洪章编写，第 4、9 章由张得生编写，第 6、7 章由姚汝贤编写，全书由孙利定稿。

由于编写时间仓促，书中难免有疏漏和不妥之处，欢迎大家批评指正，衷心希望广大使用者尤其是任课教师提出宝贵的意见和建议，以便再版时加以修正。

目录

CONTENTS

第 1 章　认识 Java Web 程序设计

教学目标

通过本章的学习，培养学生对 Java Web 程序设计的整体把握与掌控能力；使学生掌握 Java Web 程序设计的基本概念和开发环境的配置过程；使学生了解 Java Web 程序的项目目录结构和项目的发布流程；培养学生掌握 Java Web 程序设计的 IDE 环境和 MyEclipse 的简单使用，以及 Java Web 程序的应用；为培养学生自主学习能力奠定基础。

教学内容

本章主要介绍 Java Web 程序设计的基本概念、环境配置和应用、目录结构、项目发布等，主要包括：

（1） Java Web 程序设计的基本概念。

（2） Java Web 程序设计的学习内容。

（3） Java Web 程序应用。

（4） Java Web 程序环境配置和应用。

（5） MyEclipse 下建立 Web 项目、目录结构介绍与项目发布。

教学重点与难点

（1） Java Web 程序设计的基本概念。

（2） Java Web 程序环境配置。

（3） MyEclipse 下建立 Web 项目、目录结构介绍与项目发布。

案例 1　Java Web 程序设计的基本概念

任务 1　万维网（WWW）与网页

【任务描述】

本任务主要介绍万维网、静态网页和动态网页的基本概念，静态网网页和动态网页的执行过程，Java Web 与目前流行的网页技术。

【任务分析】

1994 年 6 月，北美的中国新闻电脑网络（China News Digest，即 CND），在其电子出版物《华夏文摘》上将 World Wide Web 翻译为“万维网”，其中文名称汉语拼音的首字母与其英文缩写一样也是“WWW”，“万维网”这一名称后来被广泛采用。万维网的核心部分是由三个标准构成的：统一资源标识符（URI），这是一个统一的为资源定位的系统；超文本传送协议（HTTP），它负责规定客户端和服务器怎样互相交流；超文本标记语言（HTML），作用是定义超文本文档的结构和格式，网页通常是 HTML 格式（文件扩展名为.html）。网页通常用图像文件来提供图画，网页要通过网页浏览器来阅读。网页是网站的一个重要组成部分，由文字、图片、视频、动画和音乐等内容组成。

【实施方案】

1．万维网（WWW）

万维网（亦称作“Web”、“WWW”、“W3”，英文全称为“World Wide Web”），是一个由许多互相链接的超文本组成的系统，可以通过互联网对它进行访问。在这个系统中，每个有用的事物，都被称为“资源”，并且由一个全域“统一资源标识符（URI）”标识。这些资源通过超文本传输协议（Hypertext Transfer Protocol）传送给使用者，使用者通过单击链接来获得资源。万维网联盟（World Wide Web Consortium，简称 W3C），又称 W3C 理事会，于 1994 年 10 月在麻省理工学院（MIT）计算机科学实验室成立。万维网联盟的创建者是万维网的发明者蒂姆·伯纳斯·李。万维网并不等同互联网，万维网只是互联网所能提供的众多服务之一，是互联网运行的一项服务。

2．网页

万维网中包含许多网页，又称 Web 页。网页是用超文本标记语言 HTML（Hyper Text Markup Language）编写的，并在超文本传输协议 HTTP 支持下运行。一个网站运行的第一个 Web 页称为主页，它主要体现网站的特点和服务项目。每一个 Web 页都用唯一的地址来表示。万维网用统一资源器 URL（Uniform Resource Locator）描述 Web 页的地址和访问它时所用的协议。

URL 的格式如下：

协议：//IP 地址或域名/路径/文件名。

3．静态和动态网页

静态网页和动态网页主要根据网页制作的语言来区分，静态网页使用的语言是 HTML（超文本标记语言），动态网页使用的语言有：HTML+ASP、HTML+PHP 和 HTML+JSP。

静态网页与动态网页的区别在于程序是否在服务器端运行。在服务器端运行的程序、网页、组件属于动态网页，它们会根据不同客户、不同时间，返回不同的网页，例如 ASP、PHP、JSP、ASP.NET、CGI 等。运行于客户端的程序、网页、插件、组件属于静态网页，例如 HTML 页、Flash、JavaScript、VBScript 等。

静态网页和动态网页各有特点，网站采用动态网页还是静态网页主要取决于网站的功能需求和网站内容的多少。如果网站功能比较简单，内容更新量不是很大，采用纯静态网页的方式会更简单；反之，一般要采用动态网页技术来实现。静态网页是网站建设的基础，静态网页和动态网页之间也并不矛盾，为了使网站能够适应搜索引擎检索的需要，即使采用动态网站技术，也可以将网页内容转化为静态网页发布。

动态网站也可以采用静动结合的原则，适合采用动态网页的地方用动态网页，如果需要使用静态网页，则可以考虑用静态网页的方法来实现。在同一个网站上，动态网页内容和静态网页内容同时存在也是很常见的事情。

由于采用的技术不一样，动态网页又分为 ASP、PHP、JSP（又称 3P 技术），如图 1-1 所示为动态网页技术。Java Web 程序设计是 J2EE 的一个应用，用 Java 技术来解决相关 Web 互联网领域的技术总和。用 Java 语言设计的网页称为 Java Web 网页，又称 JSP（全称 JavaServer Pages）是由 Sun Microsystems 公司倡导和许多公司参与共同创建的一种使软件开发者可以响应客户端请求，而动态生成 HTML、XML 或其他格式文档的 Web 网页的技术标准，因此 Java Web 程序设计也可称为 JSP 程序设计，JSP 可以跨平台运行。JSP 的 1.0 规范版本是 1999 年 9 月推出的，同年 12 月又推出了 1.1 规范，目前较新的版本是 JSP2.0。

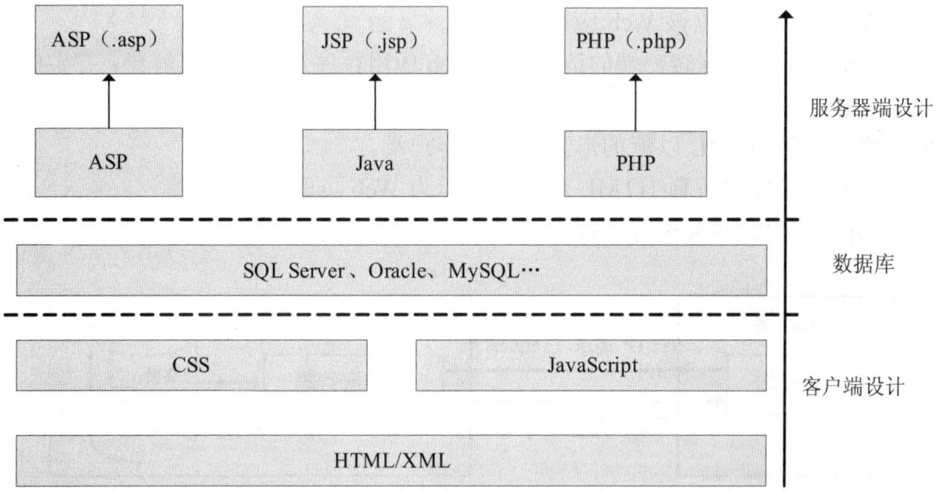

图 1-1　动态网页技术

4．静态网页执行过程

静态网页一旦制作完成就不能随意更改，因此静态网页不能实现用户与服务器之间的交互。因为制作周期长、更改困难，通常情况下静态网页应用于一些不需经常更改内容的网页。静态网页执行过程如下：

（1）使用 HTML 编写静态页面，发布到 Web 服务器端。
（2）用户客户端通过浏览器的 URL 资源定位器请求该静态页面。
（3）Web 服务器根据请求定位该静态页面。
（4）该静态页面以 HTML 流的形式返回客户端。
（5）客户端浏览器解释 HTML 流，并显示为 Web 页面。

图 1-2 所示为静态网页执行过程。

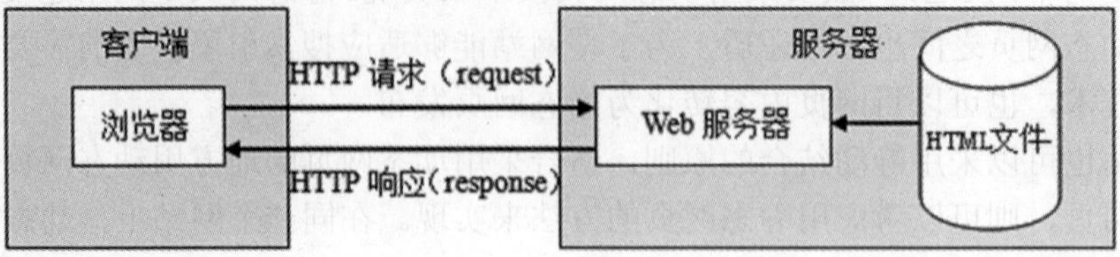

图 1-2　静态网页执行过程

5. 动态网页执行过程

动态页面是指网页中不仅仅包含 HTML 代码，还含有程序代码，可以根据客户端输入不同内容来显示不同的结果。动态网页执行过程如下：

（1） 使用动态 Web 开发技术编写的 Web 应用程序（即动态页面），并发布到 Web 服务器端。

（2） 用户客户端通过浏览器的 URL 资源定位器请求该动态页面。

（3） Web 服务器定位该 Web 应用程序。

（4） Web 服务器根据客户端的请求，对 Web 应用程序进行编译或解释，并生成 HTML 流。

（5） 将生成的 HTML 以流的形式返回给客户端。

（6） 客户端浏览器解释 HTML 流，并显示为 Web 页面。

图 1-3 所示是动态网页执行过程。

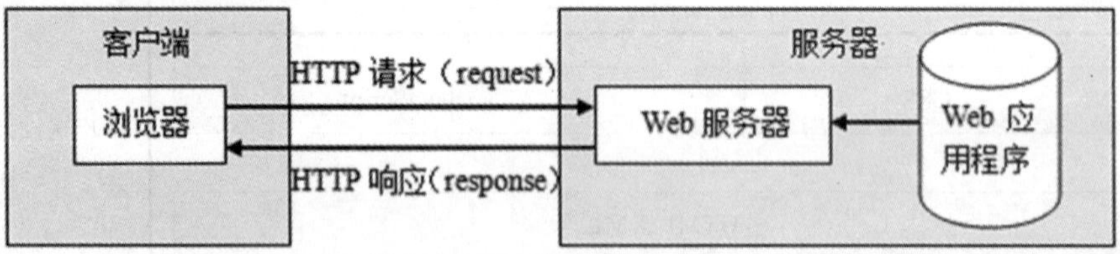

图 1-3　动态网页执行过程

任务 2　C/S 与 B/S 架构程序

【任务描述】

了解什么是 C/S 和 B/S 程序设计架构，C/S 和 B/S 程序设计架构的优缺点以及 C/S 和 B/S 程序设计的典型应用。

【任务分析】

通过对 C/S 和 B/S 程序设计架构的认识和了解，根据不同的应用要求和客户需要，选择适合客户需要的程序架构是必备能力。C/S 架构主要应用于安全性较高的银行、证券等方面，B/S 主要使用在开放性的网络中，如各种信息管理系统等。Java Web 开发的应用程序就属于 B/S 架构。

【实施方案】

1. C/S 架构

C/S 架构是一种典型的两层架构，其全称是 Client/Server，即客户端/服务器端架构。其客户端包含一个或多个在用户的电脑上运行的程序，而服务器端有两种，一种是数据库服务器端，客户端通过数据库访问服务器端的数据；另一种是 Socket 服务器端，服务器端的程序通过 Socket 与客户端的程序通信。C/S 架构也可以称作胖客户端架构。因为客户端需要实现绝大多数的业务逻辑和界面展示功能。这种架构中，作为客户端的部分需要承受很大的压力，因为显示逻辑和事务处理都包含在其中，通过与数据库的交互（通常是 SQL 或存储过程的实现）来达到持久化数据的目的，以此满足实际项目的需要。

C/S 架构的优点：

（1） C/S 架构的界面和操作可以很丰富。

（2） 安全性可以很容易保证，实现多层认证也不难。

（3） 由于只有一层交互，因此响应速度较快。

C/S 架构的缺点：

（1） 适用面窄，通常用于局域网中。

（2） 用户群固定。由于程序需要安装才可使用，因此不适合面向一些不可知的用户。

（3） 维护成本高，发生一次升级，则所有客户端的程序都需要改变。

2. B/S 架构

B/S 架构的全称为 Browser/Server，即浏览器/服务器结构，其中，Browser 指的是 Web 浏览器。在这种架构中，极少数事务逻辑在前端实现，但主要事务逻辑在服务器端实现。Browser 客户端、WebApp 服务器端和 DB 端构成了所谓的三层架构。B/S 架构的系统无须特别安装，只需安装 Web 浏览器即可。B/S 架构中显示逻辑交给了 Web 浏览器，事务处理逻辑存放在了 WebApp 上，这样就避免了庞大的胖客户端，减少了客户端的压力。因为客户端包含的逻辑很少，因此也被称为瘦客户端。

B/S 架构的优点：

（1） 客户端无需安装，有 Web 浏览器即可。

（2） B/S 架构可以直接放在广域网上，通过一定的权限控制实现多客户访问的目的，交互性较强。

（3） B/S 架构无需升级多个客户端，升级服务器即可。

B/S 架构的缺点：

（1） 在跨浏览器上，B/S 架构不尽如人意。

（2） 表现要达到 C/S 程序的程度需要花费不少精力。

（3） 在速度和安全性上需要花费巨大的设计成本，这是 B/S 架构的最大问题。

（4） 客户端服务器端的交互是请求—响应模式，通常需要刷新页面，这并不是客户乐意看到的。

3．C/S 架构程序的典型应用

QQ 是深圳腾讯计算机通讯公司于 1999 年 2 月 11 日推出的一款免费的基于 Internet 的即时通信软件（IM）。我们可以使用 QQ 和好友进行交流，实现信息和自定义图片或相片即时发送和接收，语音视频等如图 1-4 所示的是 QQ 登录界面。

图 1-4　QQ 登录界面

4．B/S 架构程序的典型应用

淘宝网是亚太最大的网络零售商圈，由阿里巴巴集团在 2003 年 5 月 10 日投资创立。淘宝网的业务跨越 C2C（个人对个人）、B2C（商家对个人）两大部分。淘宝网是 B/S 架构的一个应用典范。图 1-5 所示为淘宝网首页。

图 1-5　淘宝首页

任务 3　Java Web 应用程序组成与结构、学习内容

【任务描述】

掌握 Java Web 应用程序的组成与典型的应用结构。通过对 Java Web 应用程序的组成

与典型的应用结构的学习，能够清楚地了解 Java Web 程序开发环境需要的软件有哪些，学习内容是什么。

【任务分析】

Java Web 应用程序组成包括：浏览器、服务器、Servlet 和 JSP 引擎、Java 2 SDK、数据库服务器。Java Web 典型的应用结构包括：表示层、业务逻辑层、控制访问层三层，也可称 MVC 设计模式。这样的模式有利于系统的开发、维护、部署和扩展，可以实现“高内聚、低耦合”。

表示层负责直接跟用户进行交互，一般也就是指系统的界面，用于数据录入、数据显示等。意味着该层只做与外观显示相关的工作，不属于该层的工作不用做。

业务逻辑层用于做一些有效性验证的工作，以更好地保证程序运行的健壮性。如完成数据添加、修改和查询业务，不允许指定的文本框中输入空字符串，判断数据格式是否正确，验证数据类型，判断用户权限的合法性等，通过以上的诸多判断以决定是否将操作继续向后传递，尽量保证程序的正常运行。

数据访问层，顾名思义，该层就是专门跟数据库进行交互，执行数据的添加、删除、修改和显示等操作。

【实施方案】

1. Java Web 应用程序的组成

图 1-6 所示的是一个 Java Web 应用程序的基本组成。

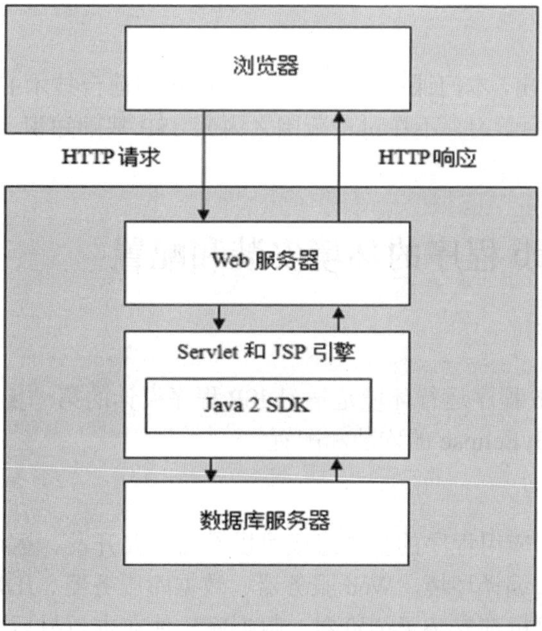

图 1-6 Java Web 应用程序的基本组成

2. Java Web 应用程序的结构

图 1-7 所示的是一个 Java Web 应用程序的基本结构。

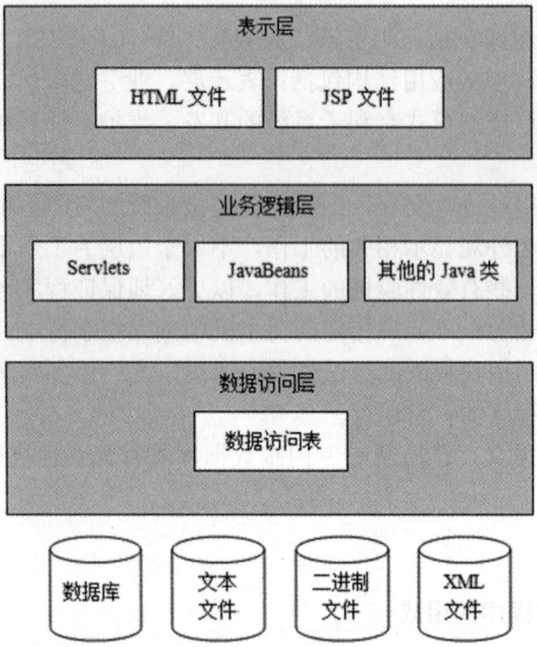

图 1-7　Java Web 应用程序的基本结构

3. 课程学习内容

从图 1-7 中可以看出，本门课程主要学习内容应包括前台技术 HTML、JavaScript、CSS（该部分已在前导课程中学习，不在讨论范围之内）、JSP 基础知识、Servlet、JavaBean、数据库、文件操作等。

案例 2　Java Web 程序的环境安装和配置

【任务描述】

安装配置 Java Web 程序运行环境是学习 JSP 程序设计的第一步，该任务的主要内容是掌握 JDK、Tomcat、MyEclipse 的安装和配置。

【任务分析】

从图 1-6 Java Web 应用程序的基本组成可以看出，要开发、运行、调试、发布 JSP 程序需要有浏览器、Java 编译环境、Web 服务器、数据库服务器、IDE 集成开发环境等，由于一般情况下每台计算机都安装了浏览器，数据库软件在本教材后面章节介绍，因此本节仅介绍安装 JDK、服务器 Tomcat、IDE 集成环境软件 MyEclipse 等内容。本教材案例采用 Java 编译环境 JDK8.0，服务器软件 Tomcat7.0，IDE 集成编辑环境 MyEclipse10.0。

JDK 是搭建 Java 环境最基本的要素，注意 JDK（Java Development Kit）和 JRE（Java Runtime Environment）的区别。JRE 是 Java 的运行环境，而 JDK 不仅包含了 JRE，还带有一些开发所需要的工具的集合。另外，每个厂商都有自己的 JDK 和 JRE，包括 IBM、BEA、等公司，这些 JDK 和 JRE 都包含在各自的产品中。他们和 Sun 公司的 JDK 有着这样或那样的区别。基本上，都以 Sun 提供的 JDK 作为标准来使用。JDK 既是 Java 代码的编译运行环境，也是 Tomcat 和 MyEclipse 运行的基础，应首先安装。

Tomcat 是一个轻量级应用服务器，在中小型系统和并发访问用户不是很多的场合下被普遍使用，是开发和调试 JSP 程序的首选。安装配置有 Tomcat 的计算机又被称作 Web 服务器，访问的互联网上的网页都是发布在 Web 服务器上的，否则将无法访问。Tomcat 有多种版本，Tomcat 是 Apache 软件基金会（Apache Software Foundation）的 Jakarta 项目中的一个核心项目，由 Apache、Sun 和其他一些公司及个人共同开发而成。由于有了 Sun 公司的参与和支持，最新的 Servlet 和 JSP 规范总是能在 Tomcat 中得到体现，例如 Tomcat 7 支持最新的 Servlet 2.4 和 JSP 2.0 规范。Tomcat 技术先进、性能稳定而且免费，因而深受 Java 爱好者的喜爱并得到了部分软件开发商的认可，成为了目前比较流行的 Web 应用服务器。本书中的案例使用 7.0 版本。

MyEclipse，是在 Eclipse 的基础上加上自己的插件开发而成的功能强大的企业级集成开发环境，主要用于 Java、Java EE、Java Web 以及移动应用的开发。MyEclipse 的功能非常强大，支持也十分广泛，尤其是对各种开源产品的支持非常好。MyEclipse 是开发 Java Web 程序的编辑、编译、运行的 IDE 平台，本书使用 10.0 版本。

另外，由于 MyEclipse 已集成了 JDK 和内置 Tomcat，如果不需要发布 Java Web 项目则不必安装外置 JDK 和 Tomcat。

【实施方案】

具体的 JSP 程序开发运行环境安装、配置步骤见本章实训项目。

案例 3　Java Web 项目的运行和发布

本案例通过 Java Web 项目的建立和发布实训，给学生一个 Java Web 项目从开发到发布的完整过程，提高学生认识的整体感以利于提高学习兴趣，为学生奠定自学基础。

【任务描述】

在 MyEclipse 编译环境下建立一个 Web 项目，主要功能是输出文字“这是我的第一个 JSP 程序！”，同时发布该项目到外置 Tomcat 服务器下，并运行。

【任务分析】

JSP 程序是由 HTML 和嵌入其中的 Java 代码组成，服务器在页面被客户端请求后对这些代码进行处理，然后将生成的 HTML 页面返回给客户端浏览器执行。JSP 完全面向对象，与平台无关，安全可靠，通过该实例的实训，要求学生初步掌握 MyEclipse 环境的使用、代码的书写和编辑及运行、发布。

【实施方案】

（1）打开 MyEclipse，新建一个名为 ch01 的 Web 项目，如图 1-8 所示新建 Web Project。

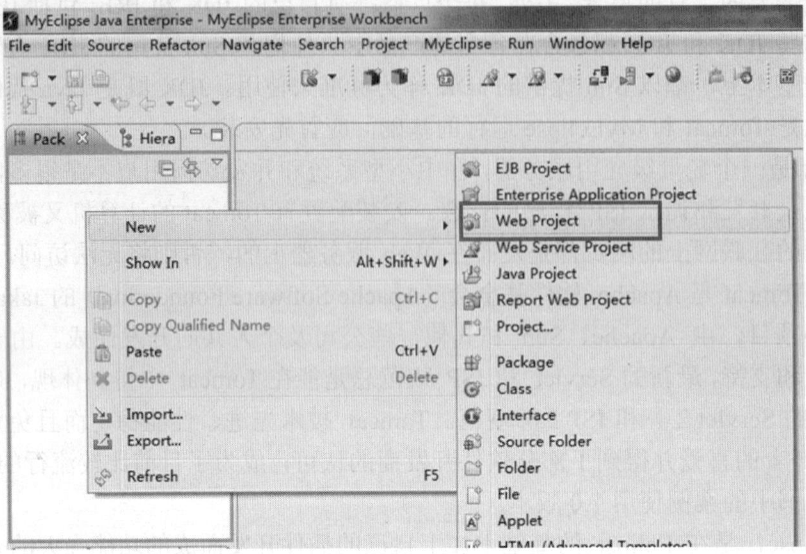

图 1-8　新建 Web Project

用鼠标单击图 1-8 中的 Web Project 菜单后，在弹出的对话框中输入项目名称 ch01 后单击确定，弹出如图 1-9 所示的 ch01 工程视图。

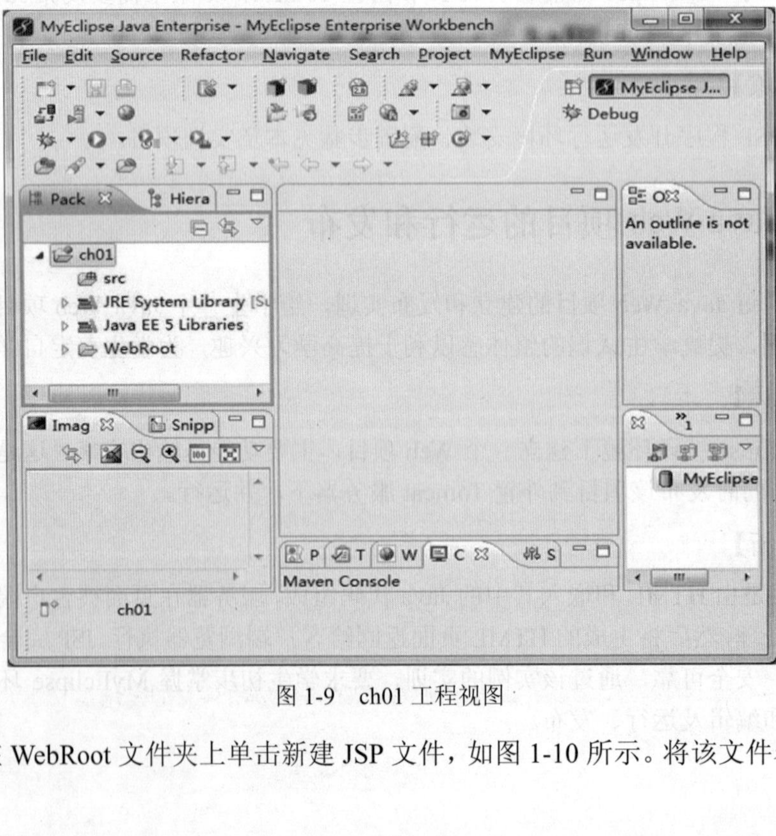

图 1-9　ch01 工程视图

（2）在 WebRoot 文件夹上单击新建 JSP 文件，如图 1-10 所示。将该文件名为“1-1”。

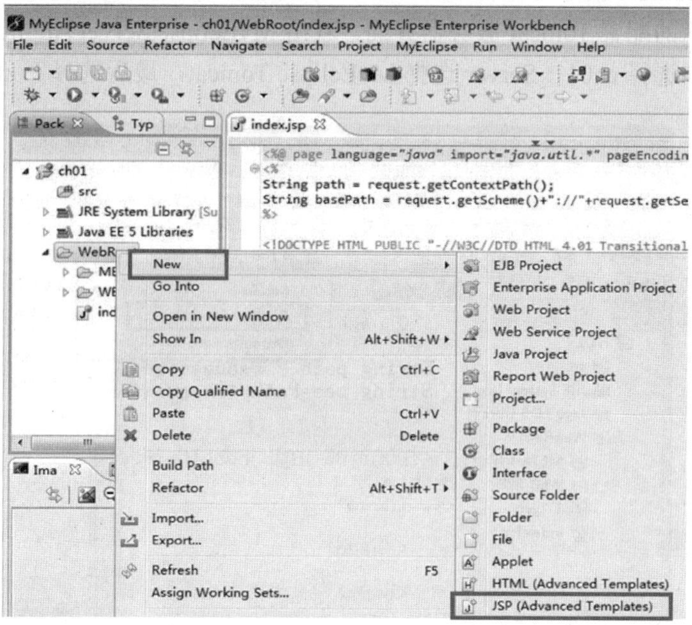

图 1-10　新建 JSP 文件

双击 1-1.jsp 文件，修改第一行，将“pageEncoding="ISO-8859-1"改为 pageEncoding="gbk"”，这样修改后可以输出汉字，并在<body>与</body>中间输入如下代码：

```
<%
 out.print("这是我的第一个 JSP 程序");
%>
```

如图 1-11 所示为 1-1.jsp 文件编辑视图。

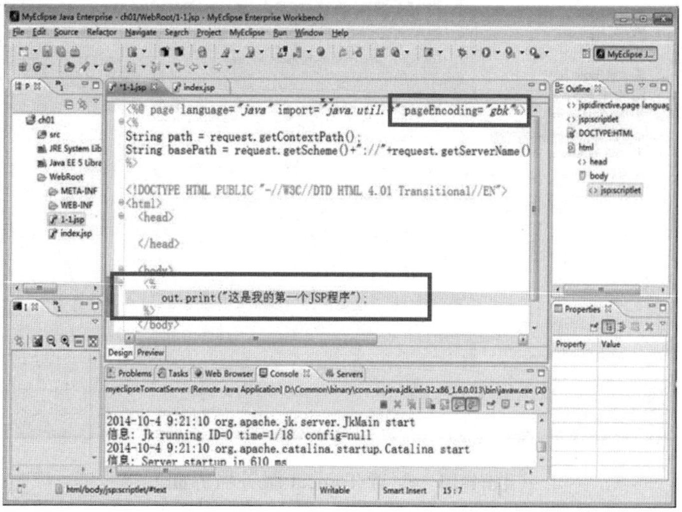

图 1-11　1-1.jsp 文件编辑视图

（3） 配置 Tomcat 服务器。单击图 1-12 运行配置箭头，选中 Run configurations 选项，出现图 1-13 所示的配置 Tomcat 服务器界面，双击 MyEclipse Server Application，在出现的对话框 Project 中选择 ch01，Server 选择 MyEclipse Tomcat，最后选择 Run 运行。

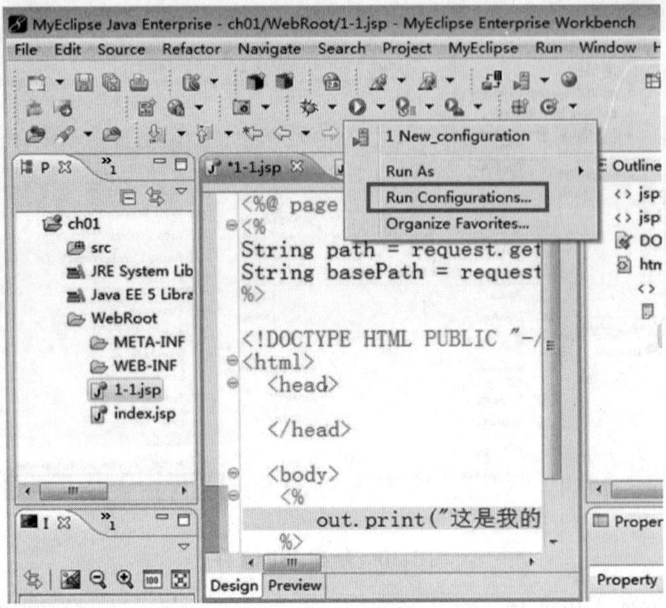

图 1-12 运行配置

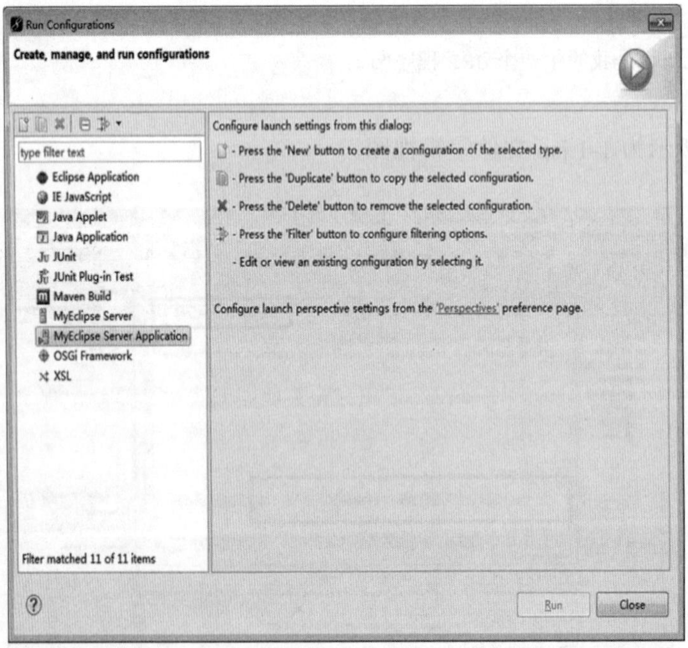

图 1-13 配置 Tomcat 服务器界面

（4） 下一次运行只需单击 运行 Web 项目，MyEclipse 会把 index.jsp 默认为首页运行。在地址栏输入 1-1.jp，运行效果如图 1-14 所示。

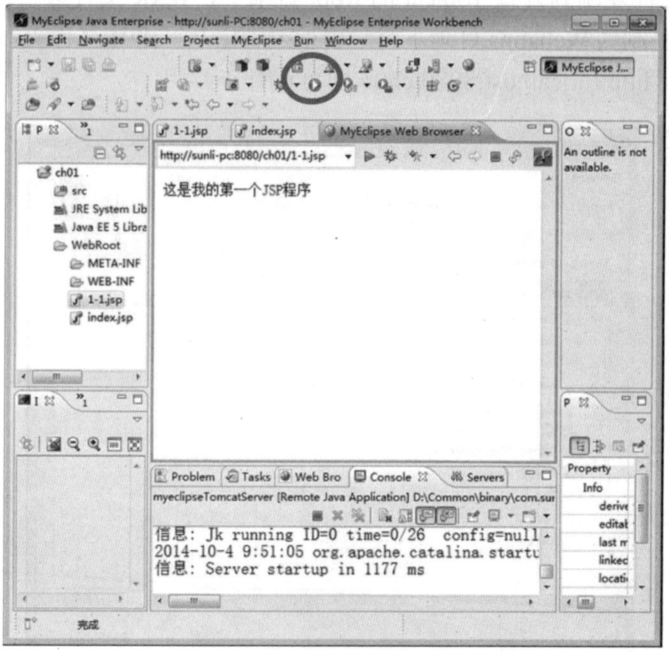

图 1-14　1-1.jsp 运行效果

（5） 发布 ch01 项目。

Web 项目在 MyEclipse 中有两种发布方式，一是单击菜单中的 图标，弹出发布窗口，可以看出项目发布的具体位置，如图 1-15 ch01 项目发布所示。把发布目录复制到外置 Tomcat 的 Root 目录下即可。

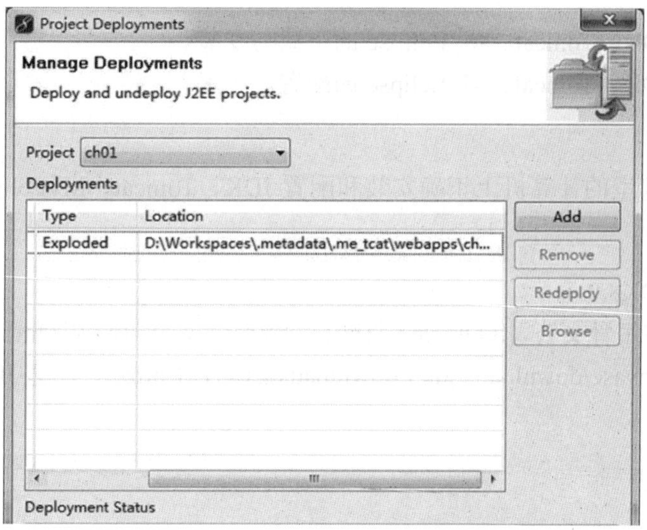

图 1-15　ch01 项目发布

第二种发布方式是，单击 file 选项下的 Export 选项，弹出导出窗口。如图 1-16 所示，利用 Export 发布 WAR 文件格式窗口，选择 Java EE 下的 WAR file 后，单击 Next 按钮即可。把发布的 WAR 文件复制到外置 Tomcat 的 Root 目录下，WAR 文件会自动解压。如本例中发布的 ch01.war 复制到 Webapps 目录下，该文件会解压一个 ch01 文件夹，启动外置 Tomcat，在浏览器中输入：http://localhost:8080/ch01 即可运行。

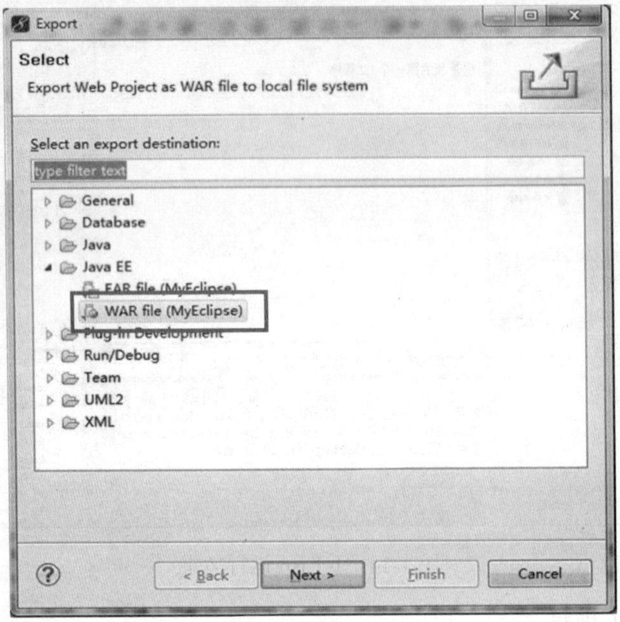

图 1-16　Export 发布 WAR 文件格式窗口

【实训项目】JDK、Tomcat、MyEclipse 安装配置

1．实训目标

（1）　掌握 JDK、Tomcat、MyEclipse 的下载与安装。

（2）　掌握 JDK、Tomcat、MyEclipse 的配置。

2．实训要求

在自己或实训室的计算机上正确安装和配置 JDK、Tomcat、MyEclipse 三个软件。

3．实训步骤

（1）　下载 JDK8.0。

Sun 公司已被甲骨文公司（Oracle）收购，可到甲骨文公司网站（http://www.oracle.com/technetwork/java/javase/downloads/jdk8-downloads-2133151.html）下载 JDK8.0，如图 1-17 所示。

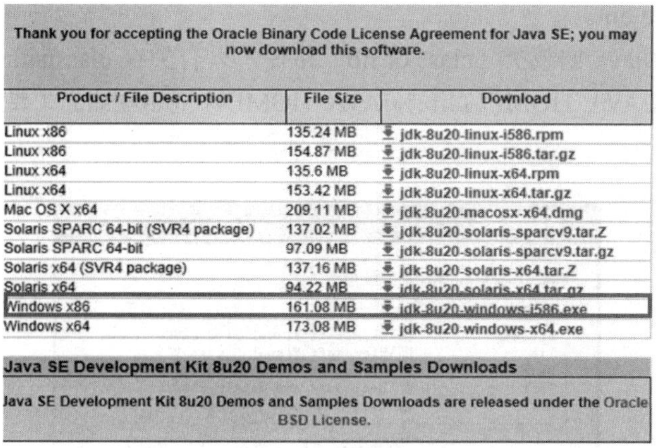

图 1-17　下载 JDK8.0

（2） 安装 JDK8.0。

双击 jdk-8u20-windows-i586.exe，一直单击下一步，直到出现如图 1-18 所示的 JDK 安装路径设置对话框，在“文件夹名：”下输入“C:\jdk8\”。

图 1-18　JDK 安装路径设置

（3） 配置 JDK 环境变量（也可以不配置）。

如图 1-19 所示为 JDK 环境变量，共需要设置 3 个环境变量：Path、Classpath 和 Java_Home（大小写均可）。如果变量已经存在就选择“编辑”，否则选“新建”。

JAVA_HOME 指明 JDK 安装路径，就是刚才安装时所选择的路径（假设安装在 c:\jdk8），此路径下包括 lib，bin，jre 等文件夹（此变量最好设置，因为以后运行 Tomcat 和 MyEclipse 等都需要依靠此变量）。

Path 使得系统可以在任何路径下识别 Java 命令，设该变量为：%JAVA_HOME%\bin; %JAVA_HOME%\jre\bin。

ClASSPATH 为 java 加载类（class or lib）路径，只有类在 classpath 中，Java 命令才能识别，设其为：.;%JAVA_HOME%\lib;%JAVA_HOME%\lib\tools.jar（要加“.”用以表示当前路径）。

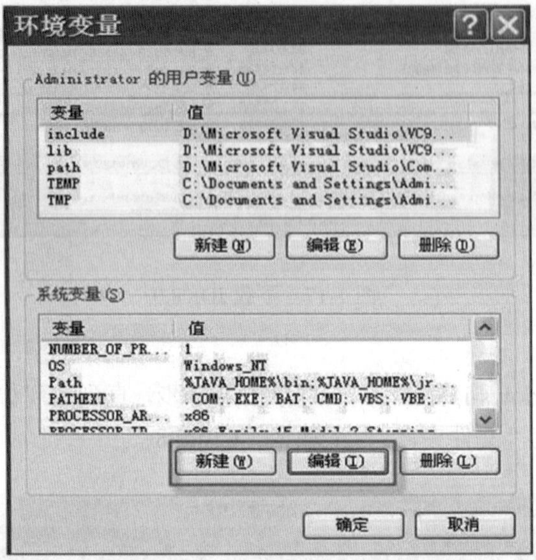

图 1-19　JDK 环境变量

（4）　下载 Tomcat7.0。

进入 Tomcat 下载地址：http://tomcat.apache.org/，如图 1-20 所示，下载 Tomcat7.0。

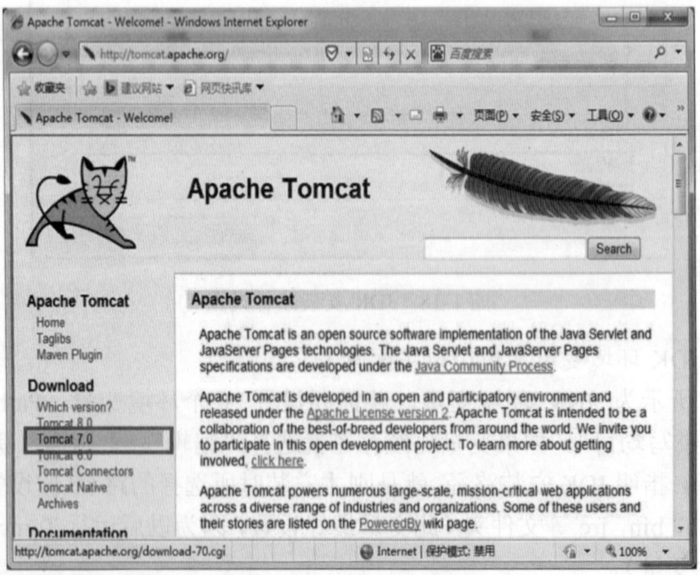

图 1-20　下载 Tomcat 7.0

（5） 安装 Tomcat7.0。

Tomcat 的安装过程可以根据提示步骤进行安装，如图 1-21 所示。

图 1-21　Tomcat 安装

在 Tomcat 安装过程中可以选择安装路径，如安装在 d:\tomcat7 下，Tomcat 会自动检测 JDK 的安装路径并使用。安装成功后 Tomcat 会自动启动服务，如图所示为 1-22 Tomcat 的启动与关闭对话框。

图 1-22　Tomcat 的启动与关闭对话框

安装成功后在浏览器中输入 http://localhost:8080，可以打开 Tomcat 的自带站点网页，如图 1-23 所示。

图 1-23　Tomcat 自带站点网页

（6）　配置 Tomcat。

配置 Tomcat 的默认端口：用记事本打开 Tomcat 安装目录下的 conf 文件夹下的 server.xml，找到以下语句：

```
<Connector  port="8080"  protocol="HTTP/1.1"  onnectionTimeout="20000"
redirectPort="8443" />;
```

把 8080 改成 80，然后启动 Tomcat 的服务。此过程中要确保 80 端口没有被占用，否则会报错。

配置虚拟目录：在 conf/server.xml 中最后添加“<Context path = "...." docBase = "..."/>”，例如“<Context path = "/test" docBase = "D:\test"/>”，那么在浏览器中输入 http:// localhost:8080/ test 则可以运行 D:\test 的内容。

注：在配置完后还要找出 conf/web.xml 中以下语句：

```
<param-name>listings</param-name>;
<param-value>false</param-value>;
```

将其中的 false 改成 true。

配置默认首页，在 conf/web.xml 中最后输入语句：

```
<welcome-file>index.html</welcome- file>;
```

（7）　MyEclipse10.0 下载。

进入 MyEclipse10.0 下载页面 http://downloads. myeclipseide.com/ downloads/products/ eworkbench/indigo/installers/MyEclipse-blue-10.0-offline-installer-windows.exe 下载文件 MyEclipse10.0。

（8）　安装 MyEclipse10.0。

MyEclipse10.0 的安装比较简单，把 MyEclipse.10.zip 解压后双击 MyEclipse-10.0-offline-installer-windows.exe，按照提示进行下一步，然后选择安装目录即可。MyEclipse10.0 自带

了 JDK 和 Tomcat，如果项目不发布，可以不用安装外置 JDK 和 Tomcat 就可以进行项目开发了。Myeclipse10.0 的安装过程如图 1-24 所示。

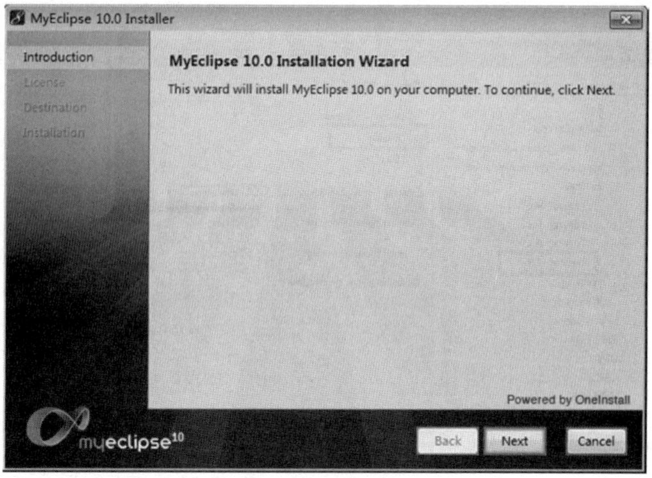

图 1-24　MyEclipse10.0 的安装过程

（9） MyEclipse10.0 配置外置 JDK 和 Tomcat。

如用 MyEclipse10.0 集成的 JDK 和 Tomcat，也可不再配置。

配置外置 JDK：单击 Window－>references－>Java－>Installed JREs 出现如图 1-25 所示的外置 JDK 配置窗口，单击右边的 Add 按钮弹出配置页面，则会出现 JRE Definition（如果是 7.0 版本会出现一个对话框，选择 Standard VM，单击 Next 就可以了），然后单击 Directory 按钮，找到你安装 JDK 的目录（在 JAVA 文件夹下），选择 JDK 的文件夹点确定，回到 JRE Definition 窗口单击 Finish，最后在右面的列表里在你刚配置的 JDK 前打上对号，再点 OK。

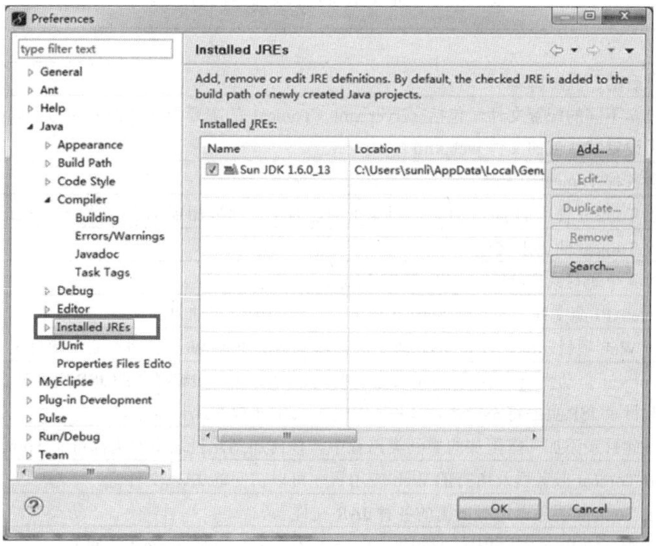

图 1-25　外置 JDK 配置窗口

配置外置 Tomcat：单击 Window—>references—>MyEclipse—>Servers—>Tomcat，出现如图 1-26 所示的外置 Tomcat 配置界面。选择外置 Tomcat 的安装目录，并选中 Enable 选项单击 OK 即可。

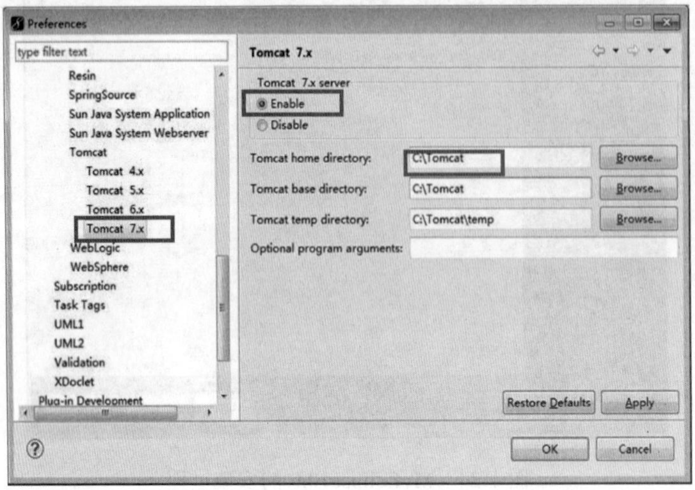

图 1-26　外置 Tomcat 配置界面

相关知识

1. Tomcat 服务器目录结构

了解 Tomcat 的目录结构及用途对于初学者非常重要，对于项目的发布和 Tomcat 的性能配置有重要的意义，表 1-1 列出了 Tomcat 的目录结构及用途。

表 1-1　Tomcat 的目录结构及用途

目　录	用　途
bin	包含启动、关闭脚本
conf	包含不同的配置文件，包括 server.xml（Tomcat 的主要配置文件）和为不同的 Tomcat 配置的 Web 应用设置默认值的文件 web.xml
doc	包含各种 Tomcat 文档
lib	包含 Tomcat 使用的 jar 文件，此目录下的任何文件都被加到 Tomcat 的 classpath 中
logs	存放 Tomcat 的日志文件
/server	包含 3 个子目录：classes、lib 和 Webapps
src	ServletAPI 源文件，必须在 Servlet 容器内实现的接口和抽象类
webapp	包含 Web 项目示例，发布 Web 应用时，默认情况下把 Web 文件夹放于此目录下
work	Tomcat 自动生成，放置 Tomcat 运行时的临时文件（如编译后的 JSP 文件）。如在 Tomcat 运行时删除此目录 JSP 页面将不能运行（JSP 生成的 servlet 放在此目录下）
classes	创建此目录添加一些附加的类到类路径中，任何加到此目录中的类都可在 Tomcat 的类路径中找到
Common/bin	存放 Tomcat 服务器及所有的 Web 应用程序可以访问的 JAR 文件
Server/bin	存放 Tomcat 服务器运行所需的各种 JAR 文件
Share/bin	存放所有的 Web 应用程序可以访问的 JAR 文件（不能被 Tomcat 访问）
/server/webapps	存放 Tomcat 两个自带 Web 应用，admin 应用和 manager 应用

从表 1-1 中可以看出，Common/bin，Server/bin，Share/bin 目录下都可以放 JAR 文件，它们的区别在于：

（1） 在 Common/bin 目录下的 JAR 文件可以被 Tomcat 服务器和所有的 Web 应用程序访问。

（2） 在 Server/bin 目录下的 JAR 文件只能被 Tomcat 服务器访问。

（3） 在 Share/Bin 目录下的 JAR 文件可以被所有的 Web 应用程序访问，但不能被 Tomcat 服务器访问。

此外，对于后面介绍 Java Web 应用程序，在它的 Web-INF 目录下，也可以建立 lib 子目录，在 lib 子目录下可以存放各种 JAR 文件，这些 JAR 文件只能被当前 Web 应用程序所访问。

Java Web 应用由一组静态 HTML 页、Servlet、JSP 和其他相关的 class 组成。每种组件在 Web 应用中都有固定的存放目录。Web 应用的配置信息存放在 web.xml 文件中。在发布某些组件（如 Servlet）时，必须在 web.xml 文件中添加相应的配置信息。

（4） Tomcat 的配置文件。

Tomcat 的配置基于 server.xml 和 web.xml 两个配置文件，其中 server.xml 是 Tomcat 的全局配置文件；web.xml 用于在 Tomcat 中配置不同的关系环境。

server.xml 文件是 Tomcat 的主配置文件，它被用来完成两个目标：提供 Tomcat 组件的初始配置和说明 Tomcat 的结构含义，使得 Tomcat 通过实例化组件完成起动及构建自身，如在 server.xml 所指定的重要元素：

Server 元素。Server 元素是 server.xml 文件中最重要的元素，它定义了一个 Tomcat 服务器。一般不用对它担心太多。Server 元素包含 logger 和 ContextManager 元素类型。

logger 元素。此元素定义一个 logger 对象，每个 logger 都有一个名字去标识，也有一个记录 logger 的输出、冗余级别（描述此日志级别）和包含日志文件的路径。通常有 servlet 的 logger（ServletContext.log()处），JSP 和 Tomcat 运行时的 logger。

ContextManager 元素。此元素说明一套 ContextInterceptor，RequestInterceptor，Context 和他们的 Connectors 的配置及结构。ContextManager 有几个随同提供的特性：用来记录调试信息的调试级别；webapps/conf/logs/和所有已定义的环境的基本位置。用来使 Tomcat 可以在 TOMCAT_HOME 外的其他目录启动。

Connector 元素。Connector 表示一个到用户的链接，不管是通过 Web 服务器或直接到用户浏览器（在一个独立配置中）。Connector 负责管理 Tomcat 的工作线程和读写连接到不同用户的端口的请求/响应，Connector 的配置包含如下信息：句柄类；句柄监听的 TCP/IP 端口；句柄服务器端口的 TCP/IP 的 backlogContext。

web.xml 文件用于在 Tomcat 中配置不同的关系环境。Tomcat 可以让用户通过将默认的 web.xml 放入 conf 目录中来定义所有关系环境 web.xml 的默认值。建立一个新的关系环境时，Tomcat 使用缺省的 web.xml 文件作为基本设置和应用项目特定的 web.xml（放在应用项目的 Web-INF/web.xml 文件）来覆盖这些默认值。

2. Java Web 项目的目录结构

在 MyEclipse 环境中新建一个 Web 项目一般会自动生成以下目录结构，如图 1-27 所示。

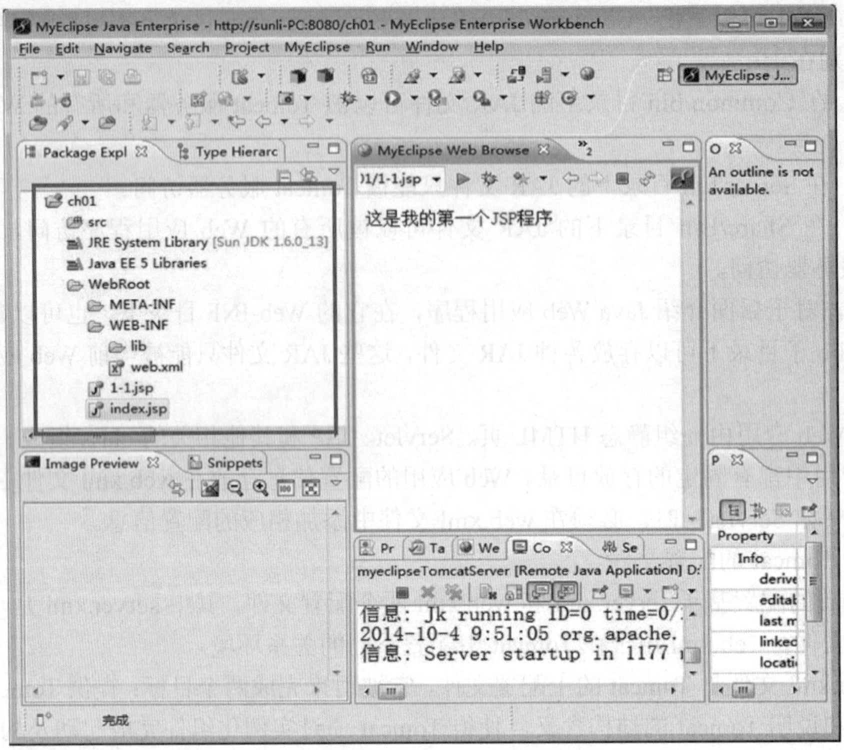

图 1-27　Web 项目目录结构

（1） src 目录：保存所有的 java 类文件（.java 文件）和 xml 文件。

（2） JRE System library：java 的类库文件，要使用 java 语言就要 java 的类库，要使用某些类，就需要这些类 jar 包导入到环境中，JRE System library 就是为了工程而存在的，当编码的时候需要的类都是从这里加载。

（3） Java EE5 libraries：J2EE 系统类包，是项目运行必须的基础类包。

（4） WebRoot 文件夹：保存所有的 JSP 文件，包括 CSS、JavaScript 等。该文件夹下的 WEB-INF 文件夹放置 web.xml，它有很重要的作用，Web-INF 文件夹下的 lib 文件夹放置第三方类库，如数据库、文件上传等。META-INF 文件夹放置用户自己的配置文件。

总结：

- WebRoot 文件夹是可以对外的成品，复制给 Tomcat 承载即可。
- src 目录里都是重量级的 java 程序，编译之后会被放入 WebRoot。
- JSP 页面、JavaScript、CSS 直接写在 WebRoot 里。自行组织一下目录结构，易于分类管理。

3. MyEclipse10.0 的使用

MyEclipse 是一款非常好用的 IDE 开发软件，它集成了很多开发环境，安装这一款软件就可以进行多种开发。这里就如何使用集成了 Tomcat 的 MyEclipse 进行编写和调试 JSP 网页进行介绍。

（1） 首先双击桌面的“MyEclipse”图标，在弹出的对话框中设置项目存储位置，如图 1-28 所示。

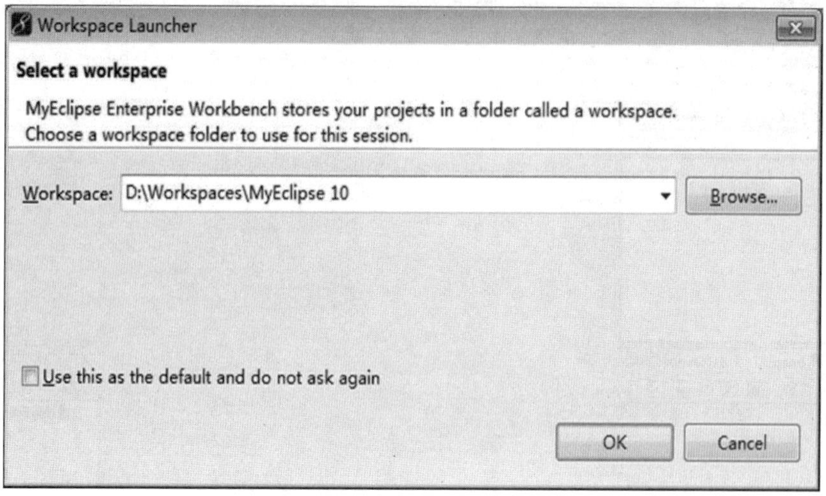

图 1-28　设置项目存储位置

（2）加载完毕后会出现图 1-29 所示的 MyEclipse 欢迎界面，单击左上角的关闭按钮。

图 1-29　MyEclipse 欢迎界面

（3） MyEclipse 初始界面如图 1-30 所示。

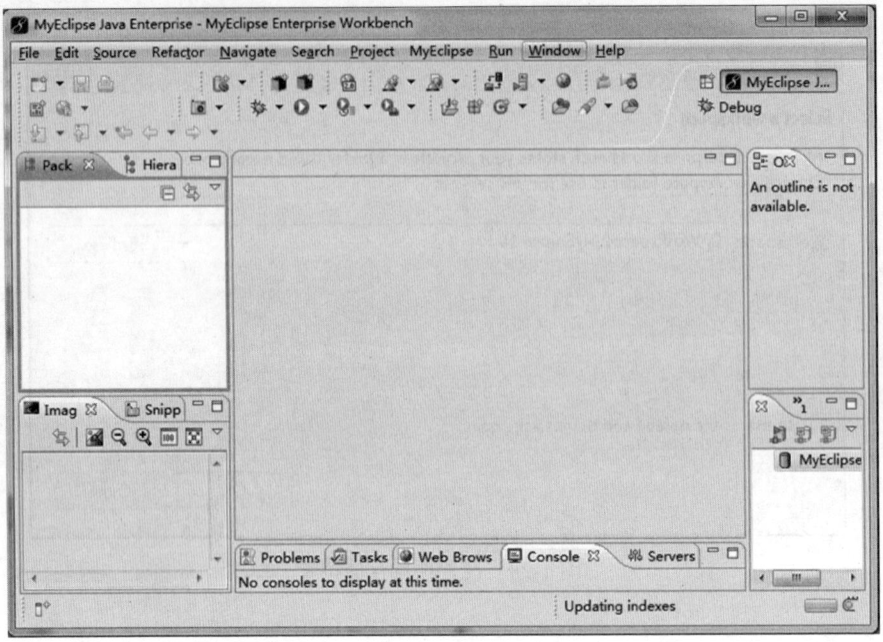

图 1-30　MyEclipse 初始界面

（4） 在 MyEclipse Web 工程界面（如图 1-31 所示）中，单击左上角的“File”然后选择“New”再选择“Web Service Project”。

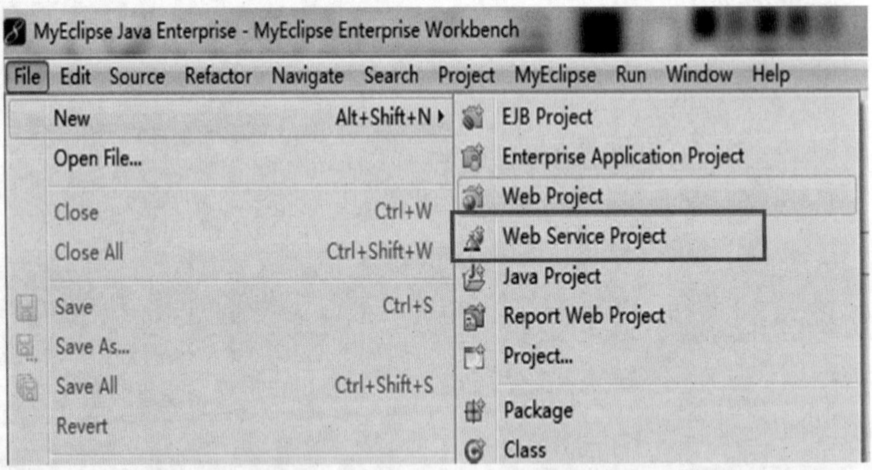

图 1-31　MyEclipse Web 工程界面

（5） 此时会弹出如图 1-32 所示的 New Web Project 对话框，在 Project Name 一栏中填写项目名称 ch01，填写后会自动激活“Finish”按钮。

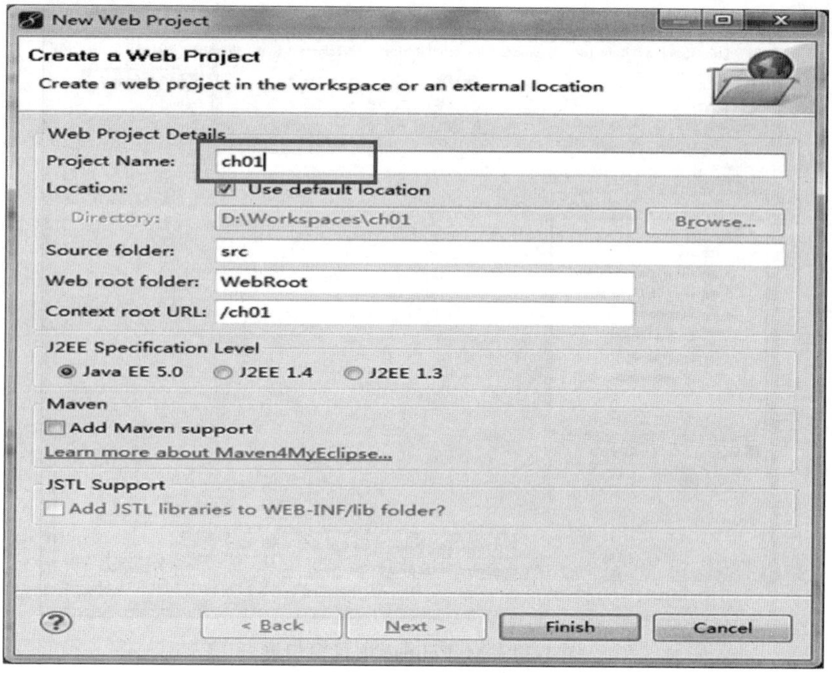

图 1-32　New Web Project 对话框

（6） 单击“Finish”按钮，这个时候界面自动跳转到如图 1-33 所示的 MyEclipse 工作主界面，从左边的 Pack 选项卡中可以看到刚刚新建好的项目。

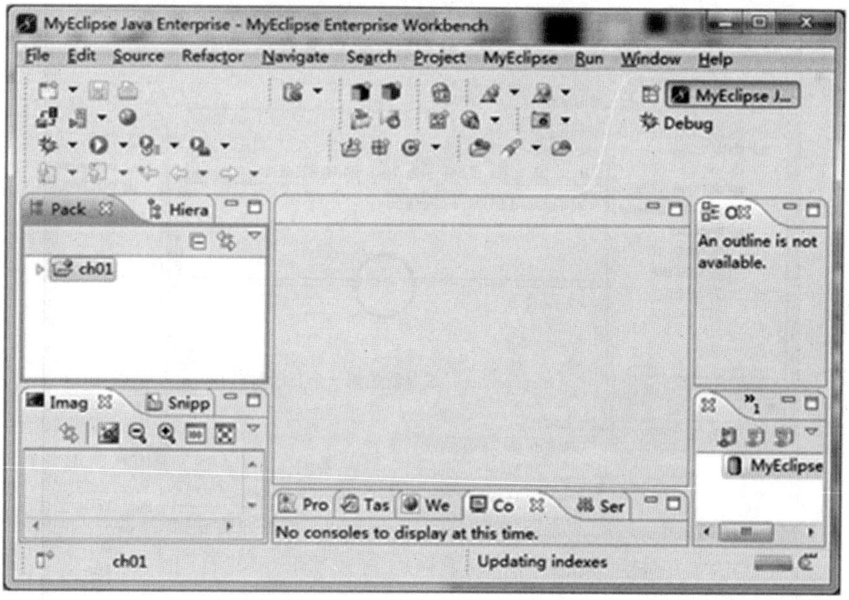

图 1-33　MyEclipse 工作主界面

（7） 单击项目名称前面的三角符号，会展开一系列的文件夹，单击“WebRoot”前面的三角符号，会出现 index.jsp，如图 1-34 所示。

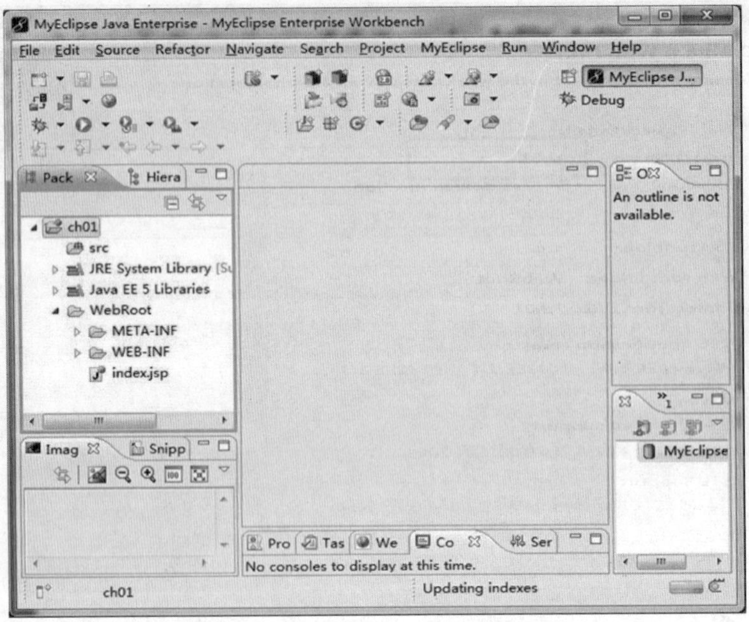

图 1-34　MyEclipse 项目窗口展开

（8） 双击 index.jsp，就出现了默认的 MyEclipse 程序编写窗口。单击如图 1-35 中圆圈所示的位置，可以最大化代码窗口以便于编写代码。

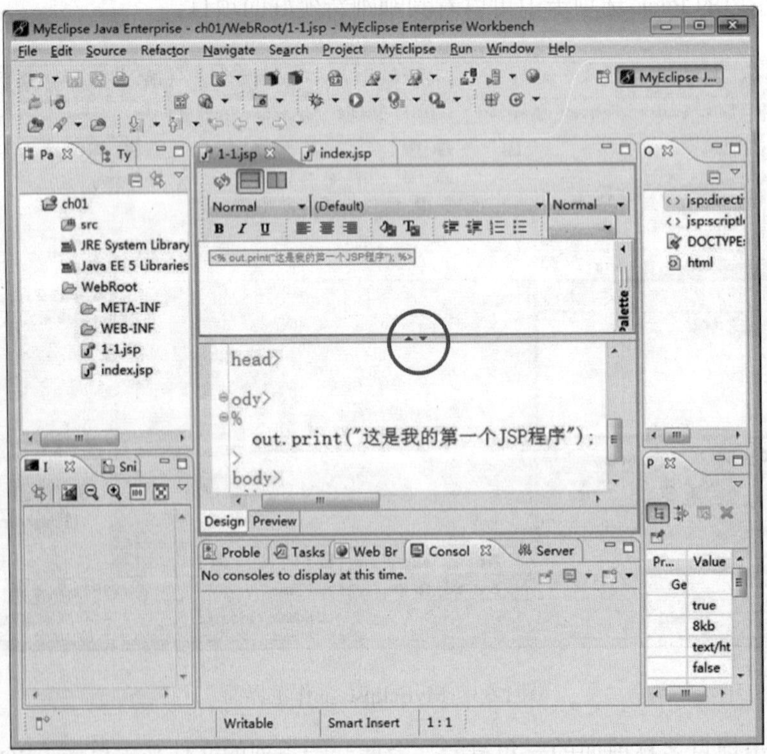

图 1-35　MyEclipse 程序编写窗口

（9） 删去代码窗口中默认代码中不需要的代码，变成如图 1-36 所示的界面。

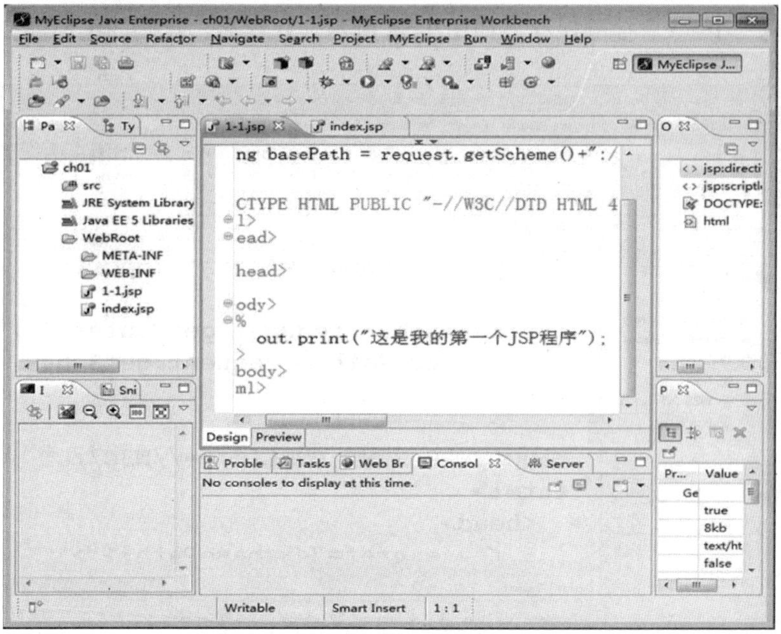

图 1-36　删去不需要的代码

（10） 开发中文页面时要修改代码窗最顶部的“PageEncoding”内容。把“ISO-8859-1”修改为“gbk”，这样才能正常保存带有中文的页面，如图 1-37 所示。

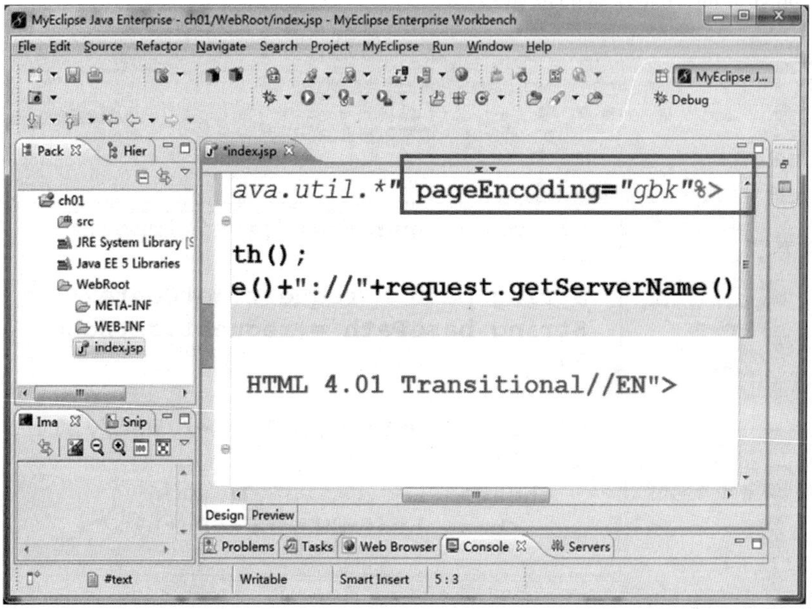

图 1-37　程序代码修改

（11） 这个时候就可以编写自己需要的内容了，内容要填写在<body>与</body>之间，这样才能在网页中显示。需要特别注意的是，保存填写的代码，假如修改代码后没有保存，左上角会出现一个“*”提醒保存，如图 1-38 所示。保存后，代码的编写就完成了。

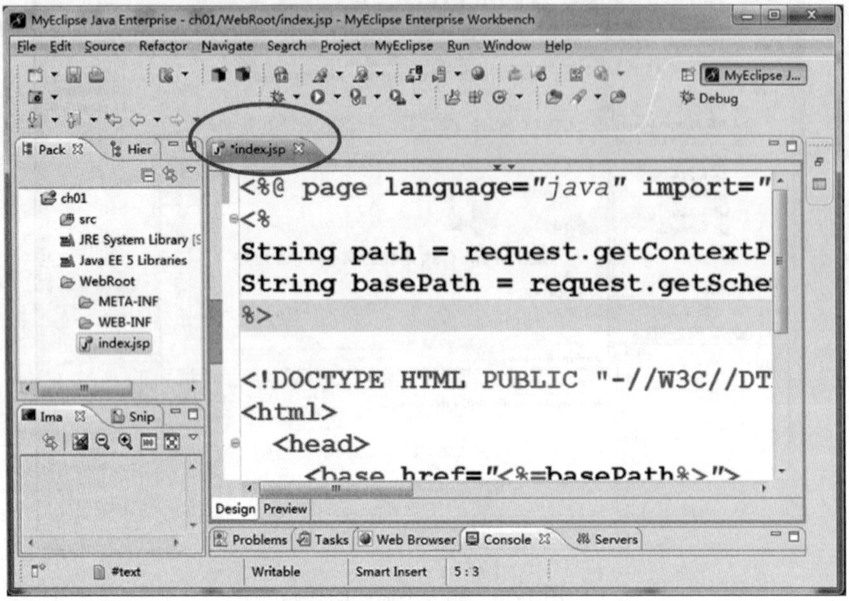

图 1-38　代码未保存提示

（12） 代码的编写完成后，就要开始进行调试了。如图 1-39 所示，首先单击 MyEclipse 顶部中间的加载页面到服务器的按钮 。

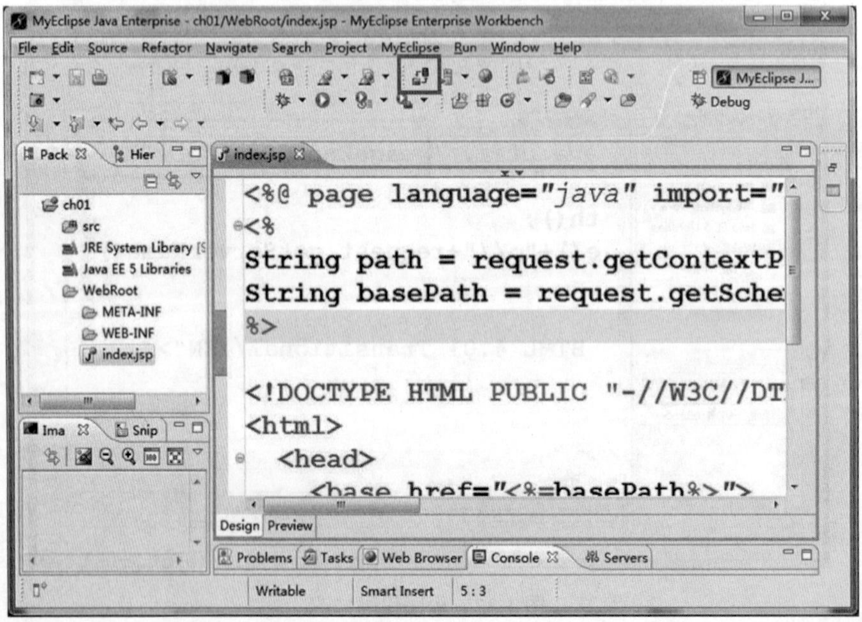

图 1-39　调试

（13） 单击按钮后，会出现如图 1-40 Project Deployments 所示的项目部署对话框，在“Project”中选择要部署的项目 ch01。

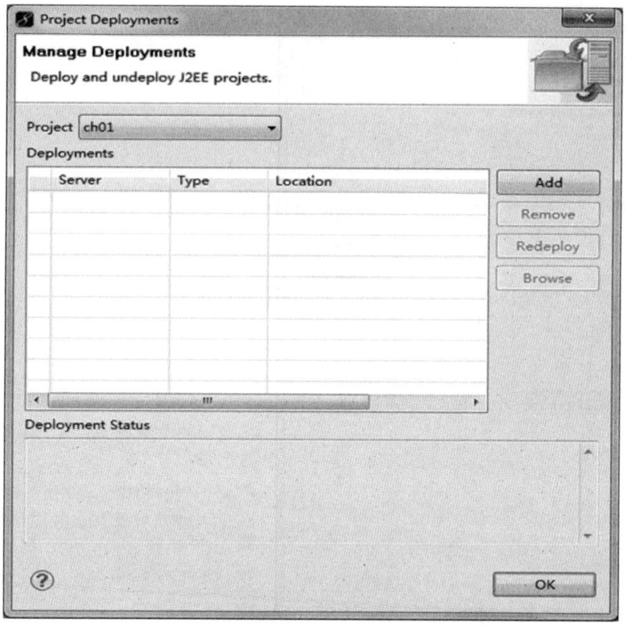

图 1-40 Project Deployments

（14） 单击图 1-40 Project Deployments 对话框中的“Add”按钮，会出现提示框，单击“Yes”，出现如图 1-41 所示的服务器选择对话框，在 Server 中选择要发布的 Web 服务器，本例中选择“MyEclipse Tomcat”，或者外置 Web 服务器。

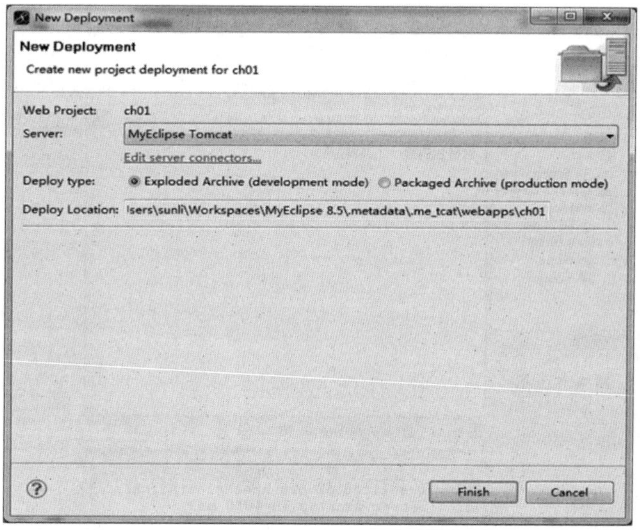

图 1-41 服务器选择对话框

（15） 如图 1-42 所示，此时，对话框顶部出现了加载成功的提示，而中间的栏中也添加了项目 ch01。

（16）此时页面已经加载到了服务器。如图 1-43 所示，单击界面顶部中间的服务器图标，选择“MyEclipse Tomcat”，再单击“Start”按钮，服务器就启动了。

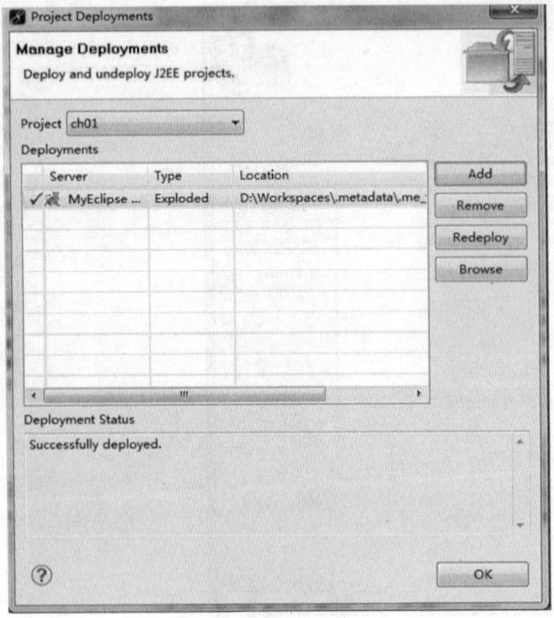

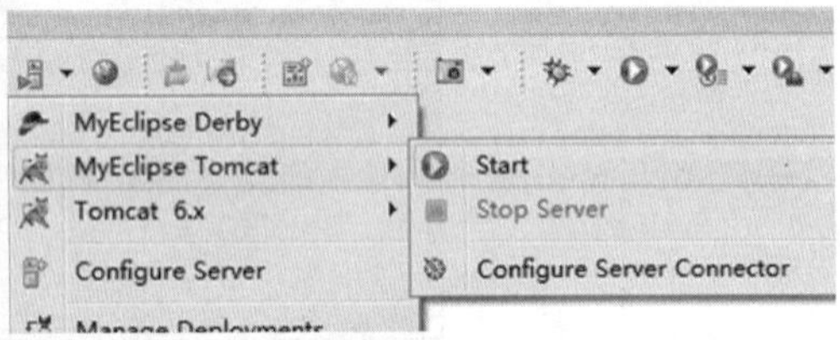

图 1-42　加载成功　　　　图 1-43　启动 MyEclipse Tomcat

（17）打开之前关联的浏览器，在浏览器的地址栏中输入“http://localhost:8080/ch01”，这里的“ch01”是之前建立的项目名程序。运行效果如图 1-44 所示。

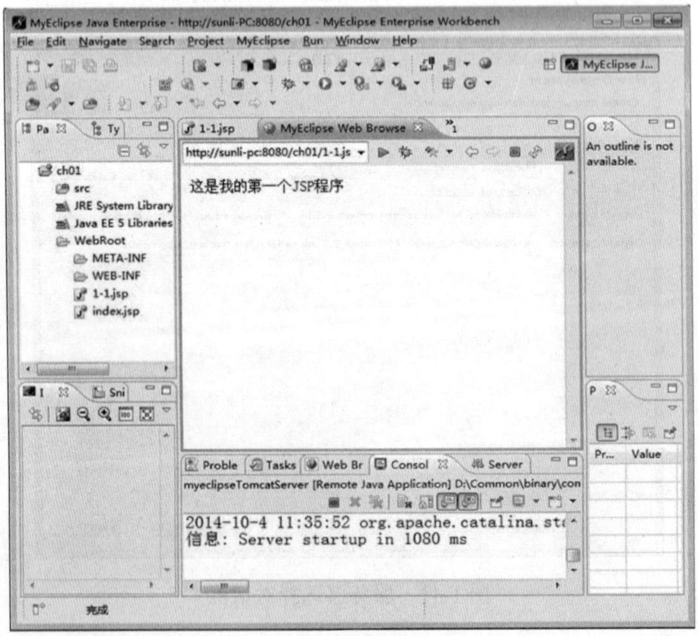

图 1-44　运行效果

（18） MyEclipse 菜单介绍。

① File 文件菜单下各选项含义如下。

New：新建文件、包、项目等。

OpenFile：打开文件。

Close：关闭当前编辑页面。

CloseAll：关闭所有页面。

Save：保存当前页面。

SaveAs：另存为。

SaveAll：保存所有页面。

Revert：恢复。

Move：移动（要选择项目、包、文件才有效果）。

Rename：重命名。

Refresh：刷新。

Convert line Delimiters To：转变行的定界符为（有 3 种操作系统供选择）。

Print：打印。

SwitchWorkspace：重选保存空间。

Restart：重新启动

Import：导入。

Export：导出。

Properties：当前页面的信息，选择后会显示路径、字数等。

Exit：退出。

② Edit 编辑菜单下各选项含义如下。

Undo：撤销操作。

Redo：恢复操作。

Cut：剪切。

Copy：复制。

Copy Qualified Name：复制类全名。

Delete：删除。

SelectAll：全选。

Expand Selection To：拓展选择至。

Find/Replace：查找/替换。

FindNext：查找下一个。

Find Previous：查找上一个。

Incremental Find Next：正向增量查找（按下 Ctrl+J 组合键，所输入的每个字母编辑器都提供快速匹配定位到某个单词的功能，如果没有该单词，则在 stutesline 中显示没有找到）。

Incremental Find Previous：反向增量查找（和上条相同）。

Add Bookmark：增加书签。

Add Task：增加任务。

Smart Insert Mode：巧妙的嵌套模式。

Show Tooltip Description：当鼠标放在一个标记处出现 Tooltip 时候，按 F2 键，则把鼠标移开时 Tooltip 还会显示。

Content Assist：代码输入提示功能，默认快捷键是“Alt+/”，输入命令前三个字母后，可以使用该快捷键，系统会给出所有前三个字母相同的所有命令。

Word Completion：按下快捷键“Alt+/”后选择提示中的第一个选择。

Quick Fix：快速修复。

SetEncoding：设置编码格式。

③ Source 资源菜单下各选项的含义如下。

ToggleComment：行注释 / 取消行注释。

AddBlock Comment：添加块注释（要选择一块区域才有效）。

RemoveBlock Comment：取消块注释。

Generate Element Comment：生成元素注释。

ShiftRight：整行后退一格（相当于光标在行首按下 Tab 键）。

Shiftleft：整行前进一格。

Correct Indentation：格式化激活的元素 FormatActive Elements。

Format：格式化文件 Format Document，使代码按统一的方式对齐。

FormatElement：格式化元素。

AddImport：作用是加 Import 语句（先把光标放在需导入包的类名上）。

OrganizeImports：加入缺少的 Import 语句，删除多余的 Import 语句。

Sort Members：成员排序。

Clean Up：清除。

Override/ImplementMethods：重写/实现某方法。

GenerateGetters and Setters：生成 get 和 set 方法。

Generate Delegate Methods：生成委派的方法。

GeneratetoString()：生成 toString 方法。

GeneratehashCode() and equals()：生成 hashCode 和 equals 方法。

GenerateConstructor using Fields：生成构造方法。

Generate Constructors form Superclass：生成调用父类的构造方法。

SurroundWith：添加捕获语句。

Externalizes string：外部化字符串。

Find Broken Externalizes strings：查找中断的外部化字符串。

④ Refactor 重构菜单下各选项的含义如下。

Rename：重命名（可以是方法名，先选择方法的名字）。

Move：移动。

ChangeMethod Signature：修改函数结构（若有 N 个函数调用了这个方法，修改一次即可）。

Extractlocal Variable：抽取方法（这是重构里面最常用的方法之一）。

ExtractConstant：提取常量。

Inline：合并变量。

ConvertAnnoymous Class to Nested：转换 Annoymous 类嵌套。

ConvertMember Type to Top level：成员类型转换到顶层。

Convertlocal Variable to Field：转换局部变量为成员变量。

ExtractSuperclass：提取父类。

ExtractInterface：提取接口。

Use Supertype Where Possible：如果有父类，则调用父类。

Push Down：调用子类的方法。

Pull Up：调用父类的方法。

ExtractClass：提取类。

IntroduceParameter Object：引进参数对象。

IntroduceIndirection：引入间接方法，目的是为了完善某一方法的功能，如引入代理类，代理是为了完善某一类的功能。

IntroduceFactory：引进工厂。

IntroduceParameter：引进参数。

EncapsulateField：封装字段。

GeneralizeDeclared Type：概况声明类型。

InferGeneric Type Arguments：推断泛型类型参数。

MigrateJAR File：迁移 JAR 文件。

CreateScript：创建脚本。

ApplyScript：申请脚本。

History：重构历史。

⑤ Navigate 操纵菜单下各选项的含义如下。

GoInto：进入。

Go To：转到、定位到。

OpenType Hierarchy：打开类型分级结构。

OpenDeclaration：查看类定义。

OpenType Hierarchy：查看类层次结构。

OpenCall Hierarchy：查看调用层次结构。

OpenSuper Implementation 查看父类实现。

OpenExternal Javadoc：打开外部的帮助文档。

OpenMaven POM：搜索一个 Maven POM 文件。

OpenType from Maven：从 Maven 工程中查看类的源码。

OpenMethod：查看方法。

OpenType：查看类文件。

OpenType In Hierarchy：在层次中查看类文件。

OpenResource：打开资源。

OpenType：查看类文件，弹出对话框。

OpenType in Hierarchy：在层次中查看类文件，弹回对话框。

OpenSpring Bean：查看 Spring 框架中的 bean。

Showin Breadcrumb：在导航列显示。

ShowIn：显示。

BeansQuick Cross References：bean 快速交叉引用。

BeansQuick Outline：bean 快速收缩。

QuickOutline：快速显示 ouline。

QuickType Hierarchy：快速显示当前类的继承结构。

Next Annotation：下一个要注释的地方。

PreviousAnnotation：上一个要注释的地方。

lastEdit location：最后一次编辑的位置。

Go toline：跳到指定的行，需要用户输入。

Back：后退，用于页面之间的切换。

Forward：前进，类似于浏览器上面的前进、后退。

⑥ Search 搜索菜单下各选项的含义如下。

Search：搜索。

File：搜索文件。

Java：搜索 java 类。

PointcutMatches：切点匹配。

Beans：搜索 bean。

Text：在文件、项目、工作空间中查找制定的内容。

References：映射。

Declarations：声明。

Implementtors：实现。

ReadAccess：读取。

WriteAccess：写入。

Occurrencesin File：在文件中存在。

ReferringTests：查询测试。

⑦ Project 菜单下各选项的含义如下。

OpenProject：打开/展开项目。

CloseProject：关闭/收起项目。

BuildAll：构建所有项目。

BuildProject：构建该项目。

BuildWorking Set：构建工作空间设置。

Clean：清除。

BuildAutomatically：自动构建。

GenerateJavadoc：生成文档。

UpdateAll Maven Dependencies：更新所有的内行相关性。

Properties：该项目的信息。

⑧ MyEclipse 菜单下各选项的含义如下。

ProjectCapabilities：用于添加各种框架。

EnhanceWTP Project：增强无线事务协议项目。
ExamplesOn-Demand：请求时测试。
MyEclipseConfiguration Center：配置中心。
SubcriptionInformation：订阅中心，用于注册该软件。
Preferences：参数选择。
InstallationSummary：安装概要。
Utilities：实用工具。
Support：支持。
⑨ Run 菜单下各选项的含义如下。
Run：运行。
Debug：调试。
Profile：配置。
ProfileHistory：配置历史。
ProfileAs：配置为。
ProfileConfigurations：配置设定。
RunHistory：运行历史。
RunAs：以某种方式运行。
RunConfigurations：运行配置。
DebugHistory：调试历史。
DebugAs：以某种方式调试。
DebugConfigurations：调试配置。
AddJava Exception Breakpoint：添加 Java 异常断点。
AddClass load Breakpoint：添加类载入断点。
AllReferences：所有的映射。
AllInstances：所有的实例。
Watch：观看。
Inspect：检查。
Display：显示。
Execute：执行。
ForceReturn：强制返回。
StepInto Selection：进入选择区域。
ExternalTools：外部的工具条。
⑩ Window 菜单下各选项的含义如下。
NewWindow：打开一个新的 MyEclipse。
NewEditor：在该 MyEclipse 中打开一个新的页面编辑。
OpenPerspective：以其他编辑器查看。
ShowView：显示编辑器。
CustomizePerspective：定制编辑器。
SavePerspective As：保存编辑器作为。

ResetPerspective：重置编辑器。

ClosePerspective：关闭该编辑器。

CloseAll Perspective：关闭所有的编辑器。

Navigation：设置导航栏。

Perferences：参数选择。

⑪ Help 菜单下各选项的含义如下。

Welcome：进入工作台。

HelpContents：帮助内容。

Search：搜索。

DynamicHelp：动态帮助。

KeyAssist：查看快捷键。

CheatSheets：参考手册、帮助文档。

MyEclipseConfiguration Center：配置中心。

AboutMyEclipse Interprise Workbench：关于企业版工作台。

4．开发 Java Web 应用程序的大致流程

（1） 设计目录结构：根据具体业务需要，遵照规范的目录结构设计好 Web 应用程序的目录结构。

（2） 编写 Web 应用程序代码：编写业务逻辑所需的 Java 代码。

（3） 编写部署描述文件：把 Servlet、初始化参数等定义到部署描述文件 web.xml 中。

（4） 编译代码：把编写好的 Java 源代码编译成字节码。

（5） 将 Web 应用程序打包：把整个 Web 应用程序打成 War 包，以方便部署。

（6） 部署 Web 应用程序：把打好的 War 包部署到 Web 服务器上。

（7） 执行 Web 应用程序：启动 Web 服务器，利用客户端浏览器进行访问测试。

注意：在具体的开发过程中，一般都会使用 IDE 工具，使用 IDE 工具进行 Web 应用程序开发时，只需要开发人员完成前三个步骤，其他步骤 IDE 工具可以自动完成。

练习题

1．论述 JDK、Tomcat、MyEclipse 三个软件的相互关系。

2．在 MyEclipse 中新建一个 Web 项目并发布到外置 Tomcat 服务器中。

3．通过网络自主学习 JSP、PHP、ASP 技术的优缺点。

4．通过网络自主学习 MyEclipse 各项菜单的功能。

5．通过网络自主学习如何查看 JSP 文件的版本号。

第2章　JSP基础知识

教学目标

通过本章的学习，培养学生编写JSP页面的能力，培养学生灵活运用JSP九大内置对象的能力，使得学生能够解决简单实际问题、开发简单Web应用程序。

教学内容

本章主要介绍JSP的基础知识，主要包括：

（1） JSP页面的基本结构。

（2） JSP的编译指令、操作指令和代码。

（3） JSP常用的七大内置对象：out对象、response对象、request对象、application对象、session对象、config对象、pageContext对象。

（4） JSP基础知识的综合实训。

教学重点与难点

（1） JSP页面的基本结构。

（2） JSP常用七大内置对象功能和灵活运用。

（3） JSP基础知识的综合应用。

（4） JSP内置对象的生命周期。

案例1　用户登录

一个JSP页面通常由两部分组成，一是HTML模板数据，包括HTML代码和JavaScript代码，它们都在客户端的浏览器中执行，服务器原样转发给客户端；二是JSP元素，包括编译指令、动作指令、JSP元素（由五部分组成：注释、声明、表达式、代码块、九大内置对象），它们在服务器端执行，服务器把它们执行成HTML模板数据发给客户端的浏览器执行。

【任务描述】

编写一个JSP程序，实现用户名和密码的输入与显示。在程序设计过程需要利用JSP的request、out内置对象，实现信息的发送、服务器和客户端浏览器输出。以此任务为例介绍JSP页面的基本结构。

【任务分析】

在 JSP 程序设计中，经常使用 JSP 的内置对象 out、request 实现数据的输入和输出，当涉及到汉字的输入和输出时需要处理 JSP 的汉字编码问题，一般有两种情况。

第一种情况是 JSP 文件中的编码，JSP 中的汉字字符串在服务器端用 gb2312，在编译为 Servlet 时自动转换为 iso8859_1。在没有特别指示下，浏览器中无法正确显示。因此在 HTML 中应当指示浏览器文档的编码："<meta http-equiv="Content-Type" content="text/html; charset=gb2312">"，在 JSP 中应当指示 JSP 引擎文档的编码：<%@ page contentType="text/html; charset=gb2312"%>，每个要显示汉字的 JSP 文档都应该包含该语句。

第二种情况是表单中的编码问题，表单处理涉及到客户端和服务器的完整交互过程，在客户端和服务器是 gb2312，传输用 ISO8859_1，在服务器端接收到客户端数据时需要转换为 gb2312 后进行处理，方法有两个，具体代码如下：

```
name=new String(name.getBytes("ISO8859_1"), "gb2312");
request.setCharacterEncoding("gb2312");
```

【实施方案】

1．新建工程

打开 MyEclipse，新建 Web 工程 ch02，ch02 项目开发窗口如图 2-1 所示。

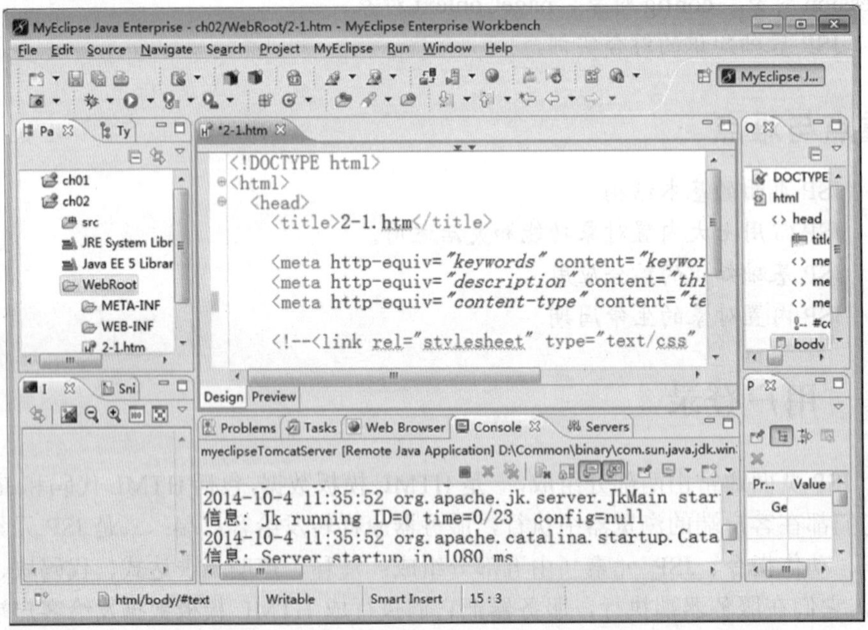

图 2-1　ch02 项目开发窗口

2．新建 2-1.htm

新建 2-1.htm 静态网页实现信息输入，提交后跳转到 2-2.jsp 动态网页接收数据和处理。2-1.htm 代码如下：

```
<html>
  <head>
    <title>2-1.htm</title>
    <meta http-equiv="content-type" content="text/html; charset=gbk"><!–
修改 charset 的编码为 gbk–>
  </head>
  <center>
<body>
<!-*****************************************
*程序名称：2-1.htm                          *
*编制时间：2014 年 9 月 26 日                *
*主要功能：接收用户数据，提交服务器处理          *
*******************************************->
<form action="2-2.jsp" method="post">
用户名：<input type=text name="user"/><br/>
密码：<input type=text name="password"/><br/>
<input type="submit" value="提交">
  </form>
  </body>
</center>
</html>
```

3．新建 2-2.jsp

新建 2-2.jsp 动态网页，实现数据的接收处理。在 2-2.jsp 中编写代码如下：

```
<%@ page language="java" import="java.util.* " pageEncoding="gbk"%>
<!-- 修改编码为 gbk -->
<!DOCTYPE HTML PUBLIC "-//W3C//DTD HTML 4.01 Transitional//EN">
<html>
  <head>
    <title>My JSP '2-2.jsp' starting page</title>
    <meta http-equiv="pragma" content="no-cache">
    <meta http-equiv="cache-control" content="no-cache">
    <meta http-equiv="expires" content="0">
    <meta http-equiv="keywords" content="keyword1,keyword2,keyword3">
    <meta http-equiv="description" content="This is my page">
    </head>
    <body>
    <%
    /*****************************************
    *程序名称：2-2.jsp                          *
    *编制时间：2014 年 9 月 26 日                *
    *主要功能：接收数据并输出                      *
    ******************************************/
     request.setCharacterEncoding("gbk");//设置表单编码、处理表单汉字乱码
     String user=request.getParameter("user");//接收表单提交的 user 值
     String pass=request.getParameter("password");//接收表单提交的 pass 值
     out.print("用户名："+user+"<br>");//输出用户名
     %>
      密码：<%=pass%><%//表达式法输出密码 %>
```

```
  </body>
</html>
```

4. 程序运行效果

2-1.htm 运行效果如图 2-2 所示。

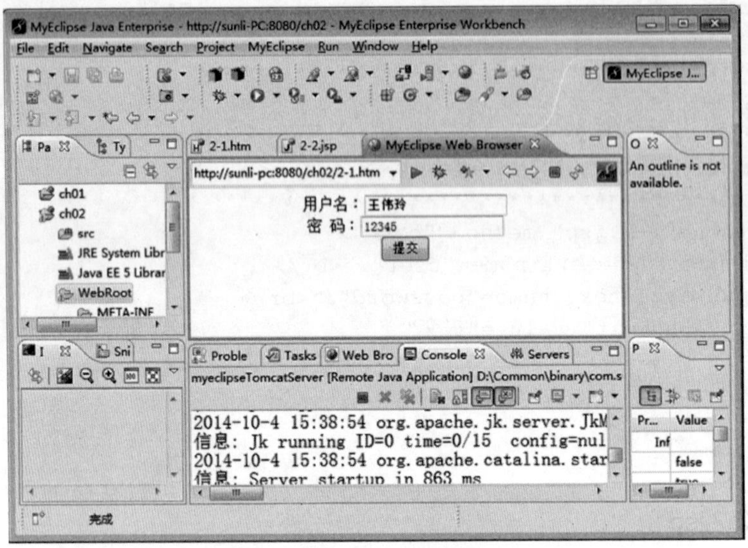

图 2-2　2-1.htm 运行效果

2-2.jsp 运行效果如图 2-3 所示。

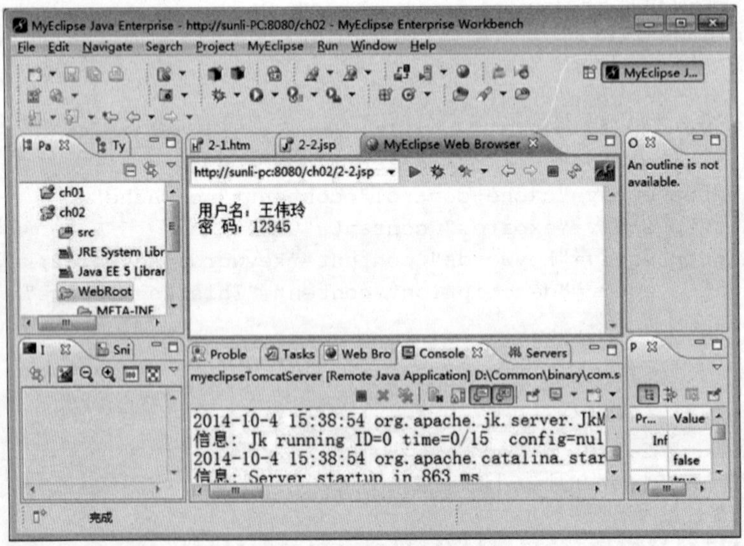

图 2-3　2-2.jsp 运行效果

2-2.jsp 页面构成说明：

① 编译指令<%@　%>。

```
<%@ page language="java" import="java.util.* " pageEncoding="gbk"%>
```

编译指令 page 指明了 JSP 文件的使用编码、语言、需要导入的架包，编译指令还有 include，把一个文件包含到当前页面中，格式为："<%@ include file ="logo.htm"%>"。

② JAVA 的注释利用/*　*/和//，服务器不执行的需写在<%　%>中。

```
/*******************************************
*程序名称：2-2.jsp                          *
*编制时间：2014年9月26日                     *
*主要功能：接收数据并输出                     *
*******************************************/
```

③ 代码块<%　%>，服务器端执行，主要放入 Java 代码。具体代码如下：

```
<%
request.setCharacterEncoding("gbk");//设置表单编码、处理表单汉字乱码
    String user=request.getParameter("user");//接收表单提交的user值
    String pass=request.getParameter("password");//接收表单提交的pass值
    out.print("用户名："+user+"<br>");//输出用户名
 %>
```

④ 表达式<%= %>等价于<% out.print()%>，如：<%=pass%>。

⑤ 一个完整的 JSP 页面构成如图 2-4 中所示。

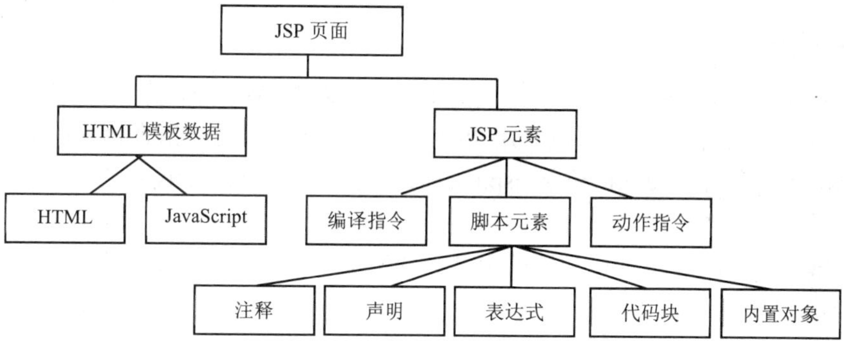

图 2-4　完整的 JSP 页面构成

相关知识

1. JSP 编译指令

可以通过一定的指令（如 page、include,），让 JSP 容器采取必要的动作。

例如：可以指定一个专门的错误处理页面，当 JSP 页面出现错误时，可以由 JSP 容器自动地调用错误处理页面。

page 指令用于设置 JSP 页面的属性，主要属性有：

（1） language 设置 JSP 页面中用到的语言，默认值为"Java"，也是目前唯一有效的设定值。使用的语法是："<%@ page language="java"%>"。

（2） import 设置目前 JSP 页面中要用到的 Java 类，这些 Java 类可能是 Sun JDK 中的类，也有可能是程序员自己定义的类。例如："<%@page import="java.sql.*,java.util.* "%>"。

有些类在默认情况下已经被加入到当前 JSP 页面，而不需要特殊声明，包括四个类：java.lang.*、java.servlet.*、java.servlet.jsp.*和 java.servlet.http.*。

（3） errorPage 用来设定当 JSP 页面出现异常（Exception）时，所要转向的页面。如果没有设定，则 JSP 容器会用默认的当前网页来显示出错信息。例如："<%@page errorPage="/ error/error_page.jsp"%>""。

（4） isErrorPage 用来设定当前的 JSP 页面是否作为传回错误页面的网页，默认值是"false"。如果设定为"true"，则 JSP 容器会在当前的页面中生成一个 exception 对象。

（5） contentType 属性用来设定传回网页的文件格式和编码方式，一般使用"text/html; charset=GBK"。

（6） isThreadSafe 用来定义 JSP 容器执行 JSP 程序的方式，默认值为"true"，代表 JSP 容器会以多线程方式运行 JSP 页面。当设定值为"false"时，JSP 容器会以单线程方式运行 JSP 页面。

（7） session 用来定义当前 JSP 页面中是否要用到 session，默认值为"true"。

（8） include 指令，include 指令用来指定怎样把另一个文件包含到当前的 JSP 页面中，这个文件可以是普通的文本文件，也可以是一个 JSP 页面。例如："<%@ include file = "logo.htm"%>"，采用 include 指令，可以实现 JSP 页面的模块化，使 JSP 的开发和维护变得非常简单。

2. JSP 动作指令

JSP 编译指令是让 JSP 容器自动采取的动作，但对于 Web 开发人员，有些时候想要自己控制 JSP 页面的运行，这时可以采用 JSP 中的动作指令。动作指令包括：jsp:include 指令、jsp:forward 指令、jsp:param 指令、jsp:useBean 指令、jp:setProperty 指令和 jsp:getProperty 指令等。

jsp:include 标准动作用于在当前的 JSP 页面中加入静态和动态的资源，语法格式为：

```
<jsp:include page= "test.htm "/>
```

jsp:include 指令必须以"/"结束，功能和 include 指令相同。

jsp:forward 操作指令用于把当前的 jsp 页面转发到另一个页面上，基本语法为：

```
<jsp:forward page="test2.jsp">
```

jsp:param 指令、jsp:useBean 指令、jsp:setProperty 指令和 jsp:getProperty 指令在讲到 JavaBean 时再进行具体讲解。

3. 脚本元素

（1） 注释语句。

```
静态注释(HTML)
<!--  注释内容-->
动态注释
Java
// 单行注释
/*
多行注释
```

```
*/
JSP 注释
<%--   注释内容      --%>
```

（2） 声明。

在“<%!”和“%>”标记符号之间声明变量和方法，变量类型可以是 Java 语言允许的任何数据类型。这种声明是全局变量。

```
<%! int i=0;  %>
<%
  i++;
out.print(i);
%>个人访问本站
```

（3） 代码块<%　%>放置 Java 代码，并顺序执行，如：

```
<%
 int i=0;
 i++;
 out.print(i);
%>个人访问本站
```

（4） 表达式<%= %>。

可以利用“<%=表达式 %>”方式输出表达式的值，它等价于“out.print”。注意此处不用分号，而代码块、声明每语句后要加分号。

（5） 内置对象共九个，分别是：out、response、request、application、session、config、pageContext、exception、page 对象，内置对象使用将在本章案例 2 中进行详解。

案例 2　JSP 内置对象

所谓内置对象就是在使用 JSP 进行页面编程时可以直接使用而不需自己创建的一些 Web 容器。它们已为用户创建好的 JSP 对象，并且不用编写任何额外的代码，就可以在 JSP 中自动使用。在 JSP 页面中可以获得的常用的 9 个隐含对象变量如下。

- out 对象：功能是把信息回送到客户端的浏览器中。
- response 对象：功能是处理服务器端对客户端的一些响应。
- request 对象：功能是用来得到客户端的信息。
- application 对象：用来保存网站的一些全局变量。
- session 对象：用来保存单个用户访问时的一些信息。
- config 对象：可以用来获取 Servlet 的配置信息。
- pageContext 对象：提供了访问和放置页面中共享数据的方式。
- page：就是设置的属性只能在当前页面有效。
- exception 对象：用来处理错误异常，如果要用 exception 对象，必须指定 page 中的 isErrorPage 属性值为 true。

任务1　数据的输入和输出

【任务描述】

通过该任务的完成要求学生熟练掌握 JSP 内置对象 out 和 request 的综合运用，培养学生对内置对象规律的掌握能力，通过对本例中两个对象的学习，能举一反三地学习掌握其他内置对象的学习方法和运用能力。

【任务分析】

使用 out 和 request 对象实现 JSP 程序数据的输入和输出。out 对象是 javax.servlet.jsp.JspWriter 类的一个子类的对象，它的作用是把信息回送到客户端的浏览器中。在 out 对象中，最常用的方法就是 print()和 println()。在使用 print()或 println()方法时，由于客户端是浏览器，因此向客户端输出时，可以使用 HTML 中的一些标记，例如："out.println("<h1>Hello,JSP</h1>");"。其他的一些常用方法有：out.write，它的功能和 out.print 相同；newLine()，它的功能是输出一个换行符；out.flush()，它的功能是输出缓冲的内容。out.close()，它的功能是关闭输出流。out 对象的生命周期是当前页面。因此对于每一个 JSP 页面，都有一个 out 对象。request 对象是 javax.servlet.HttpServletRequest 子类的对象，当客户端请求一个 JSP 页面时，JSP 容器会将客户端的请求信息包装在这个 request 对象中，请求信息的内容包括请求的头信息（Header）、系统信息（比如：编码方式）、请求的方式（比如：GET 或 POST）、请求的参数名称和参数值等信息。

【实施方案】

1. 新建 2-3.htm

打开 ch02 工程，在工程窗口右击，新建 2-3.htm 实现表单的输入，输入代码如下：

```
<!DOCTYPE html>
<html>
  <head>
    <title>2-3.htm</title>
    <meta http-equiv="keywords" content="keyword1,keyword2,keyword3">
    <meta http-equiv="description" content="this is my page">
    <meta http-equiv="content-type" content="text/html; charset=gbk">
    <!--<link rel="stylesheet" type="text/css" href="./styles.css">-->
  </head>
  <body>
<!-*******************************************
*程序名称：2-3.htm                          *
*编制时间：2014 年 10 月 6 日               *
*主要功能：接收用户数据，提交服务器处理     *
********************************************->
<form action="2-4.jsp" method="post" >
姓名<input type=text name="xm"><br>
性别<input type=radio name="xb" value="男">男
    <input type=radio name="sex" value="女">女<br>
请选择你的爱好<br>
```

```
    <input type=checkbox name="ah" value="跑步">跑步
    <input type=checkbox name="ah" value="踢足球">踢足球
    <input type=checkbox name="ah" value="打篮球">打篮球
    <input type=checkbox name="ah" value="打网球">打网球<br>
    <input type="submit" value="提交">
</form>
</body>
</html>
```

2. 新建 2-4.jsp

新建 2-4.jsp 网页，在 body 标签中编写，代码如下：

```
<% //Java 代码开始标志
    /*******************************************
    *程序名称：2-4.jsp                          *
    *编制时间：2014 年 10 月 6 日                *
    *主要功能：接收数据并输出                     *
    *******************************************/
   request.setCharacterEncoding("gbk");//设置编码方式
   String xm=request.getParameter("xm");
//接收表单中的姓名，getParameter 接收单个变量
   String xb=request.getParameter("xb");//接收表单中的性别
   String[] ah=request.getParameterValues("ah");
//接收表单中的爱好，注意是个数组，getParameterValues 接收数组的值
   String aihao="";
   for(int i=0;i<ah.length;i++)//遍历数组 ah
   {
       aihao=aihao+"<br>"+ah[i];//每一层缩 4 个字符
   }
   out.print("你的姓名： "+xm+"<br>");//输出姓名
   out.print("你的性别： "+xb+"<br>");//输出性别
   out.print("你的爱好： "+aihao+"<br>");//输出爱好
   %><%--Java 代码结束标志 --%>
```

3. 运行效果

2-3.htm 的运行效果如图 2-5 所示。

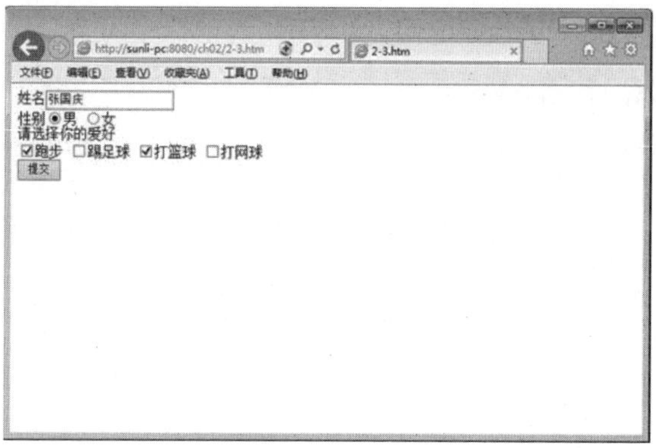

图 2-5　2-3.htm 运行效果

2-4.jsp 的运行效果如图 2-6 所示。

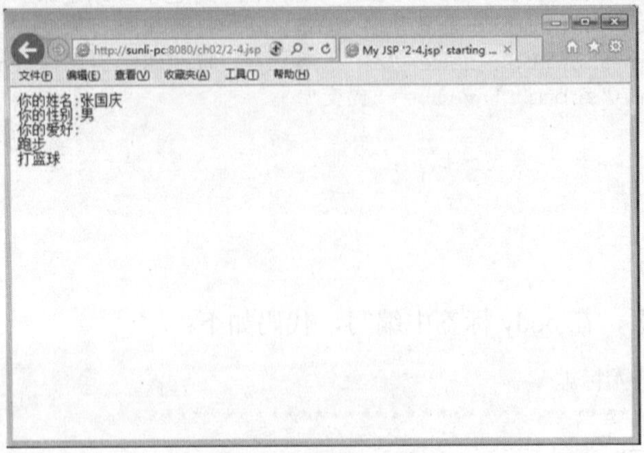

图 2-6　2-4.jsp 运行效果

相关知识

1. out 对象

out 对象用来向页面输出信息，它的常用方法和作用见表 2-1。

表 2-1　out 对象常用方法和作用

方　　法	返回值类型	方法说明
clear()	void	清除网页上输出内容
clearBuffer()	void	清除缓冲区内容
close()	void	关闭缓冲区，清除所有内容
getBufferSize()	int	取得缓冲区大小
getRemaining()	int	取得缓冲区剩余大小
isAutoFulsh()	boolean	获得缓冲区是否进行自动清除的信息
print(String str)	void	进行页面输出
println(String str)	void	进行页面输出并换行

例：使用 out 的不同方法输出“hello”。

```
<%@ page contentType="text/html;charset=GBK" %>
<%
   out.println("hello");
   out.newLine();
   out.write("hello");
%>
<%="hello"%>
<%
   out.close();
%>
```

2. request 对象

request 对象不但可以用来设置和取得 request 范围变量，还可以用来获取客户端请求参数、请求的来源、表头、Cookies 等。

request 获取客户端请求参数方法见表 2-2。

表 2-2　request 获取客户端请求参数方法

方　法	返回值类型	方法说明
getParameter(String name)	String	获取参数名为 name 的参数值
getParameterNames()	Enumeration	获取所有参数的名称，可与上一个方法合用获取所有参数的值
getParameterValues(String name)	String[]	获取参数名为 name 的所有参数，比如参数是多个 checkbox
getParameterMap()	Map	获取所有参数封装的 Map 实例，通过 Map 实例的 String[] get("id") 方法返回对应参数名为 id 的值数组

和 request 相关的其他方法见表 2-3。

表 2-3　request 相关的其他方法

方　法	返回值类型	方法说明
getHeader(String name)	String	获取指定标题名称为 name 的标头
getHeaderName()	Enumeration	获取所有的标头名称
getIntHeader(String name)	int	获取标题名称为 name 的标头，内容以整数类型返回
getDateHeader(String name)	long	获取标题名称为 name 的标头，内容以日期类型返回
getCookies()	Cookie	获取相关的 Cookie
getContextPath()	String	获取 Context 的路径
getMethod()	String	获取客户端的提交方式
getProtocol()	String	获取使用的 HTTP 协议
getQueryString()	String	获取请求的字符串
getRequestSessionId()	String	获取客户端的 Session ID
getRequestURL()	String	获取请求的 URL
getRemoteAddr()	String	获取客户端 IP 地址

例：使用 request 对象的不同方法获取客户端头文件信息。

```
<%@ page contentType="text/html;charset=GB2312" %>
<%@ page import="java.util.* " %>
<BR>客户使用的协议是:
    <% String protocol=request.getProtocol();
    out.println(protocol);%>
<BR>获取接受客户提交信息的页面:
    <% String path=request.getServletPath();
    out.println(path);%>
<BR>接受客户提交信息的长度:
    <% int length=request.getContentLength();
    out.println(length);%>
<BR>客户提交信息的方式:
    <% String method=request.getMethod();
    out.println(method); %>
<BR>获取 HTTP 头文件中 User-Agent 的值:
    <% String header1=request.getHeader("User-Agent");
```

```
        out.println(header1);    %>
    <BR>获取 HTTP 头文件中 accept 的值:
        <% String header2=request.getHeader("accept");
        out.println(header2);%>
    <BR>获取 HTTP 头文件中 Host 的值:
        <% String header3=request.getHeader("Host");
        out.println(header3);%>
    <BR>获取 HTTP 头文件中 accept-encoding 的值:
        <% String header4=request.getHeader("accept-encoding");
        out.println(header4);%>
    <BR>获取客户的 IP 地址:
        <% String  IP=request.getRemoteAddr();
        out.println(IP);%>
    <BR>获取客户机的名称:
        <% String clientName=request.getRemoteHost();
        out.println(clientName);%>
    <BR>获取服务器的名称:
        <% String serverName=request.getServerName();
        out.println(serverName);%>
    <BR>获取服务器的端口号:
        <% int serverPort=request.getServerPort();
        out.println(serverPort);%>
```

运行上述代码，效果如图 2-7 所示。

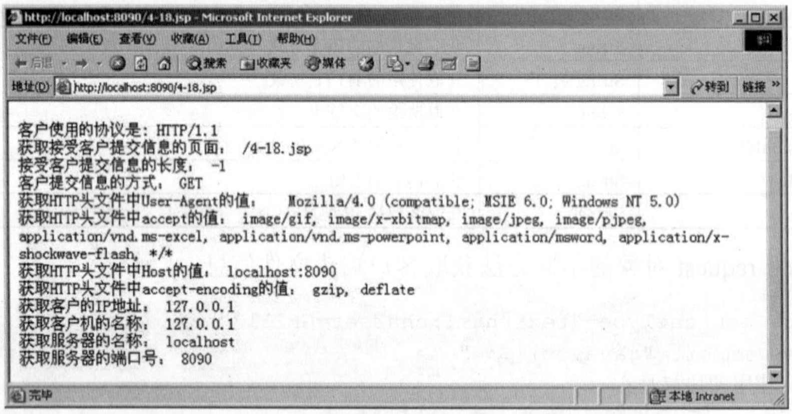

图 2-7　运行效果

任务 2　网站访问次数

【任务描述】

利用 response 和 request 对象在客户端硬盘中写入和读出数据的相关 Cookie 的方法和 response 网页跳转的方法实现显示某网站访问次数。

【任务分析】

response 对象是一个 javax.servlet.http.HttpServletResponse 类的子类的对象，对于

response 对象，最常用到的是 sendRedirect()和 addCookie 方法，可以使用这个方法将当前客户端的请求转到其他页面去和写入数据到客户端硬盘中，用 request 对象的 getCookies 方法读出 Cookie 数据。response 还有完成其他功能的方法，如设置文件头的方法 setDateHeader 和 setIntHeader 等。

【实施方案】

1. 导入工程

导入 ch02 工程到 MyEclipse 中，如图 2-8 所示。

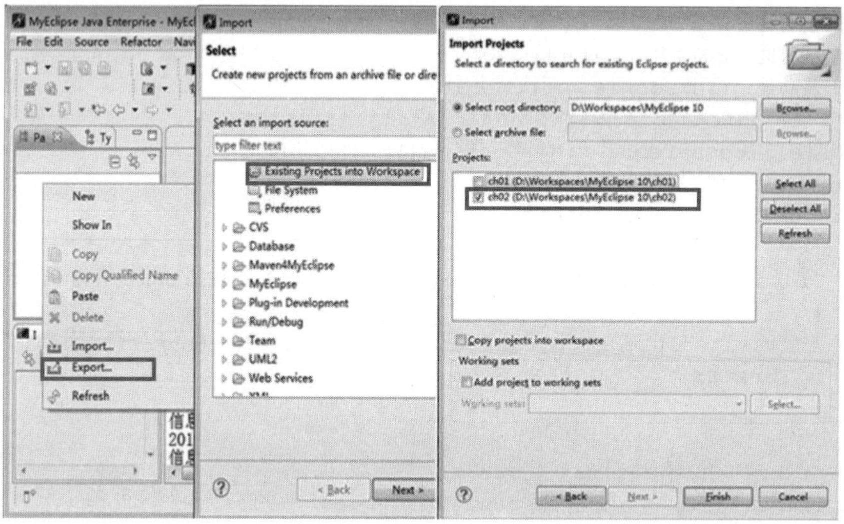

图 2-8　导入 ch02 工程到 MyEclipse

2. 新建文件 2-5.jsp

新建文件 2-5.jsp，输入如下代码：

```
<%
  /*********************************************
   *程序名称：2-5.jsp                          *
   *编制时间：2014 年 10 月 6 日                *
   *主要功能：写入 Cookie 访问次数并跳转到指定页面  *
   ********************************************/
   Cookie[] coos=request.getCookies();//得到所有的 Cookie
   int visits=0;//将计数值初始化
   for(int i=0;i<coos.length;i++)
   {
      if(coos[i].getName().equals("mycookie"))//找到 name 值为"jsp"的 Cookie
      {
          visits=Integer.parseInt(coos[i].getValue());//得到计数值
          break;
      }
   }
visits++;//计数值增一
```

```
    Cookie coo=new Cookie("mycookie",visits+"");//设置 Cookie
    coo.setMaxAge(10*24*60*60);//设置 coo 在客户端硬盘的生存周期为 10 天
    response.addCookie(coo);
    response.sendRedirect("2-6.jsp");//跳转到 2-6.jsp 页面
    %>
```

3．新建文件 2-6.jsp

新建文件 2-6.jsp 输入如下代码：

```
<%
    /******************************************
     *程序名称：2-6.jsp                        *
     *编制时间：2014 年 10 月 6 日              *
     *主要功能：读出 Cookie 访问次数并显示       *
     ******************************************/
    Cookie[] coos=request.getCookies();//得到所有的 Cookie
    int visits=0;//将计数值初始化
    for(int i=0;i<coos.length;i++)
    {
        if(coos[i].getName().equals("mycookie"))//找到 name 值为"jsp"的 Cookie
        {
            visits=Integer.parseInt(coos[i].getValue());//得到计数值
            break;
        }
    }
   out.print("<h2>Welcome! </h2>");
   out.print("你已经光临本页<font color=red>"+visits+"</font>次！");//输出
visits 访问次数
%>
```

4．运行程序

2-6.jsp 运行效果如图 2-9 所示。

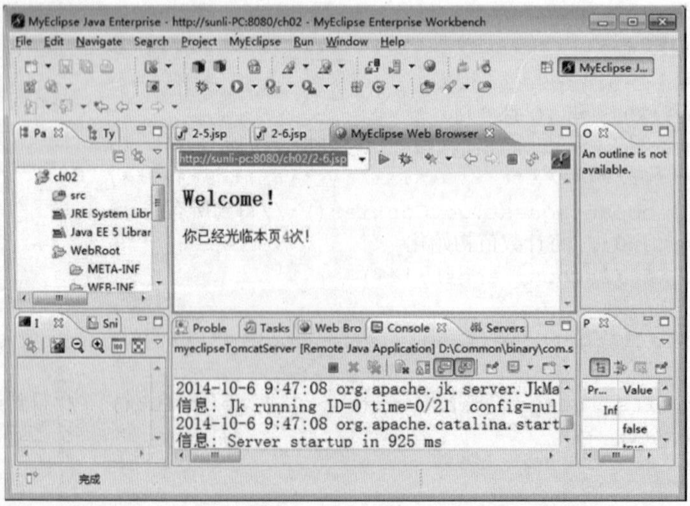

图 2-9　2-6.jsp 运行效果

相关知识

response 对象用来向客户端传送输出信息。表 2-4 列出了 response 对象的方法和功能。

表 2-4　response 对象的方法和功能

方　法	返回值	方法说明
addCookie(Cookie cookie)	void	写入 Cookie 数据到硬盘
addDateHeader(String name,long date)	void	添加浏览器缓存时间
addHeader(String name,String value)	void	添加浏览器相应方式
addIntHeader(String name,int value)	void	添加页面自动刷新
setDateHeader(String name,long date)	void	设置浏览器缓存时间
setHeader(String name,String value)	void	设置浏览器相应方式
setIntHeader(String name,int value)	void	设置页面自动刷新
sendError(int sc)	void	传送状态码
sendError(int sc,String msg)	void	传送状态码和错误信息
setStatus(int sc)	void	设置状态码
sendRedirect(String URL)	void	页面重定向，用来实现页面跳转

注：这里的 response 对象的 sendRedirect（String URL）方法设置页面重定向将改变浏览器地址栏信息，和<jsp:forward>指令的最大区别就是：只能使用<jsp:forward>在本网站内跳转，但可以使用 response.sendRedirect 跳转到任何一个地址的页面，所以也称客户端跳转。

例：response 对象实现页面的自动刷新。

只需要在 JSP 页面中加上如下代码：

```
<%--使用 response 对象的 setIntHeader 设置属性 Refresh 的值（单位为秒）来实现页面自动刷新--%><% response.addIntHeader（"Refresh",10）; %>
```

例：实现页面自动跳转。

可以通过 response 对象的 setHeader()方法添加一个标题为 Refresh 的标头，并制定页面跳转时间及跳转页面，从而实现页面自动跳转。具体代码如下：

```
<% response.setHeader("Refresh","10;URL=http://www.baidu.com"); %>
```

这里使用 setHeader 方法添加一个标题为"Refresh"，值为"10,URL=http://www.baidu.com"的表头。

例：将当前页面保存为 word 文档,也可以设置为其他一些相应类型，如：text/plain（文本文件）、application/x-msexcel（Excel 文件）和 application/msword（Word 文件）等。

```
<body>
<%
response.setContentType("application/msword;charset=GB2312");
%>
</body>
```

例：在实际的 JSP 应用开发中，为了确保显示的正确性，需要禁用页面缓冲，否则会显示其他用户的一些的信息。为了解决这个问题，需要在每个 JSP 的页面中添加语句如下：

```
<%
response.setHeader("Pragma", "No-cache");
```

```
response.setHeader("Cache-Control", "no-cache");
response.setDateHeader("Expires", -1);
%>
```

例：利用 response 和 request 写入和读出 Cookie 时，如果不设置 Cookie 存活期，则浏览器关闭时，Cookie 会被自动删除。如果是汉字则会出现乱码，因为一个汉字是两个字节，而写入和读出 Cookie 是按一个字节编码进行的，因此会有乱码出现，要避免出现乱码的情况，需要设置写入和读出 Cookie 的操作编码方式，具体代码如下：

```
<%
Cookie cookies[] = request.getCookies();
String xm="";
if (cookies !=null)
{
    for(int i=0; i<cookies.length; i++)  {
        if(cookies[i].getName().equals("Name"))
        xm=java.net.URLDecoder.decode(cookies[i].getValue());//编码转换
      }
}
if (s!=null)
{
  Cookie c = new Cookie("Name",java.net.URLEncoder.encode(nam));//编码设置
  c.setMaxAge(1000);//设置 Cookie 存活周期
  response.addCookie(c);
}
  %>
```

任务 3 多人聊天室

【任务描述】

利用 application 和 session 提供的数据存储和处理的方法 setAttribute 和 getAttribute 实现数据的写入和取出。由于 application 和 session 对象对数据存储的生命周期不一样，所以利用 application 存储公共变量的特点，存储用户聊天内容以便所有人都能看到聊天内容，再利用 session 存储私有变量的特点，存储用户个人昵称。

【任务分析】

站点所有的用户公用一个 application 对象，当站点服务器开启的时候，application 就被创建，直到站点关闭。利用 application 这一特性，可以方便地创建聊天室和网站计数器等常用站点应用程序。application 的自定义属性有：public void setAttribute(String key, Object obj)，将对象 obj 添加到 application 对象中，并为添加的对象添加一个索引关键字 key。利用 public Object getAttribute（String key），获取 application 对象中含有关键字 key 的对象。由于任何对象都可以添加到 application 中，因此用此方法取回对象的时候，需要强制转化为原来的类型。

session 对象是 java.servlet.http.HttpSession 类的子类的对象，它表示当前的用户会话信息。在 session 中保存的对象在当前用户连接的所有页面中都是可以被访问到的。可以使用

Session 对象存储用户登录网站时候的信息。当用户在页面之间跳转时，存储在 Session 对象中的变量不会被清除。

【实施方案】

1. 新建 2-7.htm

在 ch02 项目中新建 2-7.htm 文件，输入如下代码：

```
<html>
  <head>
    <title>2-7.htm</title>
  </head>
<!-*********************************************
*程序名称：2-7.htm                              *
*编制时间：2014 年 10 月 6 日                   *
*主要功能：接收用户昵称，判断是否为空，如果为空   *
提示重新输入，否则由 frm.submit()代码提交 2-8.jsp 处理*
*********************************************-->
  <script>
  function check()
  {
  var nam=frm.nam.value; //定义变量 nam，用于获取表单内名为 nam 的文本框中的值
     if (nam=="")
     {
         alert("昵称不能为空,请重新输入！");//  如果 nam 为空提示用户重新输入
         frm.nam.focus();//把输入焦点位到 nam 文本框
     }
  else
     {
          frm.submit();//提交表单
     }
}
</script>
<body>
<form action="2-8.jsp" method="post" name="frm">
<!-- 添加表单 name 属性 name="frm" -->
请输入你的昵称：<input type=text name="nam">
<!-- 把文本框的 type 由 submit,改成 button 类型,添加 onclick 事件调 js 函数 check -->
<input type="button" value="进入聊天室"  name="sbt" onclick="check()">
</form>
</body>
</html>
```

2. 新建 2-8.jsp

在项目中新建 2-8.jsp，代码如下：

```
<%@ page language="java" import="java.util.* " pageEncoding="gbk"%>
  <html>
```

```
<head>
<base href="<%=basePath%>">
<title>My JSP '2-7.jsp' starting page</title>
<meta http-equiv="pragma" content="no-cache">
<meta http-equiv="cache-control" content="no-cache">
<meta http-equiv="expires" content="0">
<meta http-equiv="keywords" content="keyword1,keyword2,keyword3">
<meta http-equiv="description" content="This is my page">
</head>
<body>
<% //Java 代码开始标志
 /*******************************************
  *程序名称：2-8.jsp                          *
  *编制时间：2014 年 10 月 6 日                *
  *主要功能：接收数据并输出聊天内容              *
  *******************************************/
 request.setCharacterEncoding("gbk");//设置表单编码方式
 String nam=(String)session.getAttribute("nam");//从 session 中取出昵称 nam 值
 if (nam==null)//如果 nam 昵称为空
{
    nam=request.getParameter("nam");//接收表单昵称的值
    session.setAttribute("nam",nam);//把昵称 nam 写入 session 中 nam 变量
}
if(request.getParameter("mywords")!=null)//如果用户有聊天内容
{ //从 session 中取出昵称并加入聊天内同赋给 mywords 变量
   String mywords = (String)session.getAttribute("nam")+"说： "+request.
getParameter("mywords")+"<br>";
     if ((String)application.getAttribute("mywords")!=null)
      { //如果从 application 取出的以前聊天内容不为空，把以前聊天内容和本次聊天内容
合并后，重新写入 application 并输出
      mywords = (String)application.getAttribute("mywords") + "<br>" +
mywords;
      application.setAttribute("mywords", mywords);
      out.print((String)application.getAttribute("mywords"));
       }
      else
     {//如果从 application 取出的以前聊天内容为空，直接把本次聊天内容写入，并输出。
      application.setAttribute("mywords", mywords);
      out.print((String)application.getAttribute("mywords"));
      }
}
%>
<form action ="2-8.jsp"  method="post">
<input  type="text"  size="30"  name="mywords"   value="我喜欢聊天！" >
<input  type ="submit" name="submit"  value="提交">
</form>
</body>
</html>
```

3. 运行程序

2-7.htm 的运行效果如图 2-10 所示。

图 2-10　2-7.htm 运行效果

2-8.jsp 运行效果如图 2-11 所示。

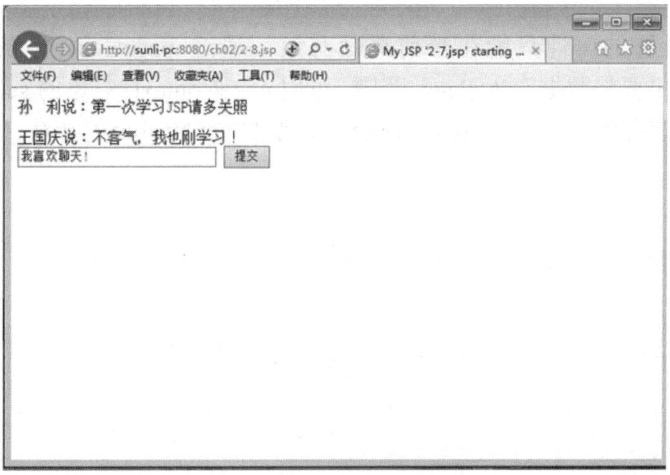

图 2-11　2-8.jsp 运行效果

相关知识

1. 属性保存范围

session、application、pageContext 和 request 对象实现数据在网页间的传递，但生命周期不同，在 JSP 中可以通过 setAttribute()和 getAttribute()这两个方法来设置和取得属性，从而实现数据的共享。JSP 提供了四种属性的保存范围：request、response、session 和 application。各内置对象的类型和属性范围见表 2-5。

表 2-5　各内置对象的类型和属性范围

内置对象	类　型	作用域
request	javax.servlet.http.HttpServletRequest	request
response	javax.servlet.http.HttpServletResponse	response
pageContext	javax.servlet.jsp.PageContext	page
session	javax.servlet.http.HtpSession	session
application	javax.servlet.jsp.ServletContext	application
out	javax.servlet.jsp.JspWriter	page
config	javax.servlet.ServletConfig	page
page	java.lang.Object	page
exception	java.lang.Throwable	page

从表 2-5 中可以看出 request、pageContext、session 和 application 的属性范围不同，但它们的写入数据和读出数据的方法相同。表 2-6 列出了它们的方法说明。

表 2-6　方法说明

方　法	说　明
void setAttribute(String name, Object value)	设定名称为 name 的属性，属性的设置为 value
Enumeration getAttributeNamesInScope(intscope)	取得所有 scope 范围的属性名称组成的列举表
Object getAttribute(String name)	取得 name 属性的值
void removeAttribute(String name)	删除名称为 name 的属性

（1）page 设置的属性只能在当前页面有效。通过 pageContext 的 setAttribute()和 getAttribute()。如果要将数据存入 Page 范围，可用 pageContext 对象的 setAttribute()方法；若要取得 page 范围的数据，可用 pageContext 对象的 getAttribute()方法。

例：

```
------------PageScope1.jsp-----------------
<%@ page contentType="text/html;charset=GB2312" %>
<html>
<head>
<title> PageScope1.JSP</title>
</head>
<body>
<h2>Page 范围 - pageContext</h2>
<%
pageContext.setAttribute("Name","scott");
pageContext.setAttribute("Password","tiger");
%>
<JSP:forward page="PageScope2.JSP"/>
</body>
</html>
------------PageScope2.jsp -----------------
<%@ page contentType="text/html;charset=GB2312" %>
<html>
<head><title> PageScope2.jsp</title></head>
<body>
<h2>Page 范围 - pageContext</h2>
```

```
</br>
<%
String Name = (String)pageContext.getAttribute("Name");
String Password = (String)pageContext.getAttribute("Password");
out.println("Name = "+Name);
out.println("Password = "+ Password);
%>
</body>
</html>
```

上述代码中，PageScope2.jsp 的运行效果如图 2-12 所示。

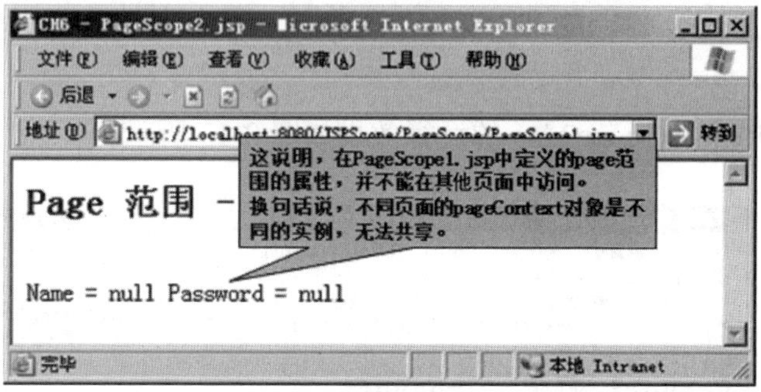

图 2-12　PageScope2.jsp 运行效果

PageScope1.jsp 的输出结果表明，在 PageScope1.jsp 中添加到对象 pageContext 的属性，在 PageScope2.jsp 中无法被访问。

（2） request 设置的属性在一次请求范围内有效。Servlet 技术规范中，一次请求处理可能涉及到多个服务器资源或 JSP 页面。比较典型的如 JSP 页面的<jsp:forward>动作和<jsp:include>动作，就是在同一个用户请求下在多个页面之间进行传递的。在使用<jsp:forward>动作和<jsp:include>动作时，对于每一个页面，它们处理的都是同一个请求，或者说，它们之间的请求是在这几个页面之间是共享的。当接收到用户发出新的请求时，这个请求随之失效，存放其中的属性也同时失效。

例：

```
------------RequestScope1.jsp ----------------
<%@ page contentType="text/html;charset=GB2312" %>
<html>
<head>
<title> RequestScope1.jsp</title>
</head>
<body>
<h2>Request 范围 - request</h2>
<%
request.setAttribute("Name","mike");
request.setAttribute("Password","browser");
%>
<jsp:forward page="RequestScope2.jsp"/>
</body>
```

```
</html>
------------RequestScope2.jsp -----------------
<%@ page contentType="text/html;charset=GB2312" %>
<html><head><title> RequestScope2.jsp</title></head>
<body>
<h2>Request 范围 - request</h2>
<%
String Name = (String) request.getAttribute("Name");
String Password = (String) request.getAttribute("Password");
out.println("Name = "+Name);
out.println("Password = "+ Password);
%>
</body>
</html>
```

上述代码中，RequestScope2.jsp 的运行效果如图 2-13 所示。

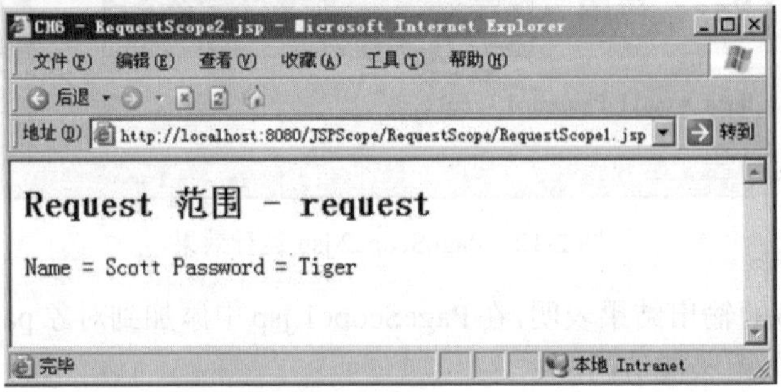

图 2-13　RequestScope2.jsp 运行效果

RequestScope1.jsp 的输出结果表明，在 RequestScope1.jsp 中添加到对象 request 的属性，在 RequestScope2.jsp 中依然有效。

（3） session 设置的属性有效期在客户浏览器与服务器一次会话范围内，如果服务器断开连接，那么该属性就失效了。由于 HTTP 请求是无状态的，用户每一次请求，所有的请求—响应循环需要再一次发生，客户和服务器之间必须重新建立连接。如果需要在同一用户的不同请求之间维护其关联，就需要用到会话机制，session 属性的作用范围为一段用户持续和服务器所连接的时间，但与服务器断线后，这个属性就无效。例如，在线购物网站中，用户每购买一个商品，都向服务器发出一次请求，那么如何标识出购买的多个商品是同一用户所购买的呢?这里就需要用到会话。

例：

```
------------SessionScope1.jsp -----------------
<%@ page contentType="text/html;charset=GBK" %>
<HTML>
<BODY>
    <%
    String str = "欢迎!";
    session.setAttribute("Greeting", str);
    out.print((String)session.getAttribute("Greeting"));
```

```
    %>
    <br><a href="SessionScope2.jsp">下一页</a>
</BODY>
</HTML>
------------SessionScope2.jsp -----------------
<%@ page contentType="text/html;charset=GBK" %>
<HTML>
<BODY>
    <%
    out.print((String)session.getAttribute("Greeting"));
    %>
</BODY>
</HTML> SessionScope2.jsp
```

上述代码中，SessionScope2.jsp 的页面效果如图 2-14 所示。

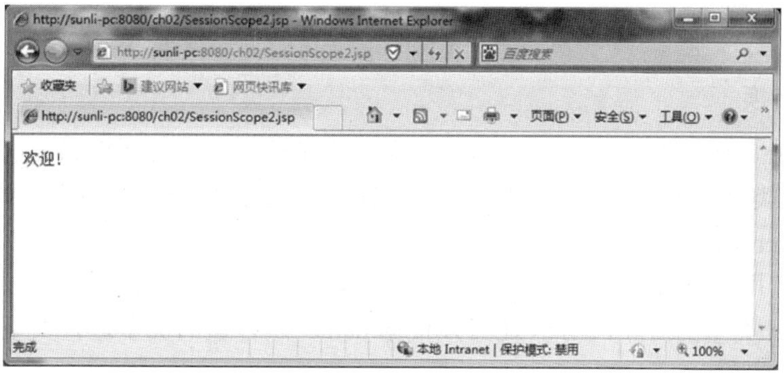

图 2-14　SessionScope2.jsp 页面效果

（4） application：在整个服务器范围，直到服务器停止以后才会失效。同理，通过 application 对象的 setAttribute()和 getAttribute()。application 范围就是保存的属性只要服务器不重启，就能在任意页面中获取，就算重新打开浏览器也是可以获取属性的。

application 对象的作用范围在服务器一开始执行服务，到服务器关闭为止。application 的范围最大、停留的时间也最久，所以使用时要特别注意，不然可能会造成服务器负载越来越重的情况。

建立范围为 application 的属性，只要将数据存入 application 对象，数据的 Scope 就为 application。如“application.setAttribute（"visitCount",new Integer（visitCount））；”。

例：

```
------------ApplicationScope.jsp -----------------
<%
 int visitCount=0;
if (application.getAttribute("visitCount")==null)
visitCount=1;
else{
visitCount=((Integer)application.getAttribute("visitCount")).intValue();
visitCount++;
}
```

```
application.setAttribute("visitCount",new Integer(visitCount));
%>
您是第<%=application.getAttribute("visitCount")%>位访客!
```

上述代码中，ApplicationScope.jsp 页面效果如图 2-15 所示。

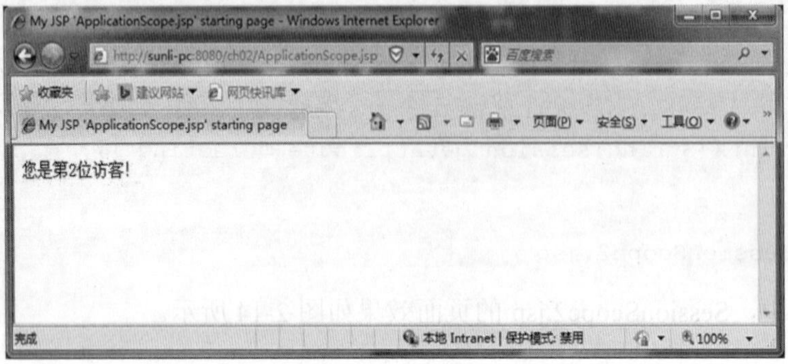

图 2-15　ApplicationScope.jsp 页面效果

2. 类型转换

setAttribute（属性名，属性值）方法用来设置属性。其中，属性名为字符串类型，属性值为 Object 类型。如果是原子数据类型则要进行对象数据类型的转换。如整数 1，则转换为 new Integer（1）。

当我们使用 getAttribute（String name）取得 name 属性的值时，它返回一个 java.lang.Object 类型的对象，因此，还必须根据 name 属性值的类型进行类型转换（Casting）工作。

例如，要取得 String 类型的 Name 属性时，代码如下：

```
String userName = (String)pageContext.getAttribute("userName");
```

或者采用如下代码：

```
String userName = pageContext.getAttribute ("userName") .toString();
```

如果是 Integer 类型的 Year 属性时用如下代码：

```
Integer Year =(Integer) session.getAttribute ("Year") ;
```

在使用属性存储数据前，应该首先根据对属性的功能要求，确定准备将属性存储在 request、session 、application 或 pageContext 的哪个之中，以便将相应数据存入选定对象之中。存入不同隐藏对象的属性在功能上有很大区别。

3. Cookie 的读写

Cookie 对象是由 Web 服务器端产生后被保存到浏览器中的信息。Cookie 对象可以用来保存一些小量的信息在浏览器中。目前主流的浏览器（Internet Explorer 和 Netscape Navigator）都支持 Cookie，Cookie 的生存周期可以设定，如不设定存活时间，浏览器关闭后会被自动删除。Cookie 与其他对象的写入与读出方式不同，它存在客户端硬盘中，而 application、session 存储在服务器的内存中，因此用 application、session 时要考虑服务器的效率。

例：

```
------------CookieScope1.jsp -----------------
<%@ page contentType="text/html;charset=GBK" %>
<%
   String strName = "Zhourunfa";
   Cookie c = new Cookie("Name1", strName);
   c.setMaxAge(100);//设置 Cookie 存活时间 100 秒
   response.addCookie(c);
%>
写入 Cookie<br></br>
<a href="CookieScope2.jsp">查看</a>
------------CookieScope2.jsp -----------------
<%@ page contentType="text/html;charset=GBK" %>
<HTML><BODY>
<%
   Cookie cookies[] = request.getCookies();
   for(int i=0; i<cookies.length; i++) {
     if(cookies[i].getName().equals("Name1"))
     out.print(cookies[i].getValue());
   }
%>
读出 Cookie<br></br>
</BODY></HTML>
```

上述代码中，Cookie Scope2.jsp 页面效果如图 2-16 所示。

图 2-16　CookieScope2.jsp 页面效果

实训项目　网站购物车

【任务描述】

购物车设计目前主要实现技术有 session、Cookie、数据库等技术，本任务使用 session 对象实现，要求学生熟练掌握 session 对象的各种方法和属性以及数据生存周期等。

【任务分析】

购物车是目前购物网站常用技术，它可以实现用户购置物品的临时存储和结算。购物车要实现商品展示与购置、购置商品显示、重复商品的数量和金额的累计，商品的删除等功能。商品展示页面效果和购物车商品显示页面效果分别如图 2-17 和图 2-18 所示。

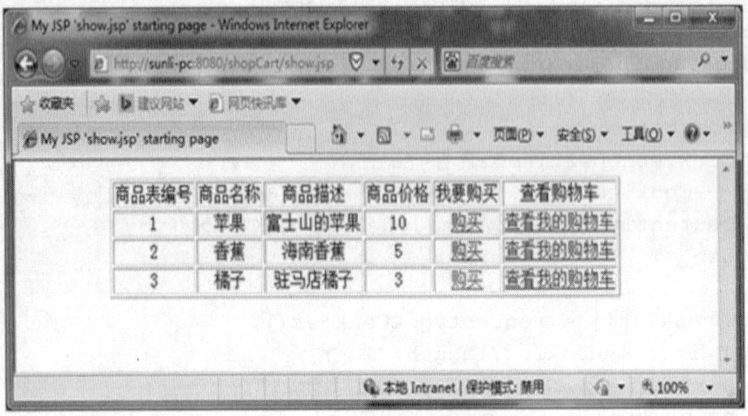

图 2-17　商品展示页面效果

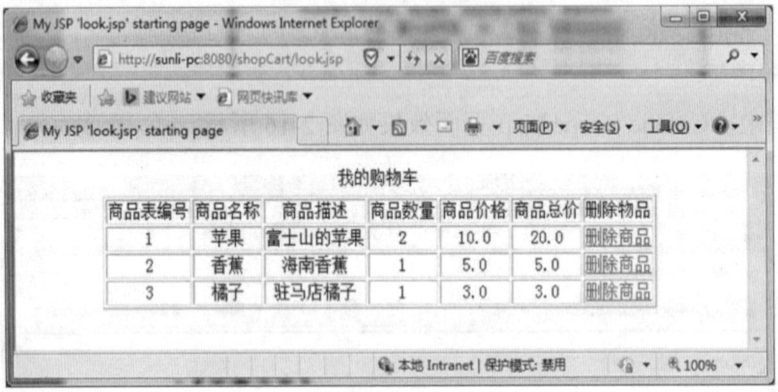

图 2-18　购物车商品显示页面效果

【实施方案】

1. 编写商品显示展示模块 show.jsp

在 body 标签中输入如下代码：

```
/*****************************************************
*程序名称：show.jsp                                    *
*编制时间：2014 年 10 月 8 日                           *
*主要功能：实现商品的展示                                *
*****************************************************/
<table border=1px align="center">
  <tr align="center" >
  <td>商品表编号</td>
  <td>商品名称</td>
  <td>商品描述</td>
```

```
<td>商品价格</td>
<td>我要购买</td>
<td>查看购物车</td>
</tr>
<tr  align="center">
<td>1</td>
<td>苹果</td>
<td>富士山的苹果</td>
<td>10</td>
<td><a href="buy.jsp?id=1">购买</a></td>
<td><a href="look.jsp">查看我的购物车</a></td>
</tr>
<tr  align="center">
<td>2</td>
<td>香蕉</td>
<td>海南香蕉</td>
<td>5</td>
<td><a href="buy.jsp?id=2">购买</a></td><!-- buy.jsp 把商品放入购物车-->
<td><a href="look.jsp">查看我的购物车</a></td>
</tr>
<tr  align="center">
<td>3</td>
<td>橘子</td>
<td>驻马店橘子</td>
<td>3</td>
<td><a href="buy.jsp?id=3">购买</a></td>
<td><a href="look.jsp">查看我的购物车</a></td>
</tr>
</table>
```

2．编写购物车模块 buy.jsp

buy.jsp 具体代码如下：

```
<%
/***********************************************
*程序名称：buy.jsp                             *
*编制时间：2014 年 10 月 8 日                  *
*主要功能：把用户购置物品放入购物车            *
***********************************************/
   String id=request.getParameter("id");
   Arraylist <Product> list =(Arraylist)session.getAttribute("list");
    int n=0;
    if (list==null)
   {    Product p=new Product();
        list=new Arraylist<Product>();
          if (id.equals("1"))
         {
           p.setId("1");
           p.setName("苹果");
           p.setDescription("富士山的苹果");
```

```
          p.setPrice(10);
          p.setNumber(1);
        }
       if (id.equals("2"))
        {
          p.setId("2");
          p.setName("香蕉");
          p.setDescription("海南香蕉");
          p.setPrice(5);
          p.setNumber(1);
        }
      if (id.equals("3"))
        {
          p.setId("3");
          p.setName("橘子");
          p.setDescription("驻马店橘子");
          p.setPrice(3);
          p.setNumber(1);
        }
      list.add(p);
  }
 else
 {
   Product p1=new Product();
   for(int i=0;i<list.size();i++ )
   {
   p1=(Product)list.get(i);
   if (p1.getId().equals(id))
   {
   p1.setNumber(p1.getNumber()+1);
   n++;
   list.set(i,p1);
   break;
   }
  }
  if(n==0)
  {  Product p2=new Product();
     if (id.equals("1"))
       {
         p2.setId("1");
         p2.setName("苹果");
         p2.setDescription("富士山的苹果");
         p2.setPrice(10);
         p2.setNumber(1);
       }
      if (id.equals("2"))
       {
         p2.setId("2");
         p2.setName("香蕉");
         p2.setDescription("海南香蕉");
```

```
            p2.setPrice(5);
            p2.setNumber(1);
          }
          if (id.equals("3"))
    {
            p2.setId("3");
            p2.setName("橘子");
            p2.setDescription("驻马店橘子");
            p2.setPrice(3);
            p2.setNumber(1);
          }
          list.add(p2);
             }
      }
     session.setAttribute("list",list);
     response.sendRedirect("show.jsp");
     %>
```

说明：

由于没有使用数据库，商品是固定好的，因此放入购物车时要根据传给的商品的 id 放入不同的商品，稍显复杂，如使用数据库存储商品要简单一些。

3. 编写购物车显示模块 look.jsp

look.jsp 具体代码如下：

```
<%
/***************************************************
*程序名称：look.jsp                                *
*编制时间：2014 年 10 月 8 日                      *
*主要功能：显示购物车中的商品                      *
***************************************************/
  Arraylist <Product> l =(Arraylist)session.getAttribute("list");
  %>
   <table border=1px align="center">
   <caption align="center">我的购物车</caption>
   <tr align="center" >
   <td>商品表编号</td>
   <td>商品名称</td>
   <td>商品描述</td>
   <td>商品数量</td>
   <td>商品价格</td>
   <td>商品总价</td>
   <td>删除物品</td>
   </tr>
   <%
   Product p=new Product();
   for(int i=0;i<l.size();i++)
   {
   p=(Product)l.get(i);
```

```
    %>
    <tr  align="center">
    <td><%=p.getId() %></td>
    <td><%=p.getName() %></td>
    <td><%=p.getDescription() %></td>
    <td><%=p.getNumber() %></td>
    <td><%=p.getPrice() %></td>
    <td><%=p.getPrice()*p.getNumber()  %></td>
    <td><a href=del.JSP?id=<%=p.getId() %>>删除商品</a></td>
    </tr>
    <%
    }
    %>
    </table>
```

4. 编写购物车物品删除模块 del.jsp

del.jsp 具体代码如下：

```
<%
/**************************************************
*程序名称：del.jsp                                *
*编制时间：2014 年 10 月 8 日                     *
*主要功能：删除购物车中的商品                     *
**************************************************/
    String id=request.getParameter("id");
    Arraylist <Product> list =(Arraylist)session.getAttribute("list");
    for(int i=0;i<list.size();i++)
    {
    if (list.get(i).getId().equals(id))
    {
    list.remove(i);
    break;
    }
    }
    session.setAttribute("list",list);
    response.sendRedirect("lookjsp");
  %>
```

练习题

1. 有几种方法实现页面的跳转，如何实现？
2. out 对象有什么功能，out.print 和 document.write 有什么区别？
3. 如何获得客户端的 IP 地址？
4. application 对象有什么特点？和 session 对象有什么联系和区别？
5. 程序如何向浏览器写入 Cookie 集合，如何从浏览器端读取 Cookie 集合？

第 3 章　Java Servlet 编程技术

教学目标

通过本章的学习，培养学生对数据的过滤和对 session、application、request 状态和属性变化的监听能力，使学生能够利用 Servlet 实现对项目的特殊要求，培养学生采用 MVC 模式综合运用能力；培养学生利用 Servlet 解决实际问题的能力。

教学内容

本章主要介绍 Servlet 的基本概念、环境配置和使用、生命周期、分类等，主要包括:

（1） Servlet 的基本概念。

（2） Servlet 的运行环境、生命周期以及 Servlet 的体系结构。

（3） Servlet 的配置与执行以及如何使用 Web 程序和 Servlet 进行交互。

（4） Servlet 接口、会话跟踪与应用程序事件（过滤与监听）。

（5） Servlet 综合应用。

教学重点与难点

（1） Servlet 的运行环境、生命周期以及 Servlet 的体系结构。

（2） Servlet 接口、会话跟踪与应用程序事件。

（3） 标准 Servlet、过滤 Servlet（过滤器）、监听 Servlet（监听器）的应用。

案例 1　Servlet 数据处理

【任务描述】

编写网页 3-1.htm，在表单中输入姓名、性别，生日，提交 FirstServlet 接收和输出。

【任务分析】

Servlet 就是 JAVA 类，是一个继承 HttpServlet 类的类，在服务器端运行，用以处理客户端的请求。在默认情况下，Servlet 采用一种无状态的请求—响应处理方式。Servlet 代码的主要作用是为了增强 Java 服务器端功能。Servlet 主要是解决 JSP 网页中复杂的业务逻辑代码和控制代码，作用和 JSP 网页一样，主要是分工不同，在 MVC 结构中，JSP 页面主要完成数据的展示即表示层 V（View），Servlet 主要是把 JSP 中复杂的业务逻辑代码和控制代码在 Servlet 实现，即 C（Controller）或 M（Model），Servlet 中主要方法有：init，初始化 Servlet，destory 销毁 Servlet，doPost 执行 post 方式提交的网页，doGet 执行 get 方式提交的网页。

【实施方案】

1. 新建项目

新建项目 ch03，在 ch03 项目 Webroot 文件夹上新建文件 3-1.htm，代码如下：

```
<html>
  <head>
    <title>3-1.htm</title>
    <meta http-equiv="keywords" content="keyword1,keyword2,keyword3">
    <meta http-equiv="description" content="this is my page">
    <meta http-equiv="content-type" content="text/html; charset=gbk">
    </head>
    <body>
  <center>
<!-*******************************************
*程序作者：sunli                             *
*程序名称：3-1.htm                           *
*编制时间：2014 年 10 月 8 日                *
*主要功能：接收用户数据到 Servlet 的 doPost 方法     *
********************************************->
  <!-- 在表单中 action 的值是一个名叫 FirstServlet 的 Servlet 的运行路径
  此路径是在建立 Servlet 是自动在 web.xml 文件中生成的，当然也可以更改 -->
    <form action="servlet/FirstServlet" method="post">
    姓名：<input type=text name="xm"><br>
    性别：<input type=text name="xb"><br>
    生日：<input type=text name="sr"><br>
    <input type=submit value="提交">
    </center>
    </form>
  </body>
</html>
```

2. 新建 FirstServlet 的 Servlet

过程分为以下步骤：

选中项目，右击鼠标，选择 Servlet，新建 Servlet，如图 3-1 所示。之后会出现新建 Servlet 对话框，如图 3-2 所示。在对话框中输入 Servlet 的名称，在 Package 中选择 Src 文件夹中的包名，可以填，也可以不填，Servlet 会自动放在默认包中，单击“Next”会自动配置新建 Servlet 映射路径，如图 3-3 所示。

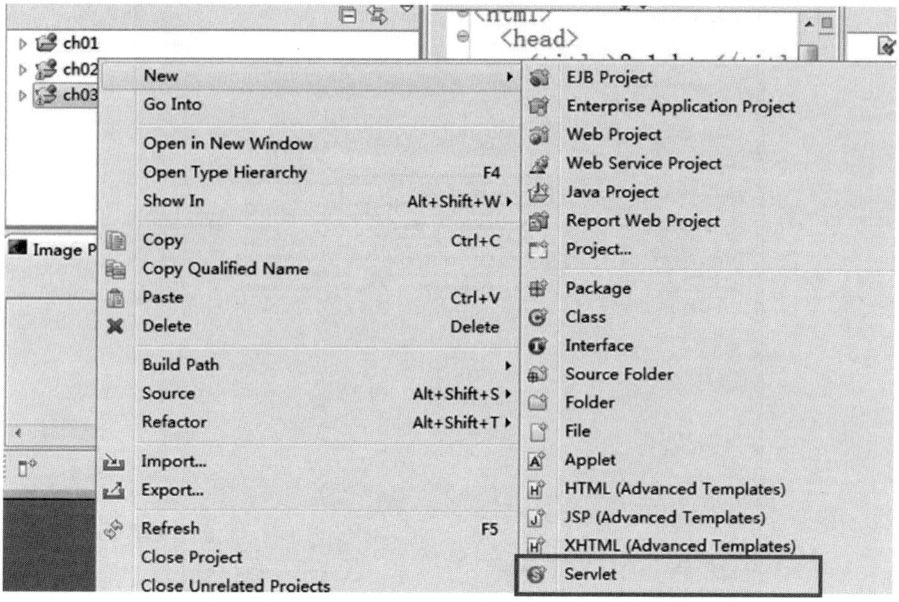

图 3-1 新建 Servlet

图 3-2 新建 Servlet 对话框

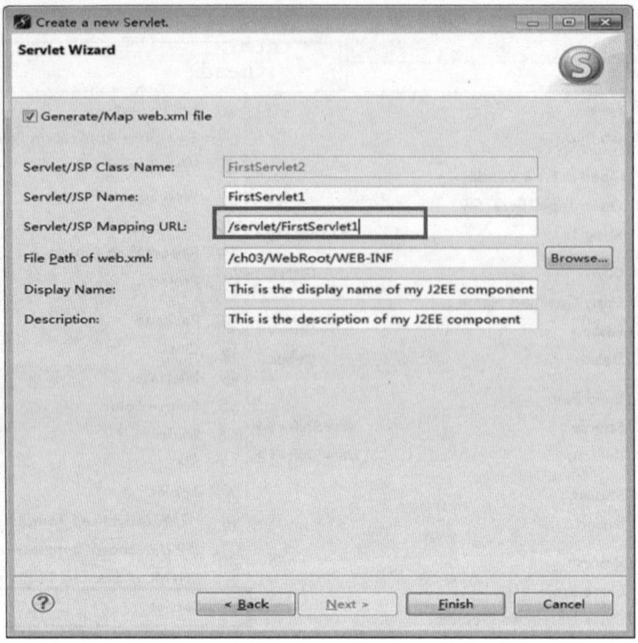

图 3-3　自动配置新建 Servlet 映射路径

3. 编写代码

在新建的 FirstServlet.java 文件中的 doPost 方法中输入如下代码：

```
public void doPost(HttpServletRequest request, HttpServletResponse response)
      throws ServletException, IOException {
    /*******************************************
     *程序名称：FirstServlet.java                *
     *编制时间：2014 年 10 月 8 日                *
     *主要功能：接收数据并输出                    *
     *******************************************/
    request.setCharacterEncoding("gbk");//设置表单编码
    response.setCharacterEncoding("gbk");//设置显示编码
    response.setContentType("text/html");//设置浏览器端相应方式
    PrintWriter out = response.getWriter();//获取 out 对象
    String xm=request.getParameter("xm");
    String xb=request.getParameter("xb");
    String sr=request.getParameter("sr");
    out.print("姓名:"+xm+"<br>");
    out.print("性别:"+xb+"<br>");
    out.print("生日:"+sr+"<br>");
  }
```

4. 运行程序

3-1.htm 和 FirstServlet 的运行效果分别如图 3-4 和 3-5 所示。

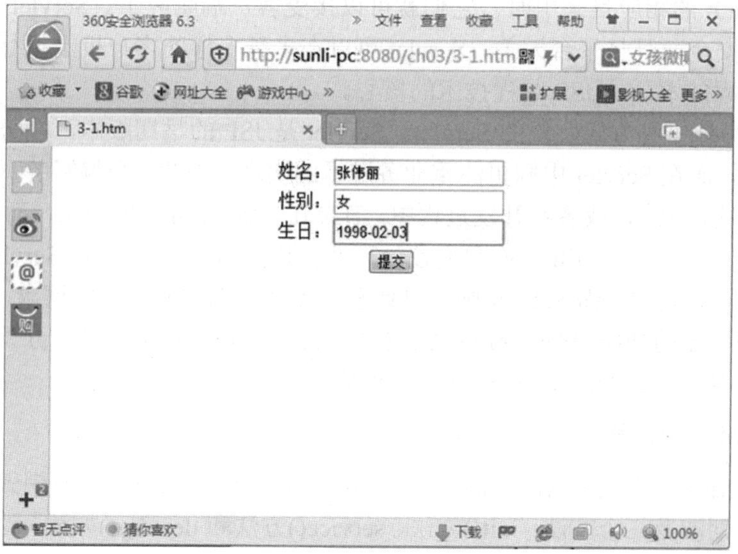

图 3-4　3-1.htm 运行效果

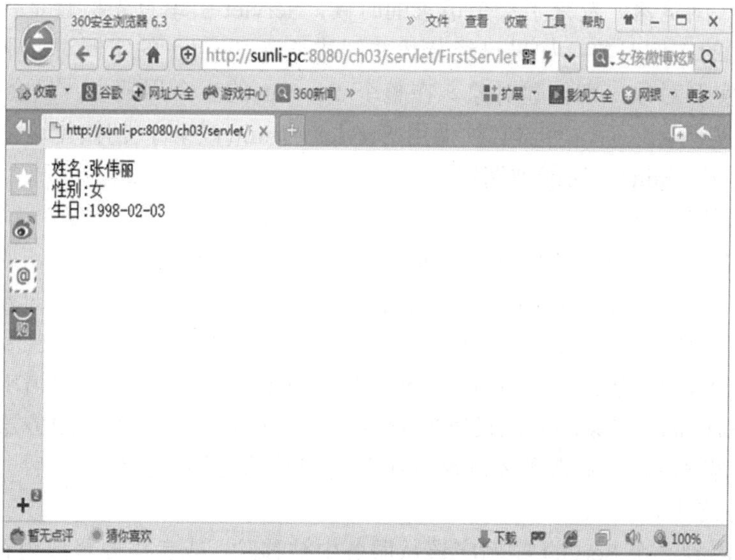

图 3-5　FirstServlet 运行效果

相关知识

1．Servlet 简介

Servlet 是一个标准的 Java 类，它符合 Java 类的一般规则，和一般 Java 类不同之处就在于 Servlet 可以处理 HTTP 请求。在 Servlet API 中提供了大量的方法，可以在 Servlet 中调用。当把这些 Java 类的的字节码文件（也称为二进制文件.class 文件）放到 Servlet 容器

（比如：Tomcat）的相应目录中时，它们就可以接受客户端响应了。Servlet 的优点是：持久、可扩展、安全而且与平台无关。Servlet 可以在多种多样的客户机上执行，是一种流行的 B/S 结构编程技术，是 JSP 编程技术的核心。

JSP 是以另外一种方式实现的 Servlet。Servlet 是 JSP 的早期版本，在 JSP 中，更加注重页面的表现，而在 Servlet 中则更注重业务逻辑的实现。因此，当编写的页面显示效果比较复杂时，首选是 JSP，或者在开发过程中，HTML 代码经常发生变化，而 Java 代码则相对比较固定时，可以选择 JSP。而我们在处理业务逻辑时，首选则是 Servlet。同时，JSP 只能处理浏览器的请求，而 Servlet 则可以处理一个客户端的应用程序请求。因此，Servlet 加强了 Web 服务器的功能，根据 Servlet 完成的功能不同可把 Servlet 可以分为标准 Servlet、过滤 Servlet 和监听 Servlet，例中 FirstServlet 是标准 Servlet。

2. Servlet 生命周期

Servlet 生命周期就是指创建 Servlet 实例后，存在的时间以及何时销毁的整个过程。Servlet 生命周期涉及三个方法：init()方法、service()方法和 destroy()方法，这三个方法会在 Servlet 生命周期的初始化、请求处理、服务终止三个阶段时执行。

（1） 初始化。

当客户端（浏览器）发来了一个请求的时候，Servlet 引擎首先检查是否已经装载并创建了该 Servlet 的实例对象。如果已经装载并创建了该 Servlet 的实例对象则不用再创建对象，如果没有实例对象，则创建对象。在整个 Servlet 的生命周期中，只会有一个 Servlet 对象。Servlet 实例化之后，容器必须调用 Servlet 的 init()方法，初始化这个对象，对于每一个 Servlet 实例，init()方法能被调用一次。

（2） 请求处理。

当请求从客户端发过来的时候，如果 Web 服务器发现的是静态资源，那么就直接自行处理了，如果是动态资源，Servlet 容器会将请求交给 Servlet，以多线程的方式进行处理处理。Servlet 实例通过 ServletRequest 对象得到客户端的相关信息和请求信息，然后调用 service()方法，Service()方法可以调用 doGet()和 doPost()来处理请求。在对请求进行处理后，调用 ServletResponse 对象的方法设置响应信息并且把结果交给 Web 服务器，然后用 Web 服务器响应给客户端。之后服务器就断开了与客户端的连接，就到了最后一个阶段。

（3） 服务终止。

当容器检测到一个 Servlet 实例应该从服务中被移除，或者需要释放内存，或者容器关闭的时候，例如，Web 应用程序退出或者重载时，容器就会调用实例的 destroy 方法，以便让该实例释放它所使用的资源。在 destroy 方法调用之后，容器会释放这个 Servlet 实例。该实例随后会被 Java 的垃圾回收器回收。如果再次需要这个 Servlet 处理请求，Servlet 容器会创建一个新的 Servlet 实例。Servlet 实例已进入了另一个新的生命周期。在整个 Servlet 的生命周期过程中，创建 Servlet 实例、调用实例的 init 和 destroy 方法都只进行一次。

3. Servlet 运行过程

（1） Web 浏览器—>发出 http 请求—>Web 容器—>首次访问创建目标 Servlet 对象—>Servlet。

（2）Web 容器—>创建请求和响应对象（request 和 response）—>调用 Servlet 的 service

（ServletResquest,ServletRespons）并且将刚才创建的请求对象和响应对象对象传递给 Servlet。

（3） Servlet 程序从请求对象中读取请求信息，将响应信息写入到响应对象当中。

（4） service 方法结束，程序返回到 Web 容器—>Web 容器从相应对象中读取响应信息—>将响应信息生成 HTTP 消息返回给浏览器。

Servlet 运行时序图如图 3-6 所示。

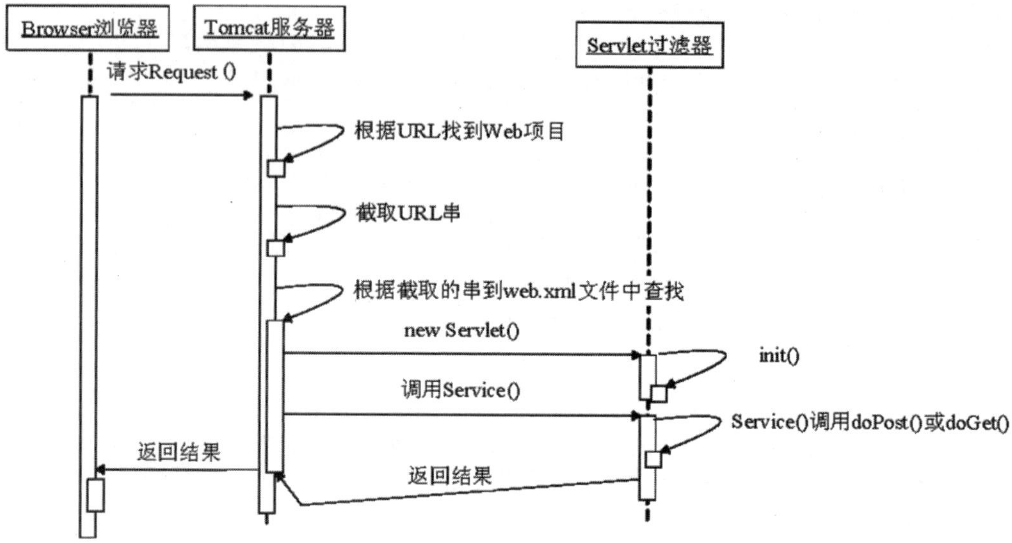

图 3-6　Servlet 运行时序图

4．web.xml 配置文件

在 web.xml 文件，每个一 Servlet 都会对应一个配置文件，如本例的 Servlet 配置文件具体代码如下：

```
<servlet>
<servlet-name>FirstServlet</servlet-name>
<servlet-class>FirstServlet</servlet-class>
</servlet>
<servlet-mapping>
<servlet-name>FirstServlet</servlet-name>
<url-pattern>/servlet/FirstServlet</url-pattern>
</servlet-mapping>
```

典型的 web.xml 文件中 Servlet 配置及意义如下：

```
<?xml version="1.0" encoding="UTF-8"?>
<Web-app ......>
<servlet> //配置一个实例名
<servlet-name>FirstServlet</servlet-name>//设定该 servlet 的实例名
<servlet-class>FirstServlet</servlet-class>//设定该 servlet 的类名<int-param>
//设定该 Servlet 的初始化参数
```

```
<param-name>xxx</param-name>//设定参数名
<param-value>xxx</param-value>//设定参数值
</int-param>
<load-on-startup>0</load-on-startup>
//设置 servlet 在 Web 应用启动时被加载的次序，数值越小
//就越先被加载，如果为负或者没有设置就在再次访问该 Servlet 时加载
</servlet>
<servlet-mapping> //配置一个 Servlet 映射
<servlet-name>xxx</servlet-name>//引用前面设定的 Servlet 实例名
<url-pattern>/xxx</url-pattern>//设定访问该 Servlet 的 URL
</servlet-mapping>
<filter> //配置一个过滤器
<filter-name>xxx</filter-name>//设定该过滤器的实例名
<filter-class>xxx</filter-class>//设定该过滤器的类名
<init-param> //设定该过滤器的初始化参数
<param-name>xxx</param-name>//设定参数名
<param-value>xxx</param-value>//设定参数值
</init-param>
</filter>
<filter-mapping> //配置一个过滤器映射
<filter-name>xxx</filter-name>//引用前面设定的过滤器实例名
<url-pattern>/*</url-parttern>//设置要过滤的 URL
</filter-mapping>
<listener>//配置一个监听器
<listener-class>xxx</listener-class>//设定该监听器的类名
</listener>
<jsp-config> //设置 JSP 的配置信息
<taglib> //定位一个标签库
<taglib-uri>/xx</taglib-uri>//设定标签库的引用 URL
<taglib-location>xxx</taglib-locathion> //设定标签库文件的存放路径
</tablib>
</jsp-config>
<welcome-file-list> //设置欢迎文件菜单
<welcome-file>xxx</welcome-file>//设置一个具体的欢迎文件名
</welcome-file-list>
<error-page> //设置一个处理错误的页面
<error-code>xxx</error-code>//设定一个具体的错误代码，如 404
<location>/xx</location>//设定一个处理错误的页面
</error-page>
<session-config>//设置 Session 的会话闲置时间
<session-timeout>xxx</session-timeout>//设定一个具体的分钟数，如 60
</seeion-config>
</Web-app>
```

注：其中 servlet、servlet-mapping、filter、filter-mapping、init-param、listener、taglib、welcome-file、error-page 等元素可以出现一次或多次，其他的元素最多只能出现一次。

5. Servlet API 接口及说明见表 3-1。

表 3-1 Servlet API 接口及说明

名 称	类或接口	说 明
RequestDispatcher	接口	实现此接口的对象可以从用户端接收请求，并转送给服务器上其他资源（例如 Servlet、HTML、JSP）
Servlet	接口	定义所有 Servlet 都必须实现的方法
ServletConfig	接口	当 Servlet 容器初始化 Servlet 时，可利用 ServletConfig 对象来传递某些配置信息
SerletContext	接口	定义 Servlet 与 Servlet 容器之间相互沟通的方法，例如：取得文件的 MIME 类型、转送请求或是写入记录文件
ServletRequest	接口	通过此接口定义的方法可以在 Servlet 内读取客户端请求内容
ServletResponse	接口	通过此接口所定义的方法可以将 Servlet 所产生的回应传给客户
SingleThreadModel	接口	实现此接口的 Servlet 每次只能服务一个客户端请求
GenericServlet	类	GenericServlet 类定义了一个普通的、协议无关的 Servlet，实现了 Servlet 和 ServletConfig 等接口
ServletInputStream	类	以二进位数据流(binary stream)形式读取客户端的请求内容，其 readline()方法每次可以读取一个整行的数据
ServletOutputstream	类	以二进位数据流的形式将回应信息传送客户端
ServletException	类	定义当 Servlet 发生问题时可以抛出的异常
HttpSession	接口	用于表示客户端并存储有关客户端的信息
AttributeListener	接口	实现这个侦听接口用于获取会话的属性列表的改变的通知
HttpServletRequest	接口	扩展 ServletRequest 接口，为 HTTPServlet 提供 HTTP 请求信息
HttpServletResponse	接口	扩展 ServletResponse 接口，提供 HTTP 特定的发送响应的功能
HttpServlet	类	扩展了 GenericServlet 的抽象类，用于扩展创建 HttpServlet
Cookie	类	创建一个 Cookie，用于存储 Servlet 发送给客户端的信息

案例 2 用户登录验证

【任务描述】

编写一个 Servlet，实现网站用户登录验证功能，如果用户名和密码正确，则显示欢迎页面，在欢迎页面可以退出。过滤 Servlet 必须实现 Filter 接口，重写 doFilter 方法如下：public void doFilter(ServletRequest request,ServletResponse response,FilterChain chain)throws IOException,ServletException，如果通过则需要 FilterChain 参数 chain 将请求继续向下转发，否则返回。

【任务分析】

任何网站都需要对用户是否已登录进行过滤，解决这个问题一个方法是在每个 JSP 页面之中判断 session，每一个 JSP 页面都要判断 session 的值，这种方法非常麻烦且不利于维护。Web 项目中经常需要屏蔽非法文字、对请求内容进行统一编码等，这些功能都可以用过滤 Servlet 完成，可以起到事半功倍的效果。注意在该例中需要用到 session，在 Servlet

中用 session 需要向下转型，因为 session 属于 HTTP 协议范围，但是 doFilter()方法中定义的是 ServletRequest 类型对象，那么要想取得 session，则必须进行向下转型，将 ServletRequest 变为 HttpServletRequest 接口对象，才能通过 getSession()方法取得 session 对象。

【实施方案】

1. 新建 3-2.jsp

在 ch03 项目中新建 3-2.jsp 登录页面，代码如下：

```
<%@ page language="java" import="java.util.*" pageEncoding="gbk"%>
<html>
<head>
<title>My JSP '3-2.jsp' starting page</title>
</head>
<body>
<form action="3-3.jsp" method="post">
用户名：<input type=text name="myname"><br>
密码：<input type=password name="mypass"><br>
<input type=submit value="提交">
</form>
<%
/*******************************************
*程序作者：sunli                            *
*程序名称：3-2.java                         *
*编制时间：2014 年 10 月 8 日               *
*主要功能：输入、接收数据写入 session       *
*******************************************/
String user=request.getParameter("myname");//获取表单数据 myname
  String pass=request.getParameter("mypass");//获取表单数据 mypass
  if (user!=null && pass !=null )
  {
 if(user.equals("sunli") &&pass.equals("7204"))//判断用户名和密码是否正确
  {
  session.setAttribute("myuser",user);//用户名写入 session 变量 myuser
 session.setAttribute("mypass", pass);// 密 码 写 入 session 变 量 mypass
response.sendRedirect("3-3.jsp");//跳转到 3-3.jsp 页面
  }
  }
  %>
 </body>
 </html>
```

2. 新建 LoginFilter.java 类

在 src 目录 com.cn 包中新建 LoginFilter.java 类，添加实现类 Filter 接口，如图 3-7 所示。

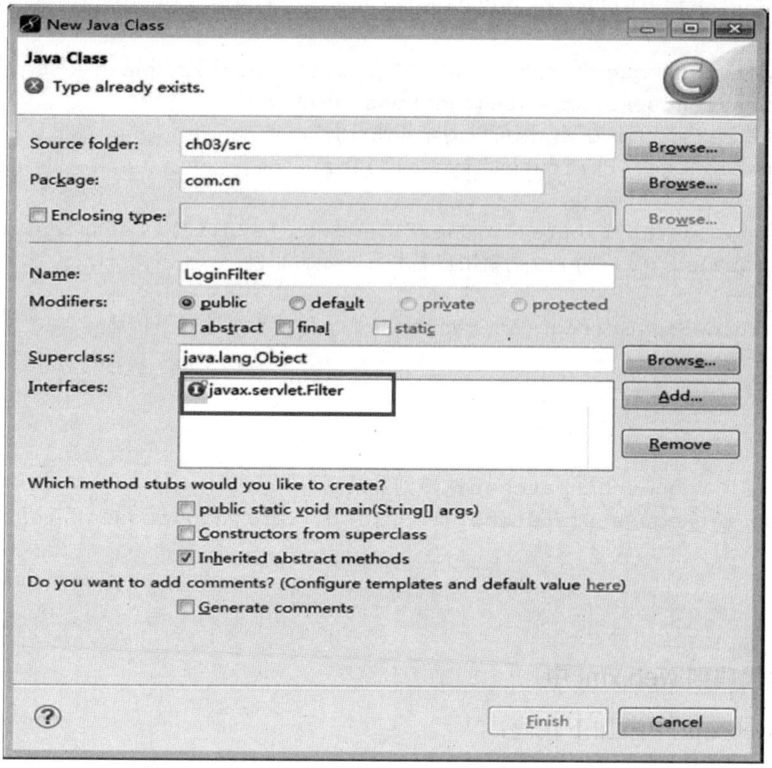

图 3-7 新建 LoginFilter.java 类

3. 编写代码

在 doFilter 方法中编写如下代码：

```
package com.cn;
import java.io.IOException;
import javax.servlet.Filter;
import javax.servlet.FilterChain;
import javax.servlet.FilterConfig;
import javax.servlet.ServletException;
import javax.servlet.ServletRequest;
import javax.servlet.ServletResponse;
import javax.servlet.http.HttpServletRequest;
import javax.servlet.http.HttpSession;
/****************************************
*程序作者：sunli                         *
*程序名称：LoginFilter.java              *
*编制时间：2014 年 10 月 8 日            *
*主要功能：过滤用户名和密码              *
****************************************/
public class LoginFilter implements Filter {
public void doFilter(ServletRequest request, ServletResponse response,
```

```
    FilterChain chain) throws IOException, ServletException {
     // Session 属于 HTTP 范畴,所以 ServletRequest 对象需要先转换成 HttpServletRequest
对象
    HttpServletRequest req = (HttpServletRequest)request ;
    HttpSession session = req.getSession() ;
    // 如果 session 不为空，则可以浏览其他页面
    if(session.getAttribute("myuser")!=null)
    {
   if (session.getAttribute("myuser").equals("sunli")&& session. getAttribute
("mypass").equals("7204"))//判断用户名和密码是否正确
    {
      chain.doFilter(request,response) ;//请求继续向下传递
    }
    }
    else
      {
      // 通过 requestDispatcher 跳转到登录页
  request.getRequestDispatcher("3-2.jsp").forward(request,response) ;
    }
  }
}
```

4．添加代码到 web.xml 中

在配置 web.xml 中添加下代码：

```
<filter>
<display-name>LoginFilter</display-name>
<filter-name>LoginFilter</filter-name> //过滤器名称
<filter-class>com.cn.LoginFilter</filter-class> //过滤器类所在包及类名
</filter>
<filter-mapping>
<filter-name>LoginFilter</filter-name>//过滤器名称映射名和上面保持一致
<url-pattern>/*</url-pattern>//设置要过滤的 URL，/*是所有 url 都要过滤
</filter-mapping>
```

5．新建 3-3.jsp

新建欢迎页面 3-3.jsp，在<body>与</body>标签中输入如下代码：

```
<%
/*****************************************
*程序作者：sunli                          *
*程序名称：3-3.java                       *
*编制时间：2014 年 10 月 8 日             *
*主要功能：欢迎页面                        *
*****************************************/
      out.print(session.getAttribute("myuser")+":");//取出 session
      out.print("欢迎你！");
 %>
<a href="3-4.jsp">退出</a>
```

6．新建 3-4.jsp

新建退出网页 3-4.jsp，在<body>与</body>标签中输入如下代码：

```
<%
/*******************************************
*程序作者：sunli                             *
*程序名称：3-4.java                          *
*编制时间：2014 年 10 月 8 日                *
*主要功能：清除 session                      *
*******************************************/
session.removeAttribute("myuser");//清除 session 中 myuser 值
session.removeAttribute("mypass");//清除 session 中 mypass 值
session.invalidate();//清空 ssesion
out.print("<script>alert('用户即将退出，确定后退出该页面。');window.location.
href='3-2.jsp'</script>");
%>
```

7．运行效果

如果用户名和密码正确，经过过滤器验证通过，会跳转到如图 3-8 所示的欢迎页面，单击欢迎页面中的退出按钮，会重新跳转到图 3-9 所示的页面。

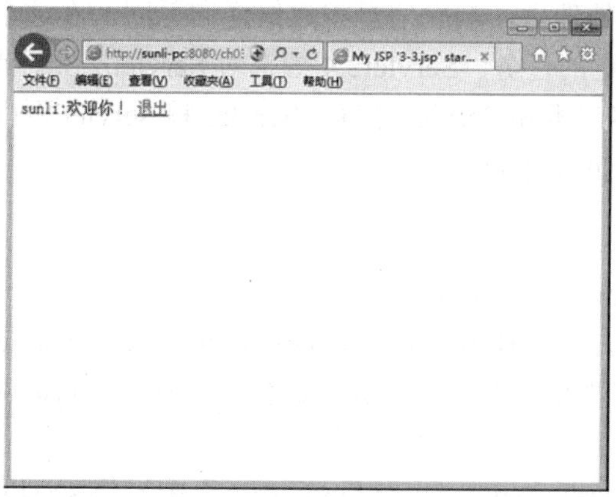

图 3-8　欢迎页面

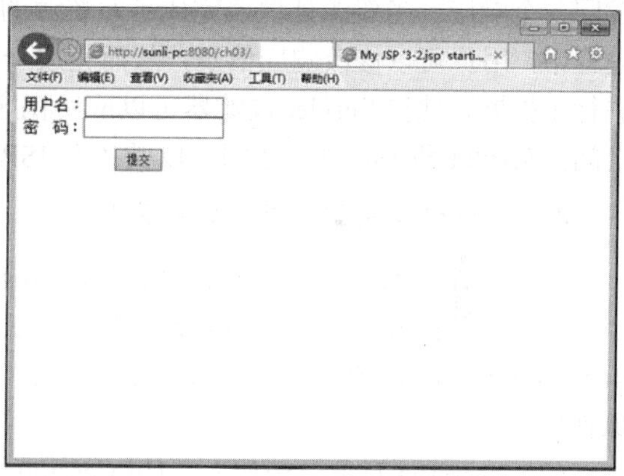

图 3-9　跳转页面

相关知识

1．Servlet 中客户端和服务器端跳转

客户端跳转用 response 对象的 sendRedirect 方法，页面的路径是相对路径。sendRedirect 可以将页面跳转到任何页面，不一定局限于本 Web 应用中，如：

```
response.sendRedirect ("URL") ;
```

跳转后浏览器地址栏会发生变化。

服务器端跳转用 request 对象的 getRequestDispatcher 的 forward 方法，如：

```
request.getRequestDispatcher("3-2.jsp").forward(request,response);
```

服务器页面跳转的路径是相对路径，forward方式只能跳转到本Web应用中的页面上，跳转后浏览器地址栏不会变化。

2. 过滤 Servlet 的特点

过滤 Servlet 是个普通的 Java 类，但需要实现 Filter 接口，重新实现 doFilter()的方法。doFilter()方法中的 FilterChain 对象是让请求往下传递，验证通过后必须使用该对象 chain.doFilter（re quest,response）方法，使请求继续，所有的 Servlet 都不需要用户实例化，是由 Tomcat 容器中的 Servlet 容器实例化的，过滤 Servlet 和监听 Servlet 都不需要用户主动运行，是由 Servlet 容器管理运行的，本例中的 Servlet 对所有的 URL 请求都实行自动过滤，主要是 web.xml 文件中配置的<url-pattern>/*</url-pattern>决定的，如果只想过滤特定的请求，可以把相关的资源放在同一个目录下，把“/*”改成“目录/*”。

3. 过滤 Servlet 工作原理

当客户端发出 Web 资源的请求时，Web 服务器根据应用程序配置文件设置的过滤规则进行检查，客户请求满足过滤规则，则对客户请求/响应进行拦截，对请求头和请求数据进行检查或改动，并依次通过过滤器链，最后把请求/响应交给请求的 Web 资源处理。请求信息在过滤器链中可以被修改，也可以根据条件让请求不发往资源处理器，并直接向客户发回一个响应。当资源处理器完成了对资源的处理后，响应信息将逐级逆向返回。在这个过程中，用户可以修改响应信息，从而完成一定的任务。Servlet2.4 规范对 Servlet 2.3 规范进行了扩展，使得 Servlet 过滤器可以应用在客户机和 Servlet 之间，Servlet 和 Servlet 页面之间，Servlet 和 JSP 页面之间，以及各个 JSP 页面之间。

4. Servlet 中常用内置对象的获取

（1） out 对象。采用“PrintWriter out=response.getWriter();”。

（2） 获得 request 和 response 对象。将方法中的 HttpServletRequest request,HttpServlet Response response 的 request 参数当成 request 对象使用，将 response 参数当成 response 对象使用。

（3） session 对象。例如在“Httpsession session=request.getSession();”中，将 session 当成 session 对象使用。

（4） application 对象。通过无参初始化方法，直接取得“ServletContext application=this.getServletContext();”。

通过有参初始化方法，必须使用 config 对象取得，config 是从 init 方法的参数中获取的“ServletContext application=this.config.getServletContext();”

案例 3　在线人员列表

【任务描述】

在线人员列表是一个较为常见的功能，每当用户登录成功后，就会在列表中增加该用户的用户名，这样可以知道当前有哪些用户在线，这个功能在 Web 中只能靠监听器实现，实现原理如图 3-10 所示。

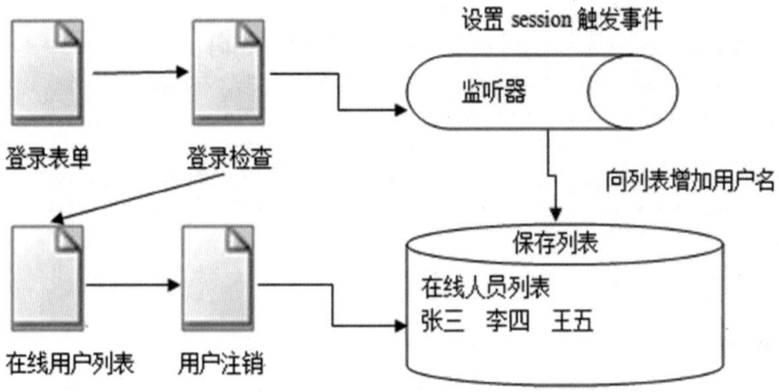

图 3-10 实现在线用户列表的原理

当用户登录成功后，会向 session 中增加一个用户信息标记，此时将触发监听的事件，会向用户列表中增加一个新用户（用户名用 Set 保存）。当用户注销或会话超时后，会自动从列表中删除此用户。由于所有人都要访问此用户列表，因此用户列表要保存在 application 范围中，为了操作方便，所有用户登录只要用户名不为空，就向列表中增加。

【任务分析】

监听 Servlet，主要的功能是负责监听 Web 的各种操作，当相关的事件触发之后将产生事件，并对此事件进行处理，在 Web 中可以对 application、scssion、request 三种操作进行监听。要完成在线用户列表的监听，需要使用三个接口：一是 ServletContetListener 接口，在上下文初始化时设置一个空的集合到 application 中；二是 HttpSessionAttributeListener 接口，当用户增加 session 属性时，表示新用户登录，从 session 中取出此用户的登录名，之后将此用户保存在列表中；三是 HttpSessionListener 接口，当用户注销（手工注销、回话超时）时会将此用户从列表中删除。本程序使用 Set 集合，把用户放在 Set 集合中，再把 Set 集合保存在 application 中，用 Set 集合而不用 List 集合，主要因为用户名是不允许重名的。Set 集合最大的特点就是内容不允许重复。

【实施方案】

1. 新建 login.jsp

在项目 ch03 下新建 login.jsp 网页，在<body>与</body>标签中输入如下代码：

```
<%
/*********************************************
*程序作者：sunli                            *
*程序名称：login.jsp                        *
*编制时间：2014 年 10 月 8 日                *
*主要功能：输入用户 ID，并存入 session，跳转到 list.jsp    *
********************************************/
<form action="login.jsp" method="post">
```

```
用户 ID:<input type="text" name="userid">
<input type=submit value="登录">
</form>
<%
request.setCharacterEncoding("gbk");//设置表单编码
   String userid=request.getParameter("userid");//接收用户名
   if(userid!=null)//登录名不能为空
   {
   session.setAttribute("userid",userid);//设置一个 session 属性
   response.sendRedirect("list.jsp");//跳转到 list.jsp
   }
   %>
```

2. 新建 list.jsp

新建 list.jsp 网页实现用户名列表，在<body>与</body>标签中输入如下代码：

```
<%
/*****************************************
*程序作者：sunli                        *
*程序名称：list.jsp                     *
*编制时间：2014 年 10 月 8 日           *
*主要功能：从 application 对象取出用户列表，并输出 *
*****************************************/
    //从 application 中取出所有用户的保存列表
    Set all=(Set)application.getAttribute("online");
    Iterator iter=all.iterator();//实例化 iter
    while(iter.hasNext())//迭代输出
    {
    out.print(iter.next()+"<br>");
    }
    %>
```

3. 新建监听器文件

在 src 目录下的 com.cn 包中新建 OnlineUserList.java 监听器文件，OnlineUserList 类需要实现三个接口：ServletContetListener、HttpSessionAttributeListener 和 HttpSessionListener。

在 OnlineUserList 类中输入相关代码，主要实现前台用户对 session 对象属性操作的监听。public void contextInitialized（ServletContextEvent arg0）方法实现获取 application 对象，并初始化 online 变量；public void attributeAdded(HttpSessionBindingEvent arg0)方法获取前台用户 session 的属性值，并放入 online 变量中；public void sessionDestroyed（HttpSessionEvent arg0）方法主要实现前台用户的 session 失效时，从 online 变量中减去用户，session 变量的失效有两个标准，一是如果 30 分钟内用户没有操作计算机，session 默认 30 分钟时间到期后，session 属性会自动删除，二是用户主动使用 session.invalidate()方法删除 session 属相的值。都会激发 sessionDestroyed 方法的执行。具体代码如下：

```
package com.cn;
import java.util.Set;
import java.util.TreeSet;
```

```
import javax.servlet.ServletContext;
import javax.servlet.ServletContextEvent;
import javax.servlet.ServletContextListener;
import javax.servlet.http.HttpSessionAttributeListener;
import javax.servlet.http.HttpSessionBindingEvent;
import javax.servlet.http.HttpSessionEvent;
import javax.servlet.http.HttpSessionListener;
/****************************************
*程序作者：sunli                         *
*程序名称：OnlineUserList                *
*编制时间：2014年10月8日                 *
*主要功能：监听器，监听客户端 session 的活动    *
****************************************/
public class OnlineUserList implements HttpSessionAttributeListener,
HttpSessionListener, ServletContextListener {
    private ServletContext app=null;//用户 application 属性操作
   public void contextDestroyed(ServletContextEvent arg0) {
   // TODO Auto-generated method stub
//本例没有用到本方法，不用写代码
   }
   public void contextInitialized(ServletContextEvent arg0) {//上下文初始化
     // TODO Auto-generated method stub
      this.app=arg0.getServletContext();//取得 application 实例即对象
        this.app.setAttribute("online",new TreeSet());//设置空集合
   }
   public void sessionCreated(HttpSessionEvent arg0) {
     // TODO Auto-generated method stub
     //本例没有用到本方法，不用写代码
   }
   public void sessionDestroyed(HttpSessionEvent arg0) {
     // TODO Auto-generated method stub
      Set all=(Set)this.app.getAttribute("online");//取出已有列表
        all.remove(arg0.getSession().getAttribute("userid"));//删除离开用户
        this.app.setAttribute("online", all);//重新保存用户
   }
   public void attributeAdded(HttpSessionBindingEvent arg0) {//增加 session
属性
     // TODO Auto-generated method stub
         Set all=(Set)this.app.getAttribute("online");//取出已有列表
         all.add(arg0.getValue());//增加新用户
         this.app.setAttribute("online", all);//重新保存用户
   }
   public void attributeRemoved(HttpSessionBindingEvent arg0) {
     // TODO Auto-generated method stub
      Set all=(Set)this.app.getAttribute("online");//取出已有列表
        all.remove(arg0.getValue());//删除离开用户
        this.app.setAttribute("online", all);//重新保存用户
   }
   public void attributeReplaced(HttpSessionBindingEvent arg0) {
     // TODO Auto-generated method stub
```

```
        //本例没有用到本方法，不用写代码
    }
}
```

新建 OnlineUserList 类对话框如图 3-11 所示。

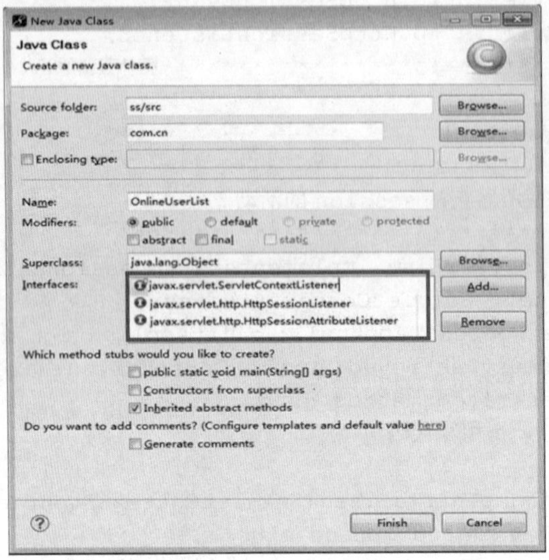

图 3-11　新建 OnlineUserList 类对话框

4．配置 web.xml

在 web.xml 文件中添加如下配置：

```
<listener>
<listener-class>com.cn.OnlineUserList</listener-class>//监听器包名和类名
</listener>
```

5．运行效果

查看运行效果。打开不同的浏览器模拟多人登录，利用 IE 浏览器登录的效果如图 3-12 所示，IE 浏览器显示在线人员列表如图 3-13 所示。

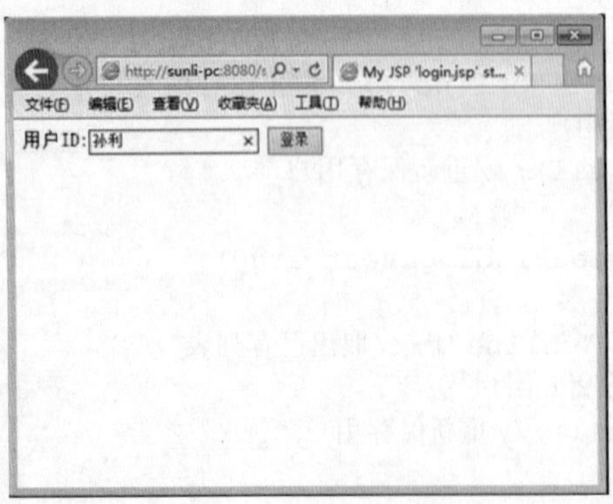

图 3-12　IE 浏览器登录效果

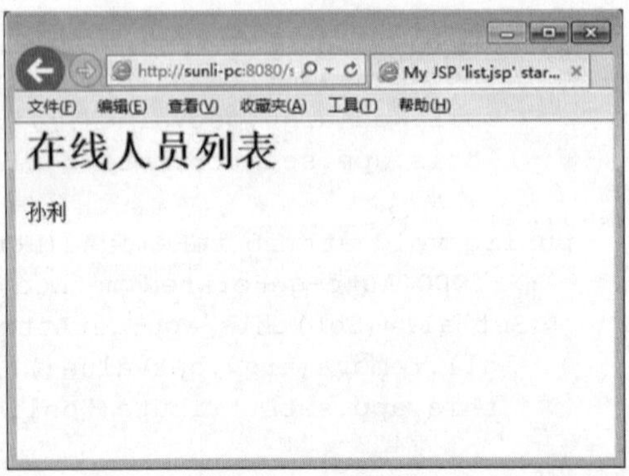

图 3-13　IE 浏览器显示在线人员列表

利用 360 安全浏览器登录另外一个用户，如图 3-14 所示，此时，利用 360 安全浏览器显示在线人员列表的结果如图 3-15 所示。

图 3-14　360 安全浏览器登录

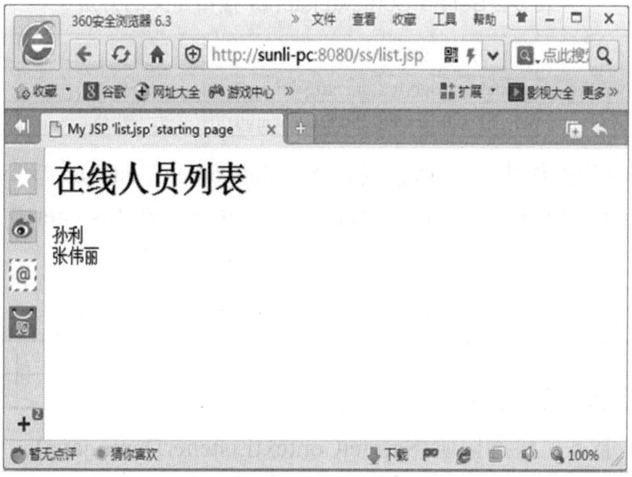

图 3-15　360 浏览器显示在线人员列表

相关知识

1．什么是监听器

监听器是 servlet 规范当中定义的一种特殊的组件，用来监听容器产生的事件并且进行相应的处理。容器会产生两大类事件。

（1） 生命周期相关的事件：容器创建或者销毁 request、session、ServletContext（servlet 上下文）这些对象时产生的事件。

（2） 绑定相关的事件：对 request、session、ServletContext（servlet 上下文）调用了 setAttribute、removeAttribute 时产生的事件。

2. 如何写一个监听器

第一步，写一个 java 类，实现相应的监听器接口。

第二步，在监听器接口对应的方法里面，实现监听的处理逻辑。

第三步，注册（在 web.xml 配置文件中对监听器进行配置）。

3. 什么是 Servlet 上下文

容器在启动的时候，会为每一个应用创建唯一的一个符合 ServletContext 接口的一个对象。该对象会一直存在，除非关闭容器。

4. 对 application 监听

对 application 监听，实际上就是对 ServletContext 监听，主要使用 ServletContextListener 和 ServletContextAttributeListener 两个接口。

（1） 上下文状态监听：ServletContextListener 接口。

对 Servlet 上下文状态监听可以使用 java.sevelet.ServletContextListener 接口，此接口定义的方法如表 3-2 所示。

表 3-2 ServletContextListener 接口定义的方法

编　号	方　法	类　型	描　述
1	public void contextInitialized(ServletContextEvent arg0)	普通	容器启动时触发
2	public void contextDestroyed(ServletContextEvent arg0)	普通	容器销毁时触发

在上下文状态监听操作中，一旦触发了 ServletContextListener 接口中定义的事件后，可以通过 ServletContextEvent 进行事件处理。ServletContext Listener 事件定义的方法见表 3-3。

表 3-3 ServletContextListener 事件定义的方法

编　号	方　法	类　型	描　述
1	public　ServletContext getservletcontext()	普通	取得 ServletContxt 对象

例：对 Servlet 上下文状态监听(ServletContextListenerDemo.java)。

```
package com.cn.listenerdemo;
import javax.servlet.ServletContextEvent;
import javax.servlet.ServletContextListener;
public class ServletContextListenerDemo implements ServletContextListener
{
public void contextInitialized(ServletContextEvent event) {  // 上下文初始化时触发
System.out.println("** 容器初始化 —> "+ event.getServletContext().getContextPath());
   }
 public void contextDestroyed(ServletContextEvent event) {   // 上下文销毁时触发
System.out.println("** 容器销毁 —> "+ event.getServletContext().getContextPath());
   }
```

```
}
配置 web.xml:
<listener>
  <listener-class>
    Com.cn.listenerdemo.ServletContextListenerDemo
  </listener-class>
</listener>
```

在本程序的容器初始化和销毁操作中，分别通过 ServletContextEvent 事件对象 ServletContext 实例，然后调用 getcontextPath()方法取得虚拟路径名称，所以当容器启动和关闭时，Tomcat 后台将出现以下显示内容。

```
• 容器启动时打印：** 容器初始化 —>/ch03
• 容器关闭时打印：** 容器销毁 —>/ch03
```

（2） 上下文属性监：ServletContextAttributeListener 接口。

对 Servlet 上下文属性操作监听，可以使用 javax.servlet.ServletContextAttributeListener 接口。ServletContextAttributeListener 接口定义的方法见表 3-4。

表 3-4 ServletContextAttributeListener 接口定义的方法

编 号	方 法	类 型	描 述
1	public void attributeAdded(ServletContextAttributeEvent scab)	普通	增加属性时触发
2	public void attributeRemoved(ServletContextAttributeEvent scab)	普通	删除属性时触发
3	public void attributeReplaced(ServletContextAttributeEvent scab)	普通	替换属性(重复设置)时触发

在上下文属性监听中，一旦触发了 ServletContextAttributeListener 接口中定义的事件之后，可以通过 ServletContextAttributeEvent 进行事件的处理。ServletContextAttributeEvent 事件定义方法见表 3-5。

表 3-5 ServletContextAttributeEvent 事件定义方法

编 号	方 法	类 型	描 述
1	public String getName()	普通	取得设置的属性名称
2	public Object getValue()	普通	取得设置的属性值

例：对 Servlet 上下文属性监听：ServletContextAttributeListenerDemo.java。

```
Package  com.cn.listenerdemo;
import javax.servlet.ServletContextAttributeEvent;
import javax.servlet.ServletContextAttributeListener;
public class ServletContextAttributeListenerDemo implements
ServletContextAttributeListener {
public void attributeAdded(ServletContextAttributeEvent event) {   // 属性
增加时触发
System.out.println("** 增加属性 -->属性名称：" + event.getName() + "，属性内容：
"+ event.getValue());}
public void attributeRemoved(ServletContextAttributeEvent event) { // 属性
删除时触发
System.out.println("** 删除属性 -->属性名称：" + event.getName() + "，属性内容：
"+ event.getValue());}
```

```
public void attributeReplaced(ServletContextAttributeEvent event) { // 属性替换时触发
System.out.println("** 增加替换 -->属性名称: " + event.getName() + ", 属性内容: "+ event.getValue());}
}
```

- 配置 web.xml 文件，具体代码如下：

```
<listener>
  <listener-class>
    com.cn.listenerdemo.ServletContextAttributeListenerDemo
  </listener-class>
</listener>
```

- 设置 application 属性：application-attribute-add.jsp。具体代码如下：

```
<%
application.setAttribute("info","add  application  attribute");// 增 加 application 范围属性
//this.getservletContext().setAttribute("info","add application attribute") %> 作用同上
```

当第一次执行本网页时，属于设置一个新属性，则此时 Tomcat 后台将显示如下打印内容：

```
**增加属性 -->属性名称: info 属性内容: add application attribute
```

当重复调用本页时，属于重复设置属性，那么将执行替换操作，则此时 Tomcat 后台将显示如下打印内容：

```
**增加替换-->属性名称: info 属性内容: add application attribute
```

- 删除属性：application-attribute-remove.jsp。具体代码如下：

```
<%
application.removeAttribute("info");//删除 application 范围属性
%>
```

当删除属性时，将执行删除操作，则此时 Tomcath 后台将显示如下打印内容：

```
**删除属性-->属性名称: info 属性内容: add application attribute
```

5. 对 session 监听

在监听器中，针对于 session 的监听主要使用三个接口：HttpSessionListener、HttpSessionAttributeListener 和 HttpSessionBindingListener。

（1） session 状态监听：HttpSessionListener 接口。

当需要对创建或销毁 session 的操作进行监听的时候，可以实现 javax.servlet.http.HttpSessionListener 接口 HttpSessionListener 接口定义方法见表 3-6。

表 3-6　HttpSessionListener 接口定义方法

编　号	方　法	类　型	描　述
1	public void sessionCreated(HttpSessionEvent se)	普通	Session 创建时触发
2	public void sessionDestroyed(HttpSessionEvent se)	普通	Session 销毁时触发

当 session 创建或销毁后，将产生 HttpSessionEvent 事件 HttpSessionEvent 事件定义方法见表 3-7。

表 3-7　HttpSessionEvent 事件定义方法

编　号	方　法	类　型	描　述
1	public HttpSession getSession()	普通	取得当前 session

例：对 session 状态监听：HttpSessionListenerDemo.java。具体代码如下：

```
   package com.cn.listenerdemo;
   import javax.servlet.http.HttpSessionEvent;
   import javax.servlet.http.HttpSessionListener;
   public class HttpSessionListenerDemo implements HttpSessionListener {
   public void sessionCreated(HttpSessionEvent event) {  // 创建 session 触发
      System.out.println("** SESSION 创建, SESSION ID = " + event.getSession().
getId());
     }
     public void sessionDestroyed(HttpSessionEvent event) {  // 销毁 session
触发
      System.out.println("** SESSION 销毁, SESSION ID = " + event.getSession().
getId());
     }
   }
```

- 配置 web.xml 文件。具体代码如下：

```
   <listener>
      <listener-class>
      com.cn.listenerdemo.HttpSessionListenerDemo
      </listener-class>
    </listener>
```

本程序在进行 session 创建及销毁时，会将当前的 SessionId 输出，页面运行后 Tomcat 后台输出相应内容。

当一个新用户打开一个动态网页时后台将显示：

```
   ** SESSION 创建, SESSION ID =5D1DBB56321ADEF34567788843DEFACD
```

当一个 Session 被服务器销毁后台将显示：

```
   ** SESSION 销毁, SESSION ID =5D1DBB56321ADEF34567788843DEFACD
```

注意：

当一个新用户打开一个动态页时，服务器会为新用户分配 session，并且触发 HttpSessionListener 接口中的 sessionCreated()事件，但是在用户销毁时却有两种不同的方式来触发 sessionDestroyed()事件。

方式一：调用 HttpSession 接口的 invalidate()方法，让一个 session 失效。

方式二：超过了配置的 session 超时时间。session 超时时间，可以直接在项目中的 web.xml 配置，具体代码如下：

```
<session-config>
<session-timeout>5</session-timeout>
</session-config>
```

上述配置 session 超时时间为 5 分钟，如果用户在 5 分钟后没有与服务器任何交互操作，那么服务器会认为此用户已离开，服务器会自动将其销毁。如果没有配置 session 超时时间，则默认为 30 分钟。

（2） session 属性监听：HttpSessionAttributeListener 接口。

在 session 监听中也可以对 session 的属性操作进行监听，这一点与监听上下文属性的道理是一样的，要对 session 的属性操作监听，则可以使 javax.servlet.http.HttpSessionAttributeListener 接口完成 HttpSessionAttributeListener 接口定义的方法见表 3-8。

表 3-8 HttpSessionAttributeListener 接口定义的方法

编　号	方　法	类　型	描　述
1	public void attributeAdded(HttpSessionBindingEvent se)	普通	增加属性时触发
2	public void attributeRemoved(HttpSessionBindingEvent se)	普通	删除属性时触发
3	p ublic void attributeReplaced(HttpSessionBindingEvent se)	普通	替换属性(重复设置)时触发

当进行属性操作时，将根据属性的操作触发 HttpSessionAttributeListener 接口中的方法，每个操作方法都将产生 HttpSessionBindingEvent 事件。HttpSessionBindingEvent 事件定义方法见表 3-9。

表 3-9 HttpSessionBindingEvent 事件定义方法

编　号	方　法	类　型	描　述
1	public HttpSession getSession()	普通	取得 session
2	public String getName()	普通	取得 session 属性名称
3	public Object getValue()	普通	取得 session 属性内容

例：对 session 属性操作进行监听：HttpSessionAttributeListenerDemo.java。

```
Package com.cn.listenerdemo;
import javax.servlet.http.HttpSessionAttributeListener;
import javax.servlet.http.HttpSessionBindingEvent;
public class HttpSessionAttributeListenerDemo implements
  HttpSessionAttributeListener {
  public void attributeAdded(HttpSessionBindingEvent event) {// 属性增加时调用
  System.out.println(event.getSession().getId() + ", 增加属性 -->属性名称: "
    + event.getName() + ", 属性内容: " + event.getValue());
  }
  public void attributeRemoved(HttpSessionBindingEvent event) {// 属性删除时调用
  System.out.println(event.getSession().getId() + ", 删除属性 -->属性名称: "
    + event.getName() + ", 属性内容: " + event.getValue());
  }
  public void attributeReplaced(HttpSessionBindingEvent event) {// 属性替换时调用
  System.out.println(event.getSession().getId() + ", 替换属性 -->属性名称: "
    + event.getName() + ", 属性内容: " + event.getValue());
```

```
    }
}
```

- 配置 web.xml 文件，具体代码如下：

```
<listener>
  <listener-class>
    con.cn.listenerdemo.HttpSessionAttributeListenerDemo
  </listener-class>
</listener>
```

- 增加 session 属性：session-attribute-add.jsp，具体代码如下：

```
<%
Session.setAttribute(("info","session attribute add");// 增加 session 属性
%>
```

当第一次执行本页面时，将设置一个 session 属性，此时 Tomcat 后台输出如下内容：

```
    8D2DBB56321ADEF34567788843DEFAFA 增加属性 -->属性名称：info，属性内容：session
attribute add
```

当重复执行本页时，属于替换属性操作，此时 Tomcat 后台输出如下内容：

```
    8D2DBB56321ADEF34567788843DEFAFA 替换属性 -->属性名称：info，属性内容：session
attribute add
```

- 删除 session 属性：session-attribute-remove.jsp，具体代码如下：

```
<%
session.removeAttribute("info"); //删除 session 属性 info
%>
```

当执行本面时，将删除 info 属性，此时 Tomcat 后台输出如下内容：

```
    8D2DBB56321ADEF34567788843DEFAFA 删除属性 -->属性名称：info，属性内容：session
attribute add
```

（3） session 属性监听：HttpSessionBindingListener 接口。

之前讲过的 session 监听都需要在 web.xml 文件中进行配置，Web 里也提供了一个 javax.servlet.http.HttpSessionBindingListener 接口，通过此接口实现的监听程序可以不用配置而直接使用，此接口定义的方法如下：

- public void valueBound（HttpSessionBindingEvent event）。
- public void valueUnbound（HttpSessionBindingEvent event）。

例：用户登录状态监听。

```
Package com.cnlistenerdemo;
import javax.servlet.http.HttpSessionBindingEvent;
import javax.servlet.http.HttpSessionBindingListener;
public class LoginUser implements HttpSessionBindingListener {
private String name;        // 保存登录用户姓名
public LoginUser(String name) {   // 设置用户名
    this.setName(name);
  }
```

```
    public void valueBound(HttpSessionBindingEvent event) {  // 在session中绑定
        System.out.println("** 在 session 中保存 LoginUser 对象(name = " + this.getName() + "), session id = " + event.getSession().getId());
    }
    public void valueUnbound(HttpSessionBindingEvent event) {// 从session中移除
        System.out.println("** 从 session 中移除 LoginUser 对象(name = " + this.getName()+ "), session id = " + event.getSession().getId());
    }
    public String getName() {
      return name;
    }
    public void setName(String name) {
    this.name = name;
    }
}
```

本程序将在 LoginUser 类中保存用户的登录名，由于此类实现了 HttpSessionBindingListener 接口，所以一旦使用了 session 增加或删除本类对象时就会自动触发 valueBound()和 valueUnbound()操作。

- 向 session 中增加 LoginUser 对象。具体代码如下：

```
<%@ page contentType="text/html" pageEncoding="GBK"%>
<%@ page import="com.cn.listenerdemo.*"%>
<%
  LoginUser user = new LoginUser("sunli") ;  // 实例化LoginUser对象
  session.setAttribute("info",user) ;  // 在session中保存对象
%>
```

本对象首先实例化了 LoginUser 对象，然后将此对象保存在 session 属性范围中，这样监听器就会自动调用 valueBound()操作进行处理。

- 从 session 中删除 LoginUser 对象。具体代码如下：

```
<%@ page contentType="text/html" pageEncoding="GBK"%>
<%@ page import="com.cn.listenerdemo.*"%>
<%
  session.removeAttribute("info") ;  // 从session移除对象
%>
```

本程序直接从 session 删除属性 info，监听器就会自动调用 valueUnbound()操作进行移除对象。

HttpSessionAttributeListener 和 HttpSessionBindingListener 类似，只是一个需要配置，一个不需要配置。

注意：在 Servlet 2.4 之后增加了对 request 操作的监听，主要使用 ServletRequestListener、ServletRequestAttributeListener 两个接口。读者可以通过前面的学习，举一反三，自主学习对 request 的监听。

练习题

一、简答题

1．Servlet 与 JSP 有什么区别？
2．在 Servlet 中选择接面对用户响应，如何实现？
3．谈谈 Servlet 过滤器的作用？
4．谈谈 Servlet 监听器的作用?

二、多项选择题

1．以下哪几个监听器，必须在 web.xml 中设定？
A．HttpSessionListener
B．RequestListener
C．ServletContextListener
D．ServletAttributeListener

2．以下何者为监听器的事件类型之一?
A．HttpSessionEvent
B．RequestAttributeEvent
C．ServletContextAttributeEvent
D．ServletContextEvent

3．以下监听器中，不需要在 web.xml 中设定的是?
A．HttpSessionListener
B．HttpSessionBindingListener
C．ServletContextListener
D．ServletAttributeListener

4．以下哪几个事件类型，拥有 getName()与 getValue()方法?
A．HttpSessionEvent
B．ServletRequestAttributeEvent
C．ServletContextAttributeEvent
D．HttpSessionBindingListener

第 4 章　JavaBean 技术

教学目标

通过本章的学习，使学生能够了解 JavaBean 的基本概念，掌握 JavaBean 的编写规范，掌握 JavaBean 操作指令及其应用，掌握 JavaBean 的作用范围。通过本章的学习使学生可以将 Java 程序设计移植到 JSP 程序设计中，增加程序设计的灵活性，为后续程序的开发打下坚实基础。

教学内容

本章主要讲述 JSP 中非常重要的 JavaBean 技术的基本概念和操作方法，主要包括：

（1） JavaBean 的基本概念。

（2） JavaBean 的编写规范。

（3） JavaBean 操作指令及其应用。

教学重点与难点

（1） JavaBean 的编写规范。

（2） JavaBean 操作指令及其应用。

案例　表单数据的获取

【任务描述】

完成用户信息输入并显示的功能。使用户能够输入信息，并对用户输入的信息进行显示。

【任务分析】

表单是信息处理的接口，表单数据的获取和显示是 JSP 程序设计中的重要组成部分。本案例主要用到 JavaBean 类的编写规则，JavaBean 的操作指令，JavaBean 的具体应用等基本知识。要完成本系统需首先编写一个表单用来接收用户信息的输入，其次编写一个 JavaBean 类获取表单中的数据并进行处理，然后编写一个页面用来显示用户输入的信息，最后对系统进行运行调试。

【实施方案】

1. 创建用户信息输入表单页面

打开 MyEclipse 后单击“File 菜单”选择“New Web Project”，打开如图 4-1 所示的创建工程窗口，创建工程并起名为“JavaBean”。

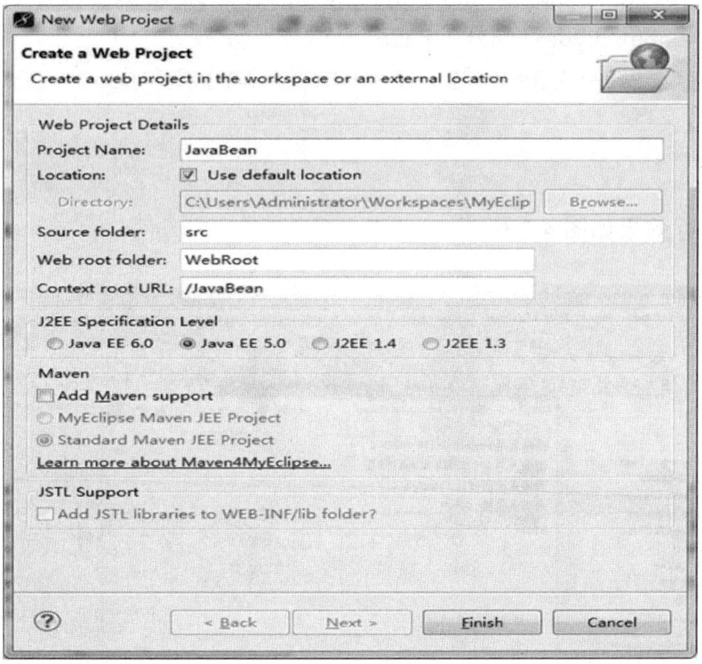

图 4-1　创建工程窗口

单击 Finish 按钮后出现如图 4-2 所示的编译器选择对话框。

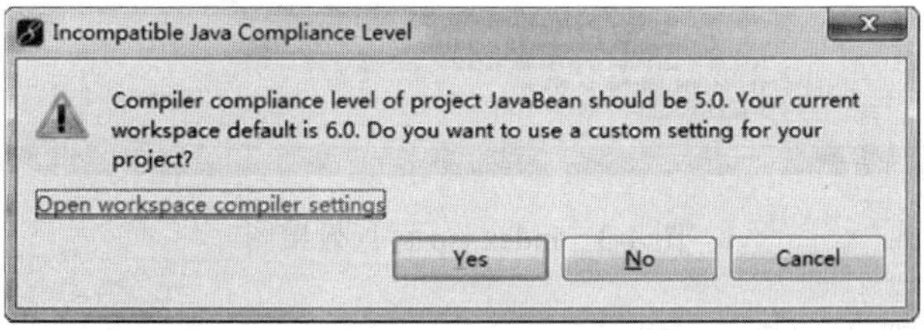

图 4-2　编译器选择

单击 Yes 按钮继续。

在 index.jsp 页面中输入如下代码：

```
<!--
程序名称：index.jsp
编制时间：2014 年 10 月 6 日
主要功能：编写图书表单
  -->
```

```
<%@ page language="java" import="java.util.*" pageEncoding="gb2312"%>
<html>
<body>
<form action="show.jsp" method="post">
请输入书号:<input type="text" name="bookid"><br>
请输入书名:<input type="text" name="bookname"><br>
请输入出版社: <input type="text" name="publisher"><br>
请输入价钱: <input type="text" name="price"><br>
<input type="submit" name="ok" value="提交"><br>
</form>
</body>
</html>
```

index.jsp 运行效果如图 4-3 所示。

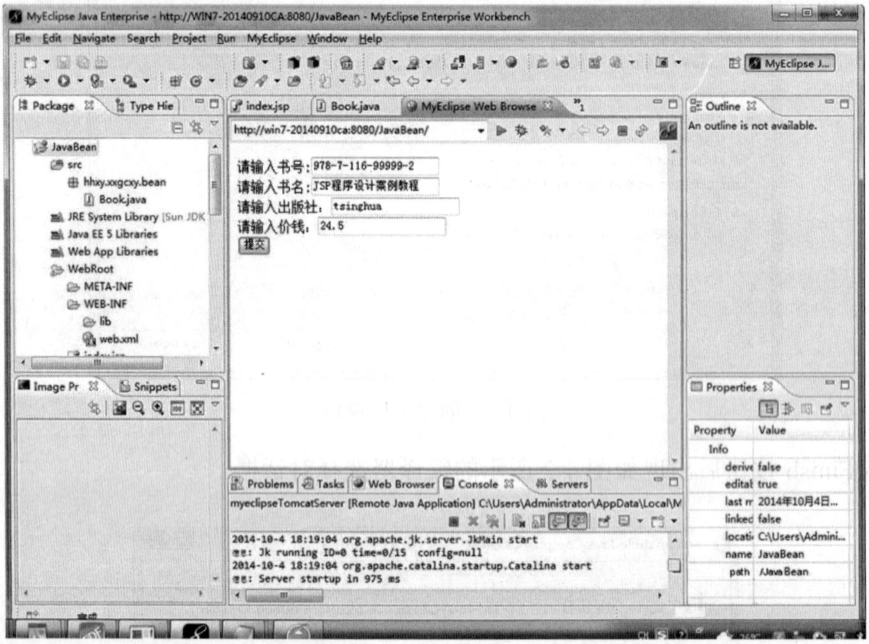

图 4-3 index.jsp 运行效果图

2. 编写表单处理 JavaBean 类

选中工程 JavaBean 中的 src 文件夹，并单击鼠标右键，在弹出的“New”菜单中选择“Class”，弹出如图 4-4 所示的创建 JavaBean 窗口。在 Package 选项中填写“hhxy.xxgcxy.bean”，在 Name 选项中填写“Book”，以上两项也可以自己重新命名。

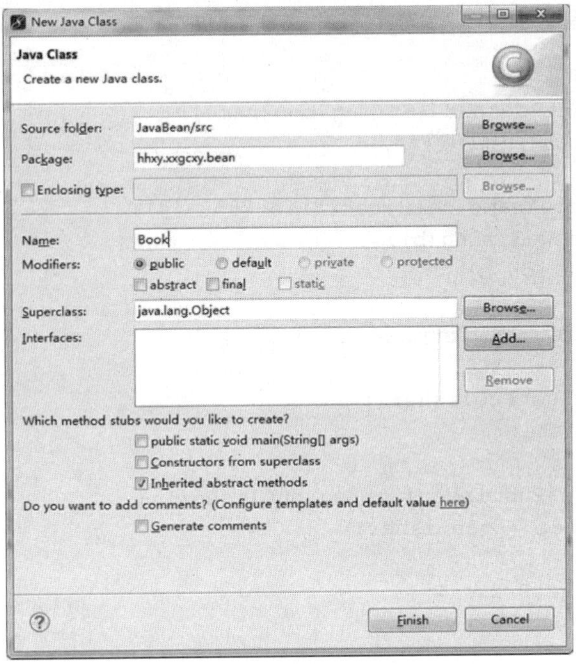

图 4-4　创建 JavaBean 窗口

输入以上信息并单击 Finish 按钮。在打开的代码编辑窗口中输入相应代码，完成 JavaBean 类的编写。具体代码如下：

```
package hhxy.xxgcxy.bean;
public class Book {
/*****************************************
 *程序名称：Book.class                    *
 *编制时间：2014 年 10 月 6 日            *
 *主要功能：编写图书类                    *
 *****************************************/
  private String bookid ;
  private String bookname ;
  private String publisher ;
  private float price ;
  public String getBookid() {
    return bookid;
  }
  public void setBookid(String bookid) {
    this.bookid = bookid;
  }
  public String getBookname() {
/*功能：对图书名称进行编码转换**/
    try{
      byte[] b=bookname.getBytes("iso-8859-1");
      bookname=new String(b);
      return bookname;
    }catch(Exception e){
```

```
      return bookname;
    }
  }
  public void setBookname(String bookname) {
/*功能：对图书名称进行编码转换**/
    try{
      byte[] b=bookname.getBytes("iso-8859-1");
      bookname=new String(b);
    }catch(Exception e){
    }
    this.bookname = bookname;
  }
  public String getPublisher() {
    return publisher;
  }
  public void setPublisher(String publisher) {
    this.publisher = publisher;
  }
  public float getPrice() {
    return price;
  }
  public void setPrice(float price) {
    this.price = price;
  }
}
```

3. 创建表单的处理页面

在该页面中通过调用 JavaBean 来获取表单中输入的数据值。show.jsp 页面主要代码如下：

```
<%@ page language="java" import="java.util.*" pageEncoding="gbk"%>
<%@ page contentType="text/html; charset=gb2312"
language="java" import="java.sql.*,java.util.*,java.io.*"%>
<%@ page import="hhxy.xxgcxy.bean.*" %>
<html>
<body>
<center>
您刚才输入书的信息是</br>
<!--
功能：定义一个 JavaBean，作用范围为 request；并将所有的属性放入 showbook 中
  -->
<jsp:useBean id="showbook" class="hhxy.xxgcxy.bean.Book" scope="request">
<jsp:setProperty name="showbook" property="*"/>
</jsp:useBean>
<table border=2>
<tr><td>书号：</td>
<!--
功能：获取 showbook 中的图书属性
  -->
<td><jsp:getProperty property="bookid" name="showbook"/></td></tr>
<tr><td>书名：</td>
```

```
<td><jsp:getProperty property="bookname" name="showbook"/></td></tr>
<tr><td>出版社：</td>
<td><jsp:getProperty property="publisher"name="showbook"/></td></tr>
<tr><td>价钱：</td>
<td><jsp:getProperty property="price" name="showbook"/></td></tr>
</center>
<hr>
</body>
</html>
```

4．运行本案例，查看运行结果

在 index.jsp 页面中输入一本书的信息，然后单击提交查看显示结果。运行结果如图 4-5 所示。

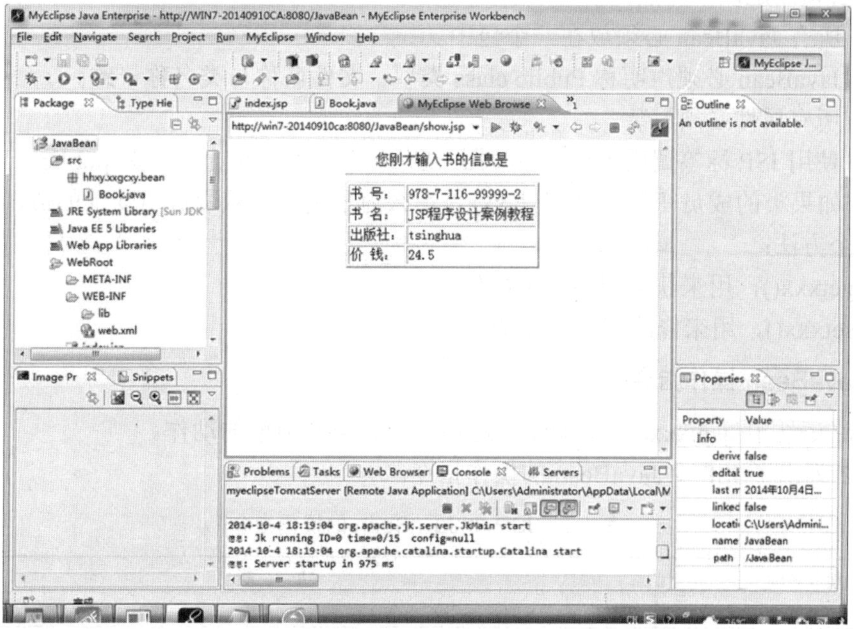

图 4-5　运行结果

相关知识

1．JSP 基本概念和特点

在 JSP 中通常使用不可视的 JavaBean。JavaBean 是一种 Java 语言编写的可重用、跨平台的软件组件，是一个 Java 类，能够将程序界面设计和业务逻辑设计分开。JavaBean 由属性、方法和实践三部分组成。属性是 JavaBean 的组成部分，它们可以是 Integer 类型、String 类型、Boolean 类型或对象类型等，方法是 JavaBean 提供的动作或服务，事件是 JavaBean 对事件发生的提示，所谓组件就是一个由可以自行进行内部管理的一个或几个类所组成，外界不了解其内部信息和运行方式的群体、使用它的对象只能通过接口来操作。

在 Java 模型中，通过 JavaBean 可以无限扩充 Java 程序的功能，通过 JavaBean 的组合可以快速地生成新的应用程序。对程序员来说最好的一点就是 JavaBean 可以实现代码的重复利用，JavaBean 中主要是成员声明和成员属性及各种方法。

JavaBean 具有 4 个基本特性：

（1） 独立性。

（2） 可重用性。

（3） 在可视化开发工具中使用。

（4） 状态可以保存。

2. JavaBean 的编写规范

JavaBean 的编写规范包括 Bean 类的构造方法、定义属性和访问方法编写规则。编写 JavaBean 必须满足以下几点：

（1） 所有 JavaBean 必须放在一个包中。

（2） JavaBean 必须声明称 Public class 类型，文件名称与类名称一致。

（3） 所有属性必须封装。

（4） 使用 JSP 标签调用 JavaBean 时必须有一个无参构造方法且为 public。

（5） 如果类的成员变量的名字是 xxx，那么为了更改或获取成员变量的值，在类中使用以下两个方法：

- getxxx()，用来获取属性 xxx 的值。
- setxxx()，用来修改属性 xxx 的值。

3. JavaBean 操作指令

在 JSP 语法中<jsp:xxx>表示动作，可用它控制 JSP 引擎的动作。

表 4-1 列出了 JSP 中 JavaBean 的操作指令。

表 4-1　JSP 中 JavaBean 的操作指令

指令名称	功　能
<jsp:include>	在页面被请求的时候引入一个文件
<jsp:useBean>	寻找或者实例化一个 JavaBean
<jsp:setProperty>	设置 JavaBean 的某个属性
<jsp:getProperty>	获得或输出 JavaBean 的某个属性
<jsp:forward>	把请求跳转到一个新的页面
<jsp:param>	用来提供 key/value 的信息，可以在<jsp:include>、<jsp:forward>或<jsp:params>动作中使用，指定一个将加入请求的当前参数组中的参数
<jsp:params>	向一个动态文件发送一个或多个参数
<jsp:plugin>	根据浏览器类型为 Java 插件生成<object>和<embed>标签
<jsp:fallback>	如果浏览器不支持 APPLETS 则会显示的内容

在 JSP 中专门提供三个页面指令来和 JavaBean 交互，分别是：jsp:useBean 指令、jsp:setProperty 指令和 jsp:getProperty 指令。

（1） <jsp:useBean>指令。

<jsp:useBean>指令指定 JSP 页面中包括的 JavaBean 类名称，具体的语法格式为：

```
<jsp:useBean id="beanid" scope="page|request|session|application"
 class="package.class"/>
```

说明：

id 属性，是当前页面中引用 JavaBean 的名字，在执行 JSP 页面时，JavaBean 被实例化为对象，对象的名称就是 id 名称，每个 JavaBean 有一个唯一的 id。

page：JavaBean 只能在当前页面中使用。在 JSP 页面执行完毕后，该 JavaBean 将会被进行垃圾回收。

scope 属性，指定 JavaBean 的有效作用范围，scope 的值可以取 page、session、application 和 request 四者之一，默认情况下 scope 的取值为 page。

class 属性，是指这个 JavaBean 所对应的 Java 类名，在引用的时候必须带有包名。

例：建立一个 JavaBean 文件 CountBean.java 类。

```
public  class  CountBean{
    private int count=0;
    public CountBean(){//构造方法
    System.out.println("page 作用范围测试");
}

    public void setCount(int ount){
        this.count=count;
}

    public int getCount(){
    count++;
    return this.count;
}
}
建立一个 testPage.jsp 页面：
<%page  contentType="test/html;charset=gb2312"%>
<html>
<head>
</head>
<body>
<jsp:useBean id="countBean"  scope="page" class="CountBean"/>
这是您第
<font color="red">
<jsp:getProperty name="cb"  property="count"/>
</font>
次访问本网站!
</body>
</html>
```

说明：

request：JavaBean 在相临的两个页面中有效。

session：JavaBean 在整个用户会话过程中都有效。

application：JavaBean 在当前整个 Web 应用的范围内有效。

（2） <jsp:setProperty>指令。

当 JavaBean 被实例化后，对其属性操作，可以使用<jsp:setProperty>操作，也可以直接调用 JavaBean 对象的方法，其语法格式为：

```
<jsp:setProperty        name="BeanName"          property="propertyName"
value="value"/>
```

说明：

name 属性，指定 JavaBean 的名称，它的值应与<jsp:useBean>操作中的 id 属性的值一致。

property 属性，指定要设置值得 JavaBean 的属性名称。

value 属性，指定属性的值。

示例代码：

```
<%@ page contentType="text/html;Charset=GB2312" %>
<%@ page import="tom.jiafei.*"%>
<HTML><BODY bgcolor=cyan>
<jsp:useBeanid="wangxiaolin" class="tom.jiafei.Student" scope="page" />
 <jsp:useBean id="li" class="tom.jiafei.Student" scope="page" />
 <jsp:setProperty  name= "wangxiaolin"  property="name" value="王小林"  />
 <jsp:setProperty  name= "li"  property="name" value="李四"  />
 <jsp:setProperty  name= "wangxiaolin"  property="number" value="2007001"
/>
 <jsp:setProperty  name= "li"  property="number" value="2007002"  />
 <jsp:setProperty    name=  "wangxiaolin"    property="height"   value="
<%=1.78%>"  />
 <jsp:setProperty  name= "li"  property="height" value="<%=1.66%>"  />
 <jsp:setProperty  name= "wangxiaolin"  property="weight"  value="77.87"
/>
 <jsp:setProperty  name= "li"  property="weight" value="62.65"  />
<table border=1>
 <tr><th>姓名</th><th>学号</th><th>身高(米)</th><th>体重(公斤)</th></tr>
   <tr><td><jsp:getProperty   name=   "wangxiaolin"      property="name"
/></td>
   <td><jsp:getProperty name= "wangxiaolin"  property="number"  /></td>
   <td><jsp:getProperty name= "wangxiaolin"  property="height"  /></td>
   <td><jsp:getProperty name= "wangxiaolin"  property="weight"  /></td>
 </tr>
   <tr><td><jsp:getProperty name= "li"  property="name"  /></td>
   <td><jsp:getProperty name= "li"  property="number"  /></td>
   <td><jsp:getProperty name= "li"  property="height"  /></td>
   <td><jsp:getProperty name= "li"  property="weight"  /></td>
 </tr>
</table>
</BODY></HTML>
```

（3） <jsp:getProperty>指令。

<jsp:getProperty>操作与<jsp:setProperty>操作一起使用，可用于获取 JavaBean 中指定的属性中的值。系统先将收到的值转换为字符串，然后再将其作为输出结果输出到页面上。

<jsp:getProperty>的语法格式为：

```
<jsp:getProperty  name="BeanName"  property="propertyName" />
```

说明：

name 属性用来指定 JavaBean 的名称。property 属性用来指定从 JavaBean 中要输出的属性名称。

示例代码：

```
<%@ page contentType="text/html;Charset=GB2312" %>
<%@ page import="tom.jiafei.*"%>
<HTML><BODY bgcolor=cyan>
<BODY ><Font size=1>
<FORM action="" Method="post" >
<P>输入学生的姓名:
<Input type=text name="name">
<P>输入学生的学号:
<Input type=text name="number">
<P>输入学生的身高:
<Input type=text name="height">
<P>输入学生的体重:
<Input type=text name="weight">
<Input type=submit value="提交">
</FORM>
  <jsp:useBean id="wangxiaolin" class="tom.jiafei.Student" scope="page" />
  <jsp:setProperty  name= "wangxiaolin"  property="*"  />
<table border=1>
  <tr>
    <th>姓名</th><th>学号</th><th>身高(米)</th><th>体重(公斤)</th>
  </tr>
  <tr>
    <td><jsp:getProperty name= "wangxiaolin"  property="name"  /></td>
    <td><jsp:getProperty name= "wangxiaolin"  property="number"  /></td>
    <td><jsp:getProperty name= "wangxiaolin"  property="height"  /></td>
    <td><jsp:getProperty name= "wangxiaolin"  property="weight"  /></td>
    </tr>
  </table>
</BODY></HTML>
```

（4） <jsp:param>。

<jsp:param>可以将一个或多个参数传递给动态文件，并且在一个页面中使用多个<jsp:param>来传递多个参数。

示例代码：

```
<%@ page contentType="text/html;Charset=GB2312" %>
<%@ page import="tom.jiafei.*"%>
<HTML><BODY bgcolor=cyan>
<BODY ><Font size=1>
<FORM action="" Method="post" >
<P>输入学生的姓名:
```

```
<Input type=text name="name">
<P>输入学生的学号:
<Input type=text name="number">
<P>输入学生的身高:
<Input type=text name="height">
<P>输入学生的体重:
<Input type=text name="weight">
<Input type=submit value="提交">
</FORM>
  <jsp:useBean id="wangxiaolin" class="tom.jiafei.Student" scope="page" />
  <jsp:setProperty  name= "wangxiaolin"  property="name" param="name"  />
  <jsp:setProperty  name= "wangxiaolin"  property="number" param="number"
/>
<table border=1>
  <tr>
    <th>姓名</th><th>学号</th><th>身高(米)</th><th>体重(公斤)</th>
  </tr>
  <tr>
    <td><jsp:getProperty name= "wangxiaolin"  property="name"  /></td>
    <td><jsp:getProperty name= "wangxiaolin"  property="number"  /></td>
    <td><jsp:getProperty name= "wangxiaolin"  property="height"  /></td>
    <td><jsp:getProperty name= "wangxiaolin"  property="weight"  /></td>
  </tr>
</table>
</BODY></HTML>
```

（5） <jsp:plugin>、<jsp:fallback>和<jsp:params>。

<jsp:plugin>用于在浏览器中播放或显示一个对象，通常是 Applit 或 JavaBean，当 JSP 页面被编译后送往浏览器执行时，<jsp:plugin>会根据浏览器的版本替换成<object>标签或<embed>标签。

<jsp:fallback>是作为<jsp:plugin>的子元素出现，当不能启动 Applet 或 JavaBean 时浏览器会有一段错误信息。

<jsp:params>用于向一个动态文件发送一个或多个参数。

<jsp:plugin>、<jsp:fallback>和<jsp:params>的语法格式为：

```
<jsp:plugin  type ="JavaBean|applet"
   code="classFileName.class"  codebase="classFileDirectoryName">
   [
     <jsp:params>
        <jsp:param name="paramName"  value="paramValue"/>
   </jsp:params>
   ]
   [
   <jsp:fallback> text message for user </jsp:fallback>
   ]
</jsp:plugin>
```

<jsp:plugin>标签属性见表 4-2。

表 4-2 <jsp:plugin>标签属性

属性名称	作　　用
code="classFileName"	JavaClass 的名称，必须以.class 结尾且此文件须存放在 codebase 属性所指定的目录中
codebase="classFileDirectoryName"	JavaClass 文件的目录（或路径），如果提供此属性，则使用<jsp:plugin>的 jsp 文件的目录将会被使用
name="paramName"	要向 applet 或 JavaBean 传送的参数名
value="paramValue"	要向 applet 或 JavaBean 传送的参数值

练习题

一、简答题

1．什么是 JavaBean？使用 JavaBean 的优点是什么？

2．按功能 JavaBean 可分为哪几种？在 JSP 中最为常见的是哪一种？

3．在 JSP 中一个标准的 JavaBean 需要具备哪些条件？

4．JavaBean 有哪几种属性?在 JSP 中比较常用的是哪些属性？

二、单项选择题

1．以下对 JavaBean 的描述正确的是哪一项？

A．创建的 JavaBean 必须实现 java.io.Serializable 接口。

B．编译后的 JavaBean 放在项目中的任何目录下，在 JSP 页面中都可以被调用。

C．JavaBean 最终是被保存到后缀名为 jsp 的文件中。

D．JavaBean 实质上就是一个 Java 类。

E．在 JSP 页面中只有通过<jsp:userBean>动作表示才可以调用 JavaBean。

2．下面哪一项属于工具 Bean 的用途？

A．完成一定运算和操作，包含一些特定的或通用的方法，进行计算和事务处理。

B．负责数据的存取。

C．接受客户端的请求，将处理结果返回客户端。

D．在多台机器上跨几个地址空间运行。

3．关于 JavaBean，下列的叙述哪一项是不正确的？

A．JavaBean 的类必须是具体的和公共的，并且具有无参数的构造器。

B．JavaBean 的类属性是私有的，要通过公共方法进行访问。

C．JavaBean 和 Servlet 一样，使用之前必须在项目的 web.xml 中注册。

D．JavaBean 属性和表单控件名称能很好地耦合，得到表单提交的参数

4．JSP 中想要使用 JavaBean:mypackage.mybean，则以下写法正确的是哪一项?

A．<jsp:usebean id="mybean" scope="pageContext" class="mypackage.mybean"/>。

B．<jsp:usebean class="mypackage.mybean.class"/>。

C．<jsp:usebean id="mybean" class="mypackage.mybean.java"/>。

D．<jsp:usebean id="mybean" class="mypackage.mybean"/>。

5．JavaBean 的属性可以使用哪一项来访问？

A．属性　　　　B．get()和 set()方法

C．事件　　　　D．Scriptlet

6．JSP 中调用 JavaBean 时不会用到的标记是哪一个？

A．<javabean>　　　　B．<jsp:useBean>

C．<jsp:setProperty>　　　　D．<jsp:getProperty>

第 5 章　JSP 访问数据库

教学目标

通过本章的学习，使学生了解数据库的基本概念，理解 JSP 访问数据库的驱动程序加载方式，掌握 JSP 访问数据库的基本步骤，掌握 JSP 访问数据库的方法，掌握通过 JDBC 对数据库记录的添加、修改、更新、查询等基本操作，掌握 JSP 访问数据库的事务处理及过程调用，增强实践能力的培养，为以后的就业打下坚实的基础。

教学内容

本章主要讲述数据库的安装，通过对 JSP 访问数据库的驱动程序加载方式和 JSP 访问数据库基本步骤的理解，掌握 JSP 访问数据库的方法，掌握通过 JDBC 对数据库记录的添加、修改、更新、查询等基本操作，理解 JSP 访问数据库的事务处理及过程调用和数据库连接池技术等。主要包括：

（1） 数据库的安装。
（2） JSP 访问数据库的驱动加载方式。
（3） JSP 访问数据库的基本步骤。
（4） JSP 访操作数据库的接口、具体实现以及灵活应用。
（5） JSP 访问数据库的事务处理及过程调用。
（6） 数据库连接池技术。

教学重点与难点

（1） JSP 访问数据库的驱动加载方式。
（2） JSP 访问数据库的基本步骤。
（3） JSP 访操作数据库的接口、具体实现以及灵活应用。
（4） JSP 访问数据库的事务处理及过程调用。
（5） 数据库连接池技术。

案例　数据库的连接及显示操作

【任务描述】

完成数据库的连接及操作。设计简单的图书管理信息表，并对图书信息表中的数据进行显示操作。

【任务分析】

数据库的连接及操作主要用到数据库的建立、JSP 访问数据库的基本步骤和方法、JSP 访问数据库的接口和类以及具体的实现方法、JSP 访问数据库的事务操作和 JSP 对数据库存储过程的调用等。要完成本系统，必须先掌握各种相关的各项技术，理解 JSP 访问数据库的驱动程序加载方式，掌握 JSP 访问数据库的基本步骤，掌握 JSP 访问数据库的接口、具体实现以及灵活应用，掌握 JSP 访问数据库的事务处理及过程调用等相关知识。

【实施方案】

1. 创建数据库和数据表

Navicat for MySQL 是一个基于 Windows 平台的 MySQL 数据库管理和开发工具。它为专业开发者提供了一套强大的图形用户界面（如图 5-1 所示），用户可完全控制 MySQL 数据库和显示不同的管理资料，包括一个多功能的图形化管理用户和访问权限的管理工具，方便将数据从一个数据库移转到另一个数据库中（Local to Remote、Remote to Remote、Remote to Local），进行档案备份。Navicat 支援 Unicode，以及本地或遥距 MySQL 伺服器多连线，用户可浏览数据库、建立和删除数据库、编辑数据、建立或执行 SQL queries、管理用户权限（安全设定）、将数据库备份/复原、汇入/汇出数据（支援 CSV, TXT, DBF 和 XML 档案种类）等。此解决方案的出现，将解放 PHP、J2EE 等程序员以及数据库设计者、管理者的大脑，降低开发成本，提高开发效率。

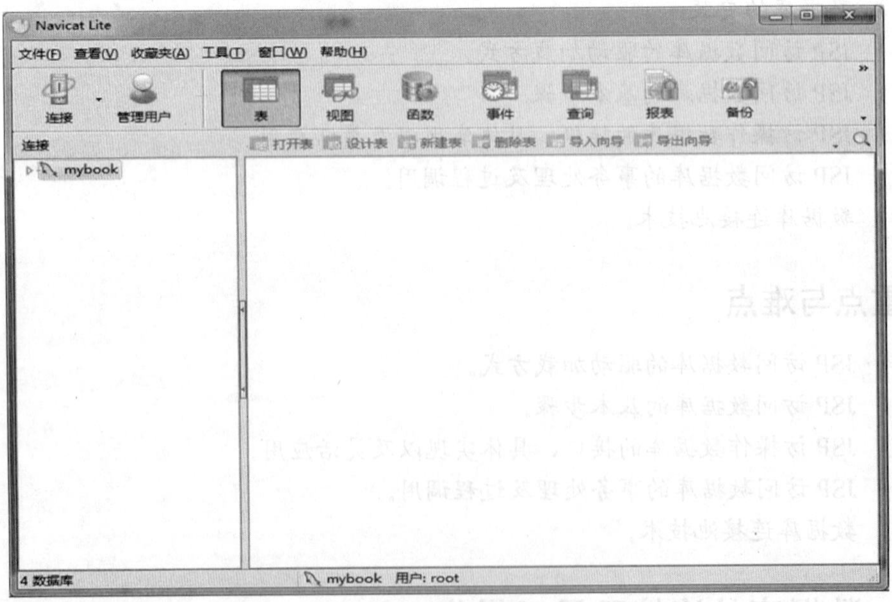

图 5-1　Navicat for MySQL 图形用户界面

在“连接”选项下可以连接不同的数据库，在本案例中选择 MySQL 数据库选项，打开连接数据库的配置信息窗口（如图 5-2 所示）可以对数据库的连接信息进行配置。

图 5-2　连接数据库的配置窗口

其中，连接名代表在图形界面中显示的连接名称；主机名或 IP 地址指要连接的数据库所在的服务器地址；端口指数据库安装时所占用的端口号；用户名指数据库管理员的账号；密码指数据库管理员密码。

连接 MySQL 数据库成功后进入到图形界面，右键单击 book 连接可以创建新的数据库，本案例数据库命名为 books。数据库连接成功后如图 5-3 所示。

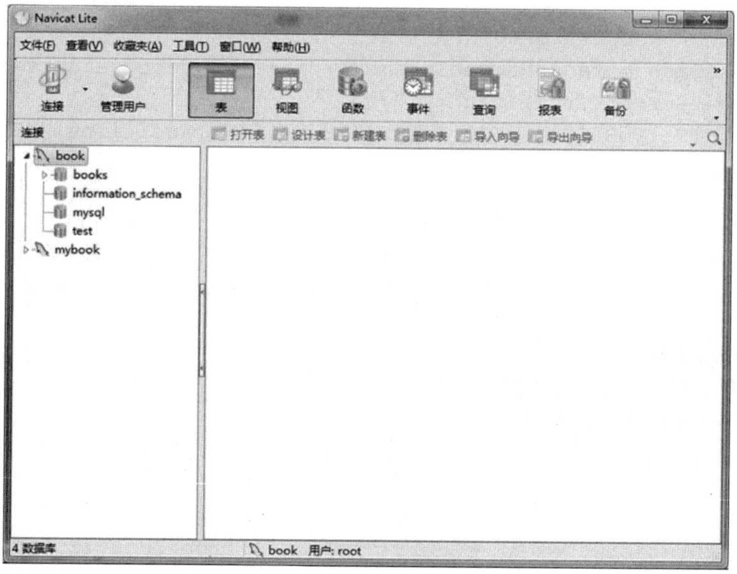

图 5-3　数据库连接成功

右键单击 books 数据连可以创建数据表，如图 5-4 所示。本案例中数据表命名为 book，为便于演示，该数据表中只提供四个字段供参考（如果数据表比较复杂则参考本案例自行创建）。

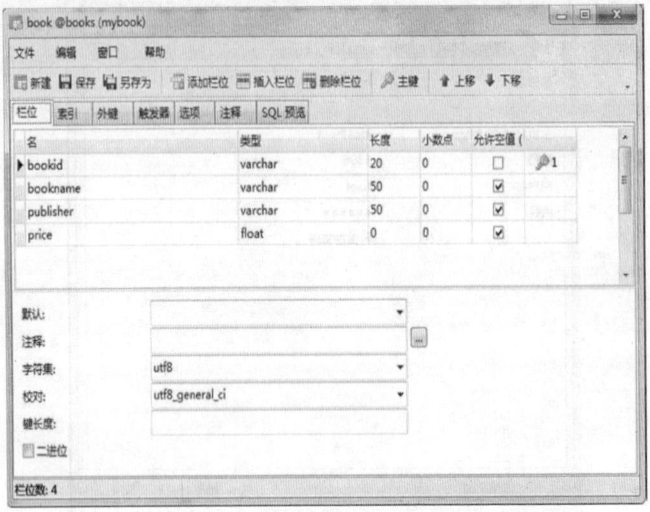

图 5-4　创建数据表

2. 编写数据库访问程序

数据库访问程序的具体代码如下：

```
<%@ page language="java" import="java.util.*" pageEncoding="gbk"%>
<%@ page contentType="text/html; charset=gb2312"
language="java" import="java.sql.*,java.util.*,java.io.*"%>
<%
String path = request.getContextPath();
String basePath = request.getScheme()+"://"+request.getServerName()+":"
+request.getServerPort()+path+"/";%>
<!DOCTYPE HTML PUBLIC "-//W3C//DTD HTML 4.01 Transitional//EN">
<html>
<body>
以下是从 MySQL 数据库读取的数据：<hr>
<table border=1>
<tr><td>ID</td><td>书名</td><td>出版社</td><td>价格</td></tr>
<%
/*功能：加载数据库驱动程序
  连接数据库并对数据库中的数据进行查询操作*/
  Class.forName("com.MySQL.jdbc.Driver");
  Connection con = DriverManager.getConnection("jdbc:MySQL:// localhost/
books", "root", "123456");
  Statement stmt=con.createStatement();
  ResultSet rst=stmt.executeQuery("select * from book");
  while(rst.next())
  {
 /*功能：将数据库中查询出来的信息显示在页面上*/
  out.println("<tr>");
  out.println("<td>"+rst.getString("bookId")+"</td>");
  out.println("<td>"+rst.getString("bookName")+"</td>");
  out.println("<td>"+rst.getString("publisher")+"</td>");
```

```
    out.println("<td>"+rst.getFloat("price")+"</td>");
    out.println("</tr>");
  }
  /*功能：关闭连接、释放资源*/
    rst.close();
    stmt.close();
    con.close();
%>
</table>
</body>
</html>
```

3．运行案例

运行效果图如图 5-5 所示。

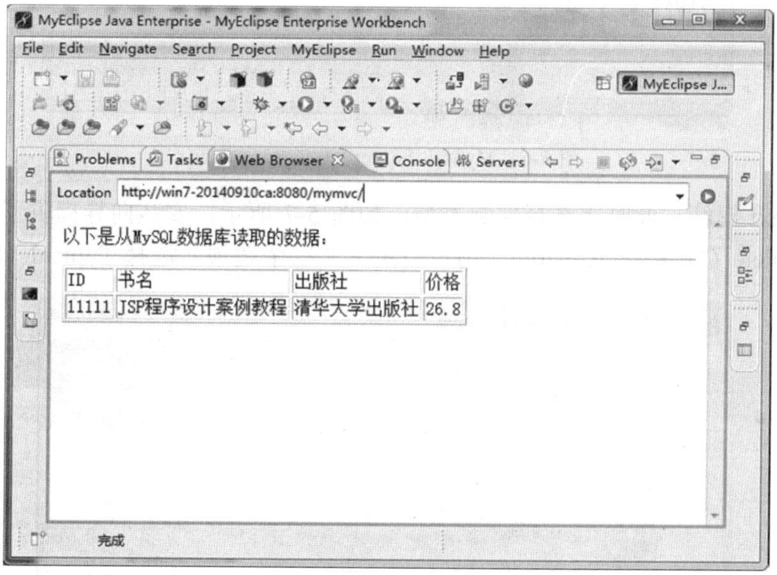

图 5-5　运行效果图

相关知识

1．MySQL 数据库的安装

本教材的案例代码以 JDBC 驱动程序访问 MySQL 数据库为例，由于在前导课程中学习过数据库的相关原理和技术，在此对数据库的相关知识不在赘述，只对 MySQL 数据库的安装过程进行简单描述。

MySQL 是广受大众喜欢的一款数据库软件，它以优异的性能得到了广泛的应用。用户可以从网上下载 MySQL 的各种版本进行安装。

下载后，双击可执行程序进行安装，MySQL Server 5.0 的安装界面如图 5-6 所示。

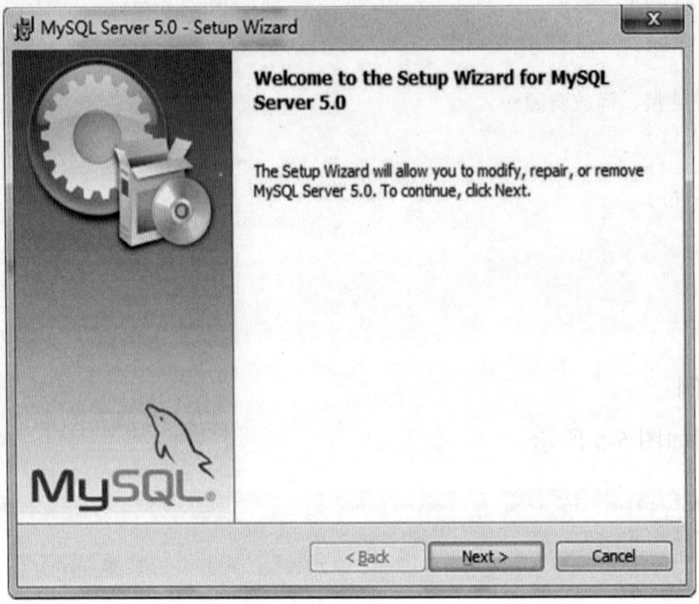

图 5-6　MySQL Server 5.0 的安装界面

单击 Next 继续。此时需选择安装类型，如图 5-7 所示，安装向导提供了 Typical（默认）、Complete（完全）、Custom（用户自定义）三个选项，选择 Typical（默认）即可。

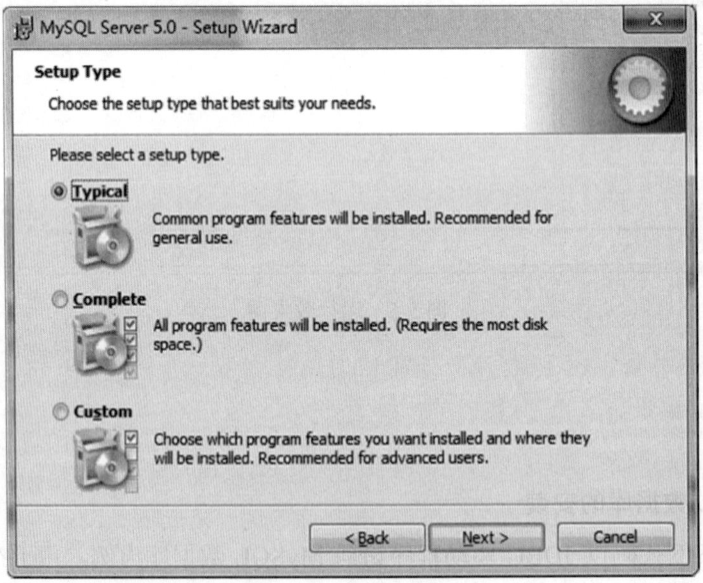

图 5-7　选择安装类型

单击 Next 进入安装路径选择界面，选择路径后单击 Install 进入安装进程界面，如图 5-8 所示。

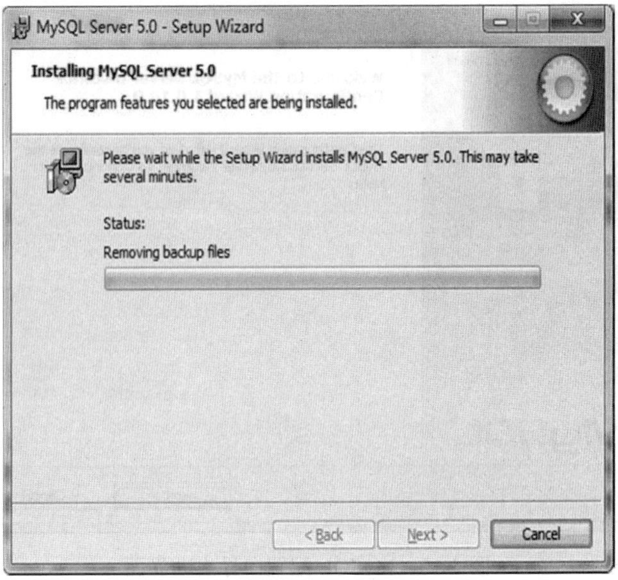

图 5-8　安装进程界面

等待，安装完成后会出现图 5-9 所示的结束安装对话框。选中“Configure the MySQL Server now”，点 Finish 按钮结束安装并启动 MySQL 配置向导。

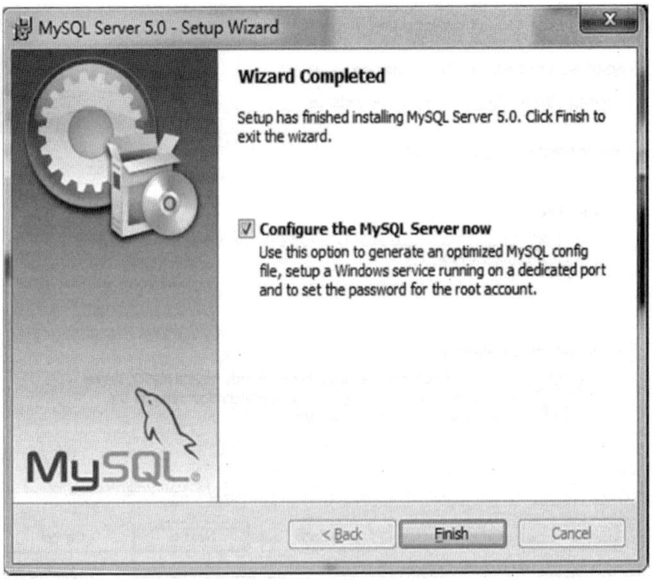

图 5-9　结束安装对话框

MySQL 配置向导启动界面如图 5-10 所示，单击“Next”继续。

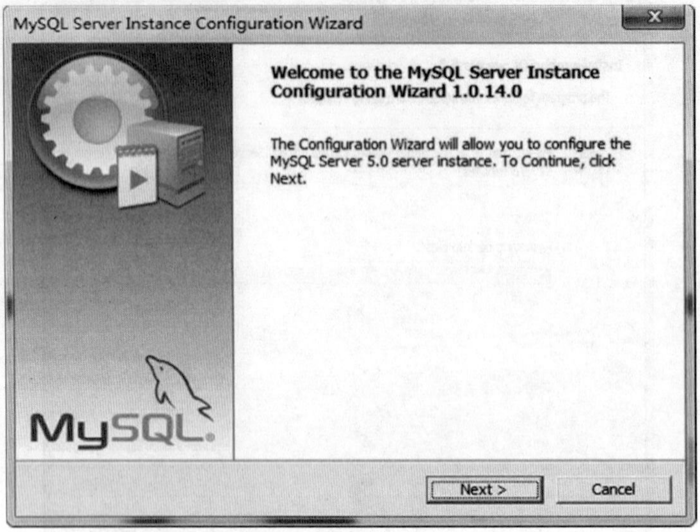

图 5-10　MySQL 配置向导启动界面

如图 5-11 所示，选择配置方式。配置向导提供了 Detailed Configuration（手动精确配置）和 Standard Configuration（标准配置）两个选项，选择“Detailed Configuration”并单击“Next”继续。

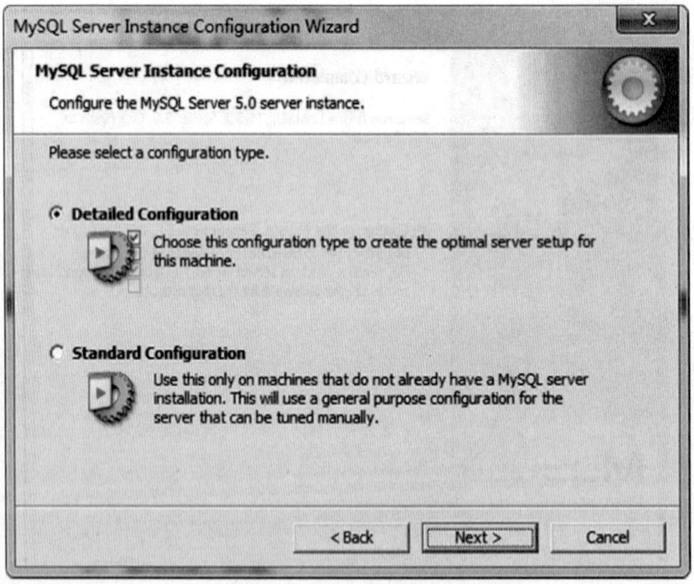

图 5-11　选择配置方式

如图 5-12 所示，选择服务器类型。此时配置向导提供了 Developer Machine（开发测试类，MySQL 占用很少资源）、Server Machine（服务器类型，MySQL 占用较多资源）和 Dedicated MySQL Server Machine（专门的数据库服务器，MySQL 占用所有可用资源）三个选项，用户可根据自己需要的类型选择。

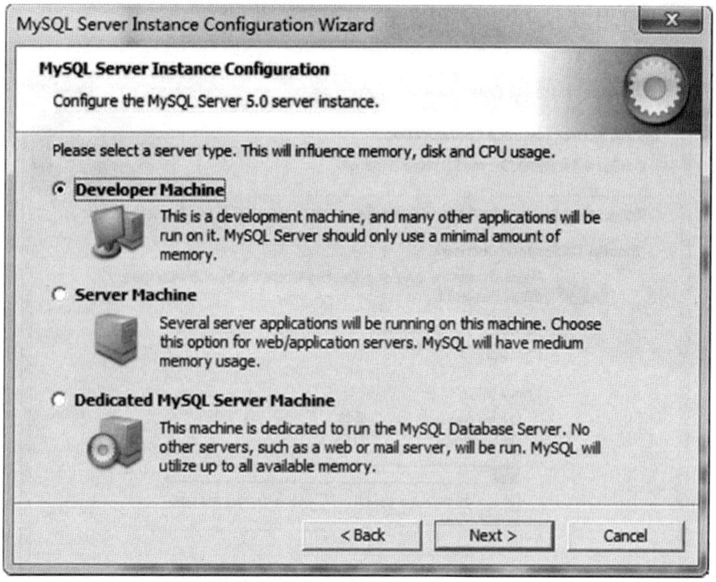

图 5-12　选择服务器类型

如图 5-13 所示，选择 MySQL 数据库的大致用途。此时配置向导提供了 Multifunctional Database（通用多功能型，好）、Transactional Database Only（服务器类型，专注于事务处理，一般）和 Non-Transactional Database Only（非事务处理型，较简单，主要做一些监控、记数用，对 MyISAM 数据类型的支持仅限于 non-transactional）三个选项。选择 Multifunctional Database，单击“Next”继续。

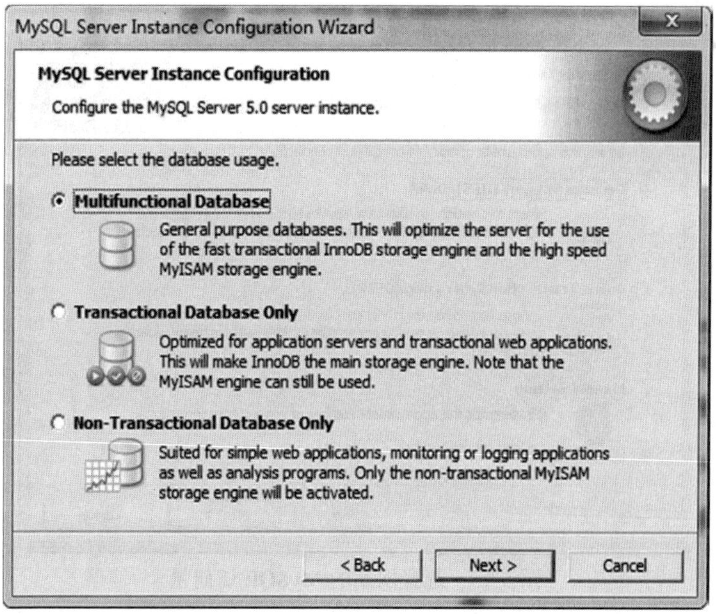

图 5-13　选择 MySQL 数据库的大致用途

如图 5-14 所示，对 InnoDB Tablespace 进行配置，也就是为 InnoDB 数据库文件选择一个存储空间，选择使用默认存储位置，单击 Next 继续。

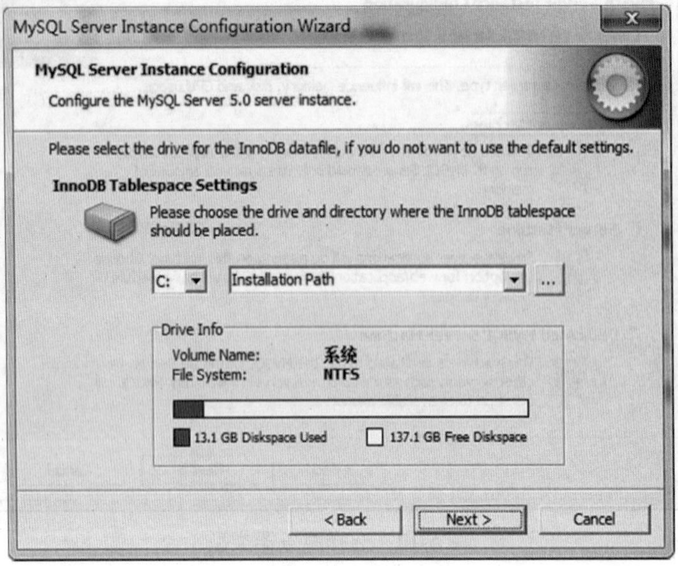

图 5-14　配置 InnoDB Tablespace

如图 5-15 所示，选择网站的 MySQL 访问量，即同时连接 MySQL 的用户数目，此处有 Decision Support（DSS）/OLAP（20 个左右）、Online Transaction Processing（OLTP）（500 个左右）和 Manual Setting（手动设置，自己输一个数）三个选项，这里选择 Decision Support（DSS）/OLAP（20 个左右）做测试用，单击“Next”继续。

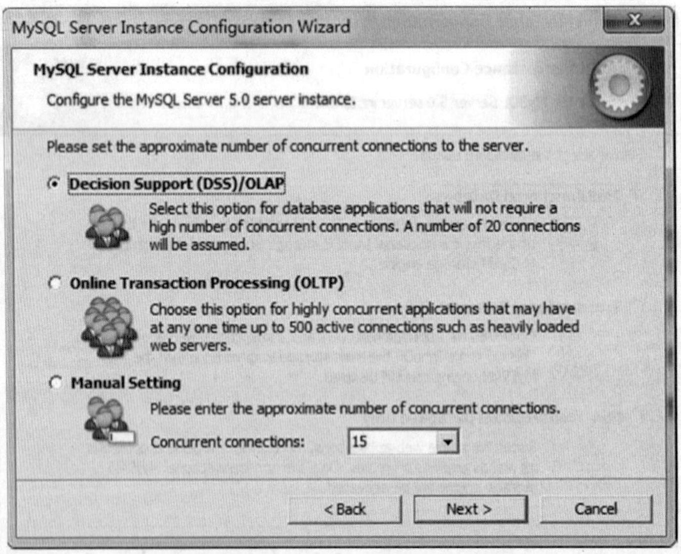

图 5-15　选择网站的 MySQL 访问量

如图 5-16 所示，选择是否启用 TCP/IP 连接并设定端口。这里我们设定 Port Number 为 3306。在这个页面上，用户还可以选择“启用标准模式”（Enable Strict Mode），这样 MySQL 就不会允许细小的语法错误，单击“Next”继续。

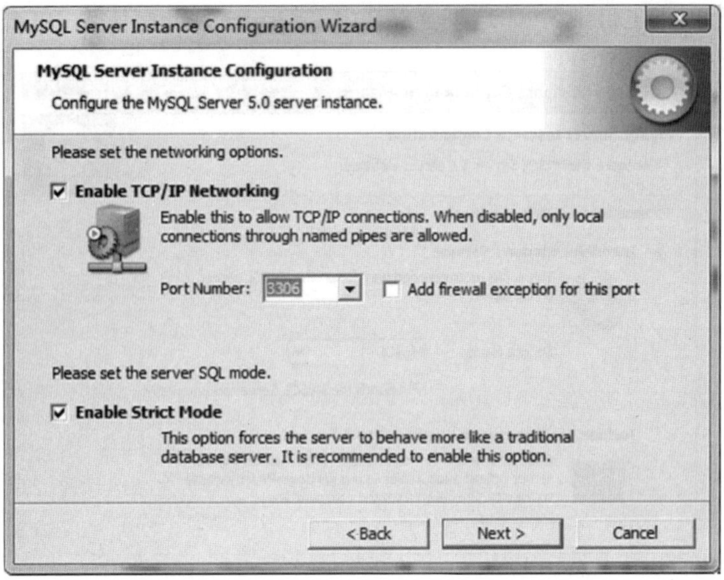

图 5-16　选择是否启用 TCT/IP 连接并设定端口

如图 5-17 所示，选择相应选项，对数据库支持的字符集编码语言进行设置。Standard Character Set 选项是以英语和西欧国家语言为主；Best Support For Multingualism 选项支持大多的国际语言，默认为 UTF8 编码；Manual SelectDefault Character Set/Collation 则是手工设置编码语言，用户可以根据自己实际功能需求进行设定。本例中选择 Manual SelectDefault Character Set/Collation，在 Character Set 中可以选择 utf8（可以支持中文），单击“Next”继续。

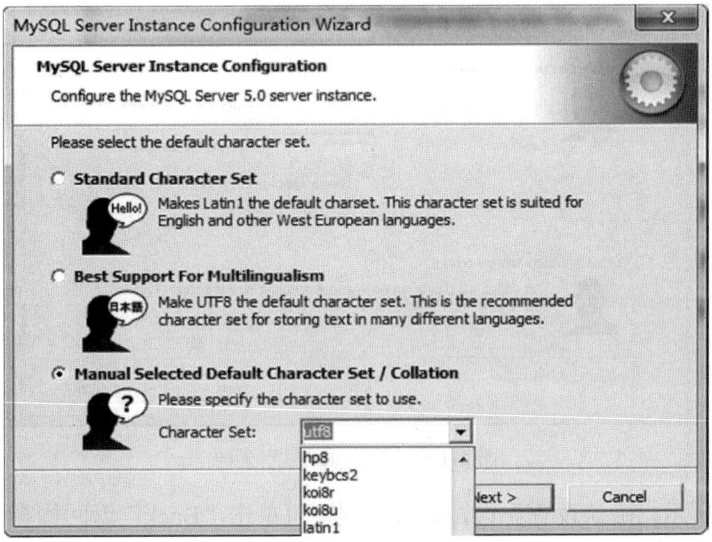

图 5-17　选择相应选项

如图 5-18 所示，选择是否 Windows 服务，还可以指定 Service Name（服务标识名称），以及选择是否将 MySQL 的 bin 目录加入到 Windows PATH（加入后，就可以直接使用 bin

下的文件，而不用指出目录名），这里全部选中，Service Name 不变。单击“Next”继续。

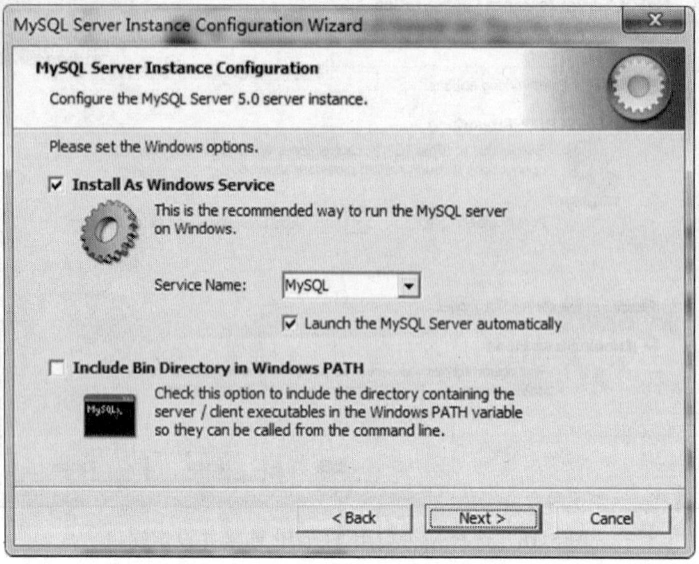

图 5-18　选择是否为 Windows 服务

如图 5-19 所示，输入默认 root 用户（超级管理员）的密码（默认为空），单击“Next”继续。

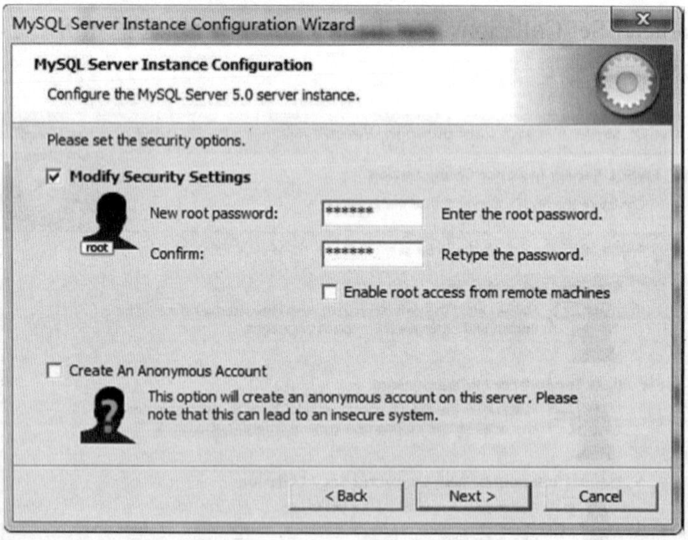

图 5-19　输入 root 用户密码

如图 5-20 所示，确认设置无误，如果有误，可单击“Back”返回检查。若无误，则依次选中并单击 Execute 使设置生效。

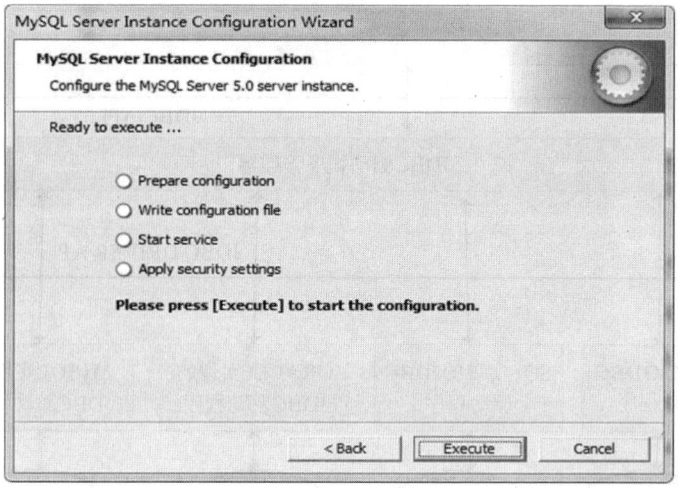

图 5-20　确认设置

如图 5-21 所示，设置完毕，单击 Finish 结束 MySQL 的安装与配置。

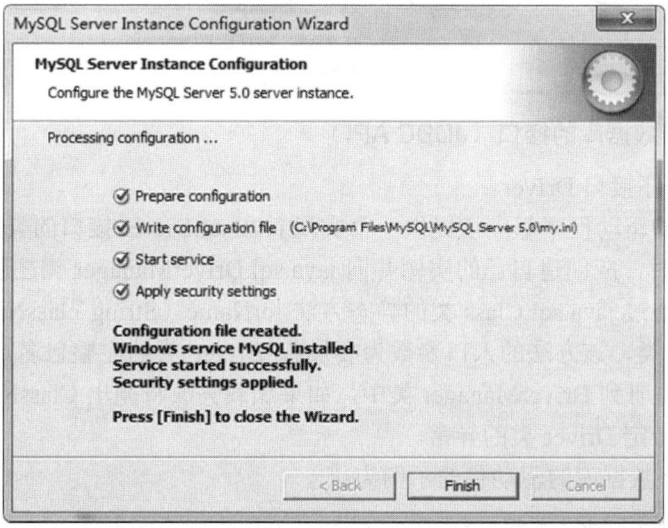

图 5-21　设置完毕

2．驱动程序加载

JDBC 是用于执行 SQL 语句的 API 类包，由一组用 Java 语言编写的类和接口组成。JDBC 提供了一种标准的应用程序设计接口，通过它可以访问各类关系数据库。

JDBC 提供给程序员的编程接口由两部分组成：一是面向应用程序的编程接口 JDBC API，它是供应用程序员用；二是支持底层开发的驱动程序接口 JDBC Driver API，它是供商业数据库厂商或专门的驱动程序生产厂商开发 JDBC 驱动程序用。当前流行的大多数数据库系统都推出了自己的 JDBC 驱动程序。

JDBC 的基本结构如图 5-22 所示。

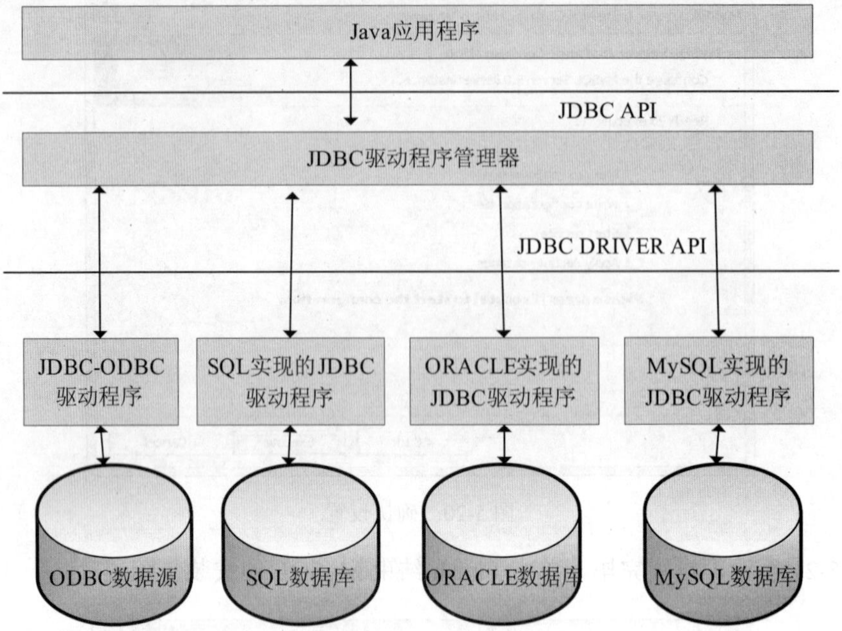

图 5-22　JDBC 的基本结构

3．JSP 访问数据库的接口（JDBC API）

（1）　驱动程序接口 Driver。

每种数据库的驱动程序都应该提供一个实现 java.sql.Driver 接口的类，简称 Driver 类。在加载 Driver 类时，应创建自己的实例并向 java.sql.DriverManager 类注册该实例。

通常情况下通过 java.sql.Class 类的静态方法 forName（String className）加载要连接数据库的 Driver 类，该方法的入口参数为要加载 Driver 类的完整包名。成功加载后会将 Driver 类的实例注册到 DriverManager 类中，如果加载失败将抛出 ClassNotFoundException 异常，即未找到指定 Driver 类的异常。

加载 MySQL 数据库的驱动包的示例为：

```
Class.forName ("com.jdbc.MySQL.Driver");
```

（2）　驱动程序管理器 DriverManager。

java.sql.DriverManager 类负责管理 JDBC 驱动程序的基本服务，是 JDBC 的管理层，作用于用户和驱动程序之间，负责跟踪可用的驱动程序，并在数据库和驱动程序之间建立连接。另外，DriverManager 类也处理驱动程序登录时间限制及登录和跟踪消息的显示等工作。成功加载 Driver 类并在 DriverManager 类中注册后，DriverManager 类可用来建立数据库连接。

当调用 DriverManager 类的 getConnection()方法请求建立数据库连接时，DriverManager 类将试图定位一个适当的 Driver 类，并检查定位到的 Driver 类是否可以建立连接。如果可以，则建立连接并返回，如果不可以，则抛出 SQLException 异常。DriverManager 类提供的常用方法见表 5-1。

表 5-1 DriverManager 类提供的常用方法

方法名称	功能描述
getConnection(String url, String user, String password)	静态方法，用来获得数据库连接，有 3 个入口参数，连接数据库的 URL、用户名和密码，返回值类型为 java.sql.Connection
setLoginTimeout(int seconds)	静态方法，用来设置每次等待建立数据库连接的最长时间
setLogWriter(java.io.PrintWriter out)	静态方法，用来设置日志的输出对象
println(String message)	静态方法，输出指定消息到当前 JDBC 日志流

（3） 数据库连接接口 Connection。

java.sql.Connection 接口负责与特定数据库的连接，在连接中可以通过获取数据库访问的账号、密码等打开数据库，还可以通过 getMetaData()方法获得由数据库提供的相关信息，例如数据表、存储过程和连接功能等信息。Connection 接口提供的常用方法见表 5-2。

表 5-2 Connection 接口提供的常用方法

方法名称	功能描述
createStatement()	创建并返回一个 Statement 实例，通常在执行无参数的 SQL 语句时创建该实例
prepareStatement()	创建并返回一个 PreparedStatement 实例，通常在执行包含参数的 SQL 语句时创建该实例，并对 SQL 语句进行预编译处理
prepareCall()	创建并返回一个 CallableStatement 实例，通常在调用数据库存储过程时创建该实例
setAutoCommit()	设置当前 Connection 实例的自动提交模式，默认为 true，即自动将更改同步到数据库中。如果设为 false，需要通过执行 commit()或 rollback()方法手动将更改同步到数据库中
getAutoCommit()	查看当前的 Connection 实例是否处于自动提交模式，如果是则返回 true，否则返回 false
setSavepoint()	在当前事务中创建并返回一个 Savepoint 实例，前提条件是当前的 Connection 实例不能处于自动提交模式，否则将抛出异常
releaseSavepoint()	从当前事务中移除指定的 Savepoint 实例
setReadOnly()	设置当前 Connection 实例的读取模式，默认为非只读模式，不能在事务当中执行该操作，否则将抛出异常，有一个 boolean 型的入口参数，设为 true 则表示开启只读模式，设为 false 则表示关闭只读模式
isReadOnly()	查看当前的 Connection 实例是否为只读模式，如果是则返回 true，否则返回 false
isClosed()	查看当前的 Connection 实例是否被关闭，如果被关闭则返回 true，否则返回 false
commit()	将从上一次提交或回滚以来进行的所有更改同步到数据库，并释放 Connection 实例当前拥有的所有数据库锁定
rollback()	取消当前事务中的所有更改，并释放当前 Connection 实例拥有的所有数据库锁定。该方法只能在非自动提交模式下使用，如果在自动提交模式下执行该方法，将抛出异常
close()	立即释放 Connection 实例占用的数据库和 JDBC 资源，即关闭数据库连接

（4） 执行 SQL 语句接口 Statement。

java.sql.Statement 接口用来执行静态的 SQL 语句，并返回执行结果。例如，对于 insert、update 和 delete 语句，调用 executeUpdate(String sql)方法，而 select 语句则调用 executeQuery(String sql) 方法，并返回一个永远不能为 null 的 ResultSet 实例。Statement 接口提供的常用方法见表 5-3。

表 5-3 Statement 接口提供的常用方法

方法名称	功能描述
executeQuery(String sql)	执行指定的静态 select 语句，并返回一个永远不能为 null 的 ResultSet 实例
executeUpdate(String sql)	执行指定的静态 insert、update 或 delete 语句，并返回一个 int 型数值，为同步更新记录的条数

（续表）

方法名称	功能描述
clearBatch()	清除位于 Batch 中的所有 SQL 语句，如果驱动程序不支持批量处理将抛出异常
addBatch(String sql)	将指定的 SQL 命令添加到 Batch 中，String 型入口参数通常为静态的 insert 或 update 语句，如果驱动程序不支持批量处理将抛出异常
executeBatch()	执行 Batch 中的所有 SQL 语句，如果全部执行成功，则返回由更新计数组成的数组，数组元素的排序与 SQL 语句的添加顺序对应数组元素有以下几种情况： ①>=0，说明 SQL 语句执行成功，为影响数据库中行数的更新计数； ②-2，说明 SQL 语句执行成功，但未得到受影响的行数； ③-3，说明 SQL 语句执行失败，仅当执行失败后继续执行后面的 SQL 语句时出现。如果驱动程序不支持批量操作，或者未能成功执行 Batch 中的 SQL 语句之一，将抛出异常
close()	立即释放 Statement 实例占用的数据库和 JDBC 资源，即关闭 Statement 实例

（5） 执行动态 SQL 语句接口 PreparedStatement

java.sql.PreparedStatement 接口继承于 Statement 接口，是 Statement 接口的扩展，用来执行动态的 SQL 语句，即包含参数的 SQL 语句。通过 PreparedStatement 实例执行的动态 SQL 语句，将被预编译并保存到 PreparedStatement 实例中，从而可以反复并且高效地执行该 SQL 语句。

需要注意的是，在通过 setXxx()方法为 SQL 语句中的参数赋值时，必须通过与输入参数的已定义 SQL 类型兼容的方法，也可以通过 setObject()方法设置各种类型的输入参数。PreparedStatement 的使用方法示例如：

```
    PreparedStatement  ps  =  connection   .prepareStatement("select  *  from
table_name where id  between ? and ?");
    ps.setInt(1, 1);
    ps.setString(2, 100);
    ResultSet rs = ps.executeQuery();
```

PreparedStatement 接口提供的常用方法见表 5-4。

表 5-4　PreparedStatement 接口提供的常用方法

方法名称	功能描述
executeQuery()	执行前面包含参数的动态 SELECT 语句，并返回一个永远不能为 null 的 ResultSet 实例
executeUpdate()	执行前面包含参数的动态 INSERT、UPDATE 或 DELETE 语句，并返回一个 int 型数值，为同步更新记录的条数
clearParameters()	清除当前所有参数的值
setXxx()	为指定参数设置 Xxx 型值
close()	立即释放 Statement 实例占用的数据库和 JDBC 资源，即关闭 Statement 实例

（6）访问结果集接口 ResultSet。

java.sql.ResultSet 接口类似于一个数据表，通过该接口的实例可以获得检索结果集，以及对应数据表的相关信息，例如列名和类型等。ResultSet 实例通过执行查询数据库的语句生成。

ResultSet 实例具有指向其当前数据行的指针。最初，指针指向第一行记录的前方，通过 next()方法可以将指针移动到下一行，因为该方法在没有下一行时将返回 false，所以可以通过 while 循环来迭代 ResultSet 结果集。在默认情况下 ResultSet 对象不可以更新，只有一个可以向前移动的指针，因此，只能迭代它一次，并且只能按从第一行到最后一行的顺序进行。

ResultSet 接口提供了从当前行检索不同类型列值的 getXxx()方法，它有两个重载方法，即通过列的索引编号或列的名称检索。通过列的索引编号检索较为高效，列的索引编号从 1 开始。对于不同的 getXxx()方法，JDBC 驱动程序尝试将基础数据转换为与 getXxx()方法相应的 Java 类型，并返回适当的 Java 类型的值。

在 JDBC 2.0 API（JDK 1.2）之后，该接口添加了一组更新方法 updateXxx()，它有两个重载方法，即通过列的索引编号或列的名称指定列，用来更新当前行的指定列，或者初始化要插入行的指定列。但是该方法并未将操作同步到数据库，需要执行 updateRow()或 insertRow()方法完成同步操作。

ResultSet 接口提供的常用方法见表 5-5。

表 5-5 ResultSet 接口提供的常用方法

方法名称	功能描述
first()	移动指针到第一行；如果结果集为空则返回 false，否则返回 true；如果结果集类型为 TYPE_FORWARD_ ONLY 将抛出异常
last()	移动指针到最后一行；如果结果集为空则返回 false，否则返回 true；如果结果集类型为 TYPE_FORWARD_ ONLY 将抛出异常
previous()	移动指针到上一行；如果存在上一行则返回 true，否则返回 false；如果结果集类型为 TYPE_FORWARD_ ONLY 将抛出异常
next()	移动指针到下一行；指针最初位于第一行之前，第一次调用该方法将移动到第一行；如果存在下一行则返回 true，否则返回 false
beforeFirst()	移动指针到 ResultSet 实例的开头，即第一行之前；如果结果集类型为 TYPE_FORWARD_ONLY 将抛出异常
afterLast()	移动指针到 ResultSet 实例的末尾，即最后一行之后；如果结果集类型为 TYPE_FORWARD_ ONLY 将抛出异常
absolute()	移动指针到指定行；有一个 int 型入口参数，正数表示从前向后编号，负数表示从后向前编号，编号均从 1 开始；如果存在指定行则返回 true，否则返回 false；如果结果集类型为 TYPE_ FORWARD_ONLY 将抛出异常
getRow()	查看当前行的索引编号；索引编号从 1 开始，如果位于有效记录行上则返回一个 int 型索引编号，否则返回 0
findColumn()	查看指定列名索引编号；该方法有一个 String 型入口参数，为要查看列的名称，如果包含指定列，则返回 int 型索引编号，否则将抛出异常
isBeforeFirst()	查看指针是否位于 ResultSet 实例的开头，即第一行之前，如果是则返回 true，否则返回 false
isAfterLast()	查看指针是否位于 ResultSet 实例的末尾，即最后一行之后，如果是则返回 true，否则返回 false
isFirst()	查看指针是否位于 ResultSet 实例的第一行，如果是则返回 true，否则返回 false
isLast()	查看指针是否位于 ResultSet 实例的最后一行，如果是则返回 true，否则返回 false
close()	立即释放 ResultSet 实例占用的数据库和 JDBC 资源，当关闭所属的 Statement 实例时也将执行此操作

4．事务处理及存储过程调用

（1） 事务。

事务是作为单个逻辑工作单元执行的一系列操作。事务维护了数据的完整性、正确语义和持久性。事务中的所有 SQL 语句必须被成功执行，事务才会对数据库产生持久性的影响。如果事务中的第 n 条语句执行出错，表示事务运行失败，则前面的 n-1 条语句对数据库产生的影响可以撤销（回滚）到事务执行前的初始状态或出错点之前的某个正确状态。

JDBC 在默认情况下，使用事务自动提交模式，它将接收到的每一条 SQL 操作当作一个事务提交给数据库服务器处理。程序的基本结构如下：

```
Connection conn=…//设置连接，此处省略
try{
   conn.setAutoCommit(false);//设置事务处理
   //事务操作语句。具体内容省略
   conn.commit();//事务提交
}catch(SQLException e){
   Conn.rallback();//事务回滚
}finally{
   try{
      if(conn!=null && !conn.isClosed()){
         conn.setAutoCommit(true); //设置事务处理
         conn.close();//关闭连接
      }
   }catch(SQLException e){   }
}
```

（2） 存储过程调用。

存储过程是用 SQL 语句和控制流语句等编写的一段程序代码，在创建时已被编译成机器代码并存储在数据库中供客户端调用。

存储过程有以下优点：

① 所生成的机器代码被永久存储在数据库中，客户端调用时不需要重新编译，执行时效率较高。

② 存储过程的网络使用效率比等效的 SQL 语句要高。

调用存储过程的命令有两种形式：

① 存储过程调用命令形式一。

如果存储过程无返回值，但允许有传入参数时，调用命令格式为："{call 过程名[（?, ?, ...）]}"。

②存储过程调用命令形式二。

如果存储过程有返回值，调用命令格式为："{? = call 过程名[（?, ?, ...）]}"。其中，左边第一个"？"处的参数存储该存储过程的返回值。

（3） 执行存储过程接口 CallableStatement。

java.sql.CallableStatement 接口继承于 PreparedStatement 接口，是 PreparedStatement 接口的扩展，用来执行 SQL 的存储过程。

JDBC API 定义了一套存储过程 SQL 转义语法，该语法允许对所有 RDBMS 通过标准方式调用存储过程。该语法定义了两种形式，分别是包含结果参数和不包含结果参数。如果使用结果参数，则必须将其注册为 OUT 型参数，参数是根据定义位置按顺序引用的，第一个参数的索引为 1。

为参数赋值的方法使用从 PreparedStatement 中继承来的 setXxx()方法。在执行存储过程之前，必须注册所有 OUT 参数的类型；它们的值是在执行后通过 getXxx()方法检索的。

CallableStatement 可以返回一个或多个 ResultSet 实例。处理多个 ResultSet 对象的方法是从 Statement 中继承来的。

CallableStatement 接口继承了 PreparedStatement，PreparedStatement 中常用的方法也适用于 CallableStatement 接口，接口中常用的方法有：

① public void setString（int n,String x） throws SQLException。

将一个字符串类型的数据值 x 写入存储过程调用命令的第 n 个“？”号处，代替“？”，n 为预编译语句中“？”的序号，第一个“？”的序号为 1。

② public ResultSet executeQuery() throws SQLException。

执行一个会返回 ResultSet 结果集的存储过程。

③ public boolean execute() throws SQLException。

通用的存储过程执行方法。

④ public void registerOutParameter（int n,int sqlType） throws SQLException。

将存储过程调用命令{call …}中第 n 个位置处的“?”参数注册声明为输出（OUT）参数，并定义返回数据的类型。返回数据类型 SqlType 可以用 java.sql.Types 类中的符号常量表达。

⑤ public int getInt（int n） throws SQLException。

读取存储过程调用命令中“？”位置处的一个整数返回值，n 为“？”号在存储过程调用命令中的序号。

例：调用一个能够返回一个 ResultSet 结果集的存储过程，对 titles 表的书名字段进行模糊查询，返回书名、类型、单价数据。

操作步骤如下：

（1） 在数据库 pubs 中创建一个存储过程完成查询并命名为 pro。

```
use pubs
go
create proc pro @key varchar(50)
as
begin
select title,type,price from titles where title like @key
end
```

（2） 新建一个 test.jsp 页面，在此页面中调用此存储过程。

```
<body>
<%
   Connection conn=null;
   CallableStatement st=null;
   ResultSet rs=null;
   try{
   Class.forName("com.MySQL.jdbc.Driver");
String    url="jdbc:sqlserver://localhost:1433;databaseName=pubs;user=sa;
password=";
```

```
    Conn=DriverManager.getConnection(url);

    String sql="{call pro(?)}";
    st=conn.prepareCall(sql);
    st=setString(1,"%the%");

    rs=st.executeQuery();
    while(rs.next()){
      out.print(rs.getString(1));
      out.print(rs.getString(2));
      out.print(rs.getString(3));
      out.print("<br>");
    }

  }catch(Exception e){
     out.print("数据库操作错误: "+e);
  }finally{
     if (rs!=null)
          rs.close();
     if (st!=null)
          st.close();
     if (conn!=null)
          conn.close();
     }
  %>
  </body>
```

（3） 执行该页面程序，查看显示结果。

5. JSP 访问数据库的基本步骤

JSP 访问数据库共 8 个步骤，具体步骤如下：

（1） 创建数据库并对数据库中的数据表进行设计。

具体案例用到的数据库需要根据用户需求进行具体设计，在此不再赘述。

（2） 引入 JSP 访问数据库的 Java 类。

如导入数据库操作的数据包语法为："import java.sql.*;"。

（3） 加载数据库访问驱动程序包。

在连接数据库之前，首先要加载要连接数据库的驱动到 JVM（Java 虚拟机），通过 java.lang.Class 类的静态方法 forName（String className）实现。

加载 MySQL 数据库的驱动程序代码如下：

```
try {
  Class.forName("com.MySQL.jdbc. Driver");
} catch (ClassNotFoundException e) {
  System.out.println("加载数据库驱动时抛出异常，内容如下：");
  e.printStackTrace();
}
```

成功加载后，会将加载的驱动类注册给 DriverManager 类，如果加载失败，将抛出

ClassNotFoundException 异常，即未找到指定的驱动类，所以需要在加载数据库驱动类时捕捉可能抛出的异常。

（4） 建立数据库访问的连接。

通过 DriverManager 类的静态方法 getConnection（String url, String user, String password）可以建立数据库连接，3 个入口参数依次为要连接数据库的路径、用户名和密码，该方法的返回值类型为 java.sql.Connection，典型代码如下：

```
Connection connection=null;
connection = DriverManager.getConnection("jdbc:MySQL://localhost/books",
"root","123456") ;
```

（5） 创建数据库访问语句。

建立数据库连接（Connection）的目的是与数据库进行通信，实现方式为执行 SQL 语句，但是通过 Connection 实例并不能执行 SQL 语句，还需要通过 Connection 实例创建 Statement 实例，Statement 实例又分为以下 3 种类型：

① Statement 实例：该类型的实例只能用来执行静态的 SQL 语句典型代码为：

```
Statement st=conn.createStatement(sqlString);
```

② PreparedStatement 实例：该类型的实例增加了执行动态 SQL 语句的功能，典型代码为：

```
PreparedStatement pst=conn.prepareStatement(sqlString);
```

③ CallableStatement 对象：该类型的实例增加了执行数据库存储过程的功能，典型代码为：

```
Statement st=conn.prepareCall(sql);
```

其中 Statement 是最基础的，PreparedStatement 继承了 Statement，并做了相应的扩展，而 CallableStatement 继承了 PreparedStatement，又做了相应的扩展，在保证基本功能的基础上，各自又增加了一些独特的功能。

（6） 执行数据库访问语句。

通过 Statement 接口的 executeUpdate()或 executeQuery()方法，可以执行 SQL 语句，同时将返回执行结果。如果执行的是 executeUpdate()方法，将返回一个 int 型数值，代表影响数据库记录的条数，即插入、修改或删除记录的条数；如果执行的是 executeQuery()方法，将返回一个 ResultSet 型的结果集，其中不仅包含所有满足查询条件的记录，还包含相应数据表的相关信息，例如，列的名称、类型和列的数量等。典型操作为：

```
int count = rs.executeUpdate();
ResultSet rs=st.executeQuery();
```

（7） 对结果集进行操作。

对执行的结果进行诸如修改、统计、显示、打印、计算等具体操作。

```
while (not rs.eof){
    具体操作内容;
}
```

（8） 关闭数据库访问的各种连接。

在建立 Connection，Statement 和 ResultSet 实例时，均需占用一定的数据库和 JDBC 资源，所以每次访问数据库结束后，应该及时销毁这些实例，释放它们占用的所有资源，销毁方法是利用各个实例的 close()方法。在关闭时建议按照以下的顺序进行：

```
rt.close();
st.close();
conn.close();
```

6. 连接池技术

通常情况下，在每次访问数据库之前都要先建立与数据库的连接，这将消耗一定的资源，并延长了访问数据库的时间，如果是访问量相对较低的系统还可以，如果访问量较高，将严重影响系统的性能。为了解决这一问题，引入了连接池的概念。所谓连接池，就是预先建立好一定数量的数据库连接，模拟存放在一个连接池中，由连接池负责对这些数据库连接进行管理。这样，当需要访问数据库时，就可以通过已经建立好的连接访问数据库了，从而免去了每次在访问数据库之前建立数据库连接的开销。

数据库连接池的具体实施办法是：

（1） 预先创建一定数量的连接，存放在连接池中。

（2） 当程序请求一个连接时，连接池是为该请求分配一个空闲连接，而不是去重新建立一个连接；当程序使用完连接后，该连接将重新回到连接池中，而不是直接将连接释放。

（3） 当连接池中的空闲连接数量低于下限时，连接池将根据管理机制追加创建一定数量的连接；当空闲连接数量高于上限时，连接池将释放一定数量的连接。

在每次用完 Connection 后，要及时调用 Connection 对象的 close()或 dispose()方法显式关闭连接，以便连接可以及时返回到连接池中，非显式关闭的连接可能不会添加或返回到池中。

连接池具有下列优点：

（1） 创建一个新的数据库连接所耗费的时间主要取决于网络的速度以及应用程序和数据库服务器的（网络）距离。创建新的数据库连接过程通常是一个很耗时的过程，而采用数据库连接池后，数据库连接请求则可以直接通过连接池满足，而不需要为该请求重新连接、认证到数据库服务器，从而节省了时间。

（2） 提高了数据库连接的重复使用率。

（3） 解决了数据库对连接数量的限制。

与此同时，连接池具有下列缺点：

（1） 连接池中可能存在多个与数据库保持连接但未被使用的连接，在一定程度上浪费了资源。

（2） 要求开发人员和使用者准确估算系统需要提供的最大数据库连接的数量。

例：在 Tomcat 中配置连接池。

在通过连接池技术访问数据库时，首先需要在 Tomcat 下配置数据库连接池，下面以 MySQL 数据库为例介绍在 Tomcat 6.0 下配置数据库连接池的方法。

（1） 将 MySQL 的 JDBC 驱动包复制到 Tomcat 安装路径下的 common\lib 文件夹中。

（2） 配置数据源。在配置数据源时，可以将其配置到 Tomcat 安装目录下的 conf\server.xml 文件中，也可以将其配置到 Web 工程目录下的 META-INF\context.xml 文件中，建议采用后者，因为这样配置的数据源更有针对性，配置数据源的具体代码如下：

```
<Context>
<Resource name="TestJNDI" type="javax.sql.DataSource" auth="Container"
    driverClassName="com.MySQL.jdbc. Driver"   url="jdbc:MySQL://localhost/
books"
username="root" password="123456" maxActive="4" maxIdle="2" maxWait="6000" />
</Context>
```

在配置数据源时需要配置的<Resource>元素的属性及其说明见表 5-6。

表 5-6 Resource 元素的属性

属性名称	说　明
name	设置数据源的 JNDI 名
type	设置数据源的类型
auth	设置数据源的管理者，有两个可选值 Container 和 Application，Container 表示由容器来创建和管理数据源，Application 表示由 Web 应用来创建和管理数据源
driverClassName	设置连接数据库的 JDBC 驱动程序
url	设置连接数据库的路径
username	设置连接数据库的用户名
password	设置连接数据库的密码
maxActive	设置连接池中处于活动状态的数据库连接的最大数目，0 表示不受限制
maxIdle	设置连接池中处于空闲状态的数据库连接的最大数目，0 表示不受限制
maxWait	设置当连接池中没有处于空闲状态的连接时，请求数据库连接的请求的最长等待时间（单位为 ms），如果超出该时间将抛出异常，-1 表示无限期等待

练习题

一、简答题

1. 简述 JDBC 连接数据库的基本步骤。
2. 执行动态 SQL 语句的接口是什么？
3. Statement 实例又可分为哪 3 种类型？功能分别是什么？
4. JDBC 中提供的两种数据查询的方法是什么？
5. 简述数据库连接池的优缺点。
6. 如何在 Tomcat 中配置数据库连接池？

二、上机题

1. 完成本案例信息的插入、删除、更新、统计等功能。
2. 根据存储过程调用示例写出增加、删除、修改的过程调用。
3. 编写一个程序，应用 Tomcat 连接池连接数据库，并向指定的数据表中添加数据。

第6章 JSP实用组件

教学目标

通过本章的学习，使学生能够掌握文件上传与下载的方法，掌握发送 E-mail 的方法，掌握利用 JFreeChart 生成动态图表的方法及应用 iText 组件生成 JSP 报表的方法。培养应用组件进行软件实用开发的能力，为后续开发实用性、应用性程序打下坚实基础。

教学内容

本章主要讲述基本实用组件的应用操作，主要包括:

（1） JSP 实用组件介绍。

（2） 文件的上传与下载。

（3） 发送 E-mail 的方法。

（4） JFreeChart 生成动态图表的方法及应用。

（5） eText 组件生成 JSP 报表的方法。

教学重点与难点

（1） 文件的上传与下载。

（2） 发送 E-mail 的方法。

（3） JFreeChart 生成动态图表的方法及应用。

（4） eText 组件生成 JSP 报表的方法。

案例1 文件的上传与下载

【任务描述】

完成用户文件的上传与下载操作。用户能够通过 JSP 的组件将自己的文件上传到服务器或从服务器上对文件进行下载操作。

【任务分析】

文件是程序设计过程中经常用到的，在许多大型软件和项目中都要用到文件的上传与下载操作。要完成本案例需要了解文件的基本操作方法和步骤，理解 JSP 操作文件的方法，掌握 JSP 的表单定义及处理方式，掌握 jspSmartUpload 的应用。

【实施方案】

1. 编写上传文件表单

编写上传文件的表单 index.jsp 页面，其核心代码如下：

```
<%@page language="java"  contentType="text/html;
charset=GBK" pageEncoding="GBK"%>
<!DOCTYPE html PUBLIC"-//W3C//DTD HTML 4.01
Transitional//EN""http://www.w3.org/TR/html4/loose.dtd">
<html>
<head>
<meta http-equiv="Content-Type" content="text/html; charset=GBK">
<meta http-equiv="refresh"content="10;url=show.jsp">
<title>上传图片</title></head>
<body>
    <!-- 注意表单的 enctype 属性应该为：multipart/form-data -->
    <form action="show.jsp" method="post" enctype="multipart/form-data">
    <table   width="400"   align="center"   border="0"   cellpadding="4"
cellspacing="1"
    bgcolor="#cccccc"><tr bgcolor="#EEEEEE" align="center"><td colspan="2">
上传照片</td></tr>
    <tr bgcolor="#ffffff"><td>标题：</td><td><input type="text" name="name"/>
</td></tr>
    <trbgcolor="#ffffff"><td>照片：</td><td><input type="file" name="upfile"/>
</td></tr>
    <tr bgcolor="#ffffff"><td colspan="2"><input type="submit" value="提交
"/></td></tr>
    </table>
  </form>
</body>
</html>
```

上传界面的运行效果如图 6-1 所示。

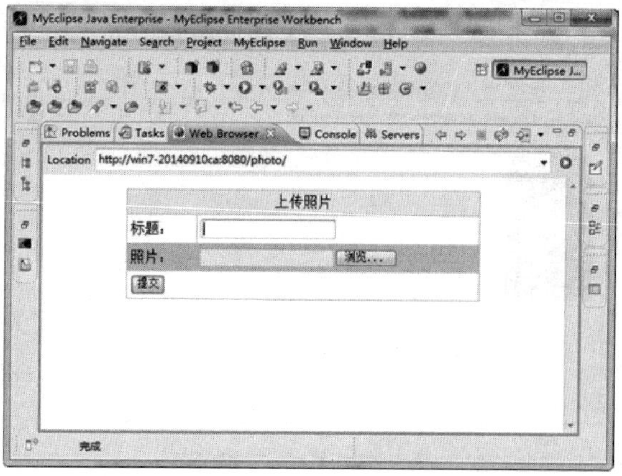

图 6-1　上传界面的运行效果

2．编写表单处理程序

表单处理程序主要对上传的数据进行处理，实现上传功能并显示结果，其核心代码为：

```
    <%@page language="java" contentType="text/html; charset=GBK" pageEncoding=
"GBK"%>
    <!-- SmartUpload组件用到的文件上传类 -->
    <%@page import="java.sql.*,com.jspsmart.upload.*"%>
    <%
    //设置 request 范围字符集
    request.setCharacterEncoding("GBK");
    //取得整个 Web 应用的物理根路径(注意不是 JSP 项目根路径)
    String root = request.getSession().getServletContext().getRealPath("/");
    //设置上传文件的保存路径(绝对路径/物理路径 www.mwcly.cn)
    String savePath = root + "image\\";
    //声明 SmartUpload 类对象
    SmartUpload mySmartUpload = new SmartUpload();
    //初始化的方法必须先执行
    //参数：config,request,response 都是 JSP 内置对象
    mySmartUpload.initialize(config,request,response);
    //上传文件数据
    mySmartUpload.upload();
    //将全部上传文件保存到指定目录下
    mySmartUpload.save(savePath);
    //取得文件名(因为只上传一个文件，所以用 getFile(0))
    String fileName = mySmartUpload.getFiles().getFile(0).getFileName();
    //取得表单中普通控件的值(text,password……)
    String name = mySmartUpload.getRequest().getParameter("name");
    //把图片输出
    String photo=savePath+fileName;
    %>
```

表单处理程序运行效果如图 6-2 所示。

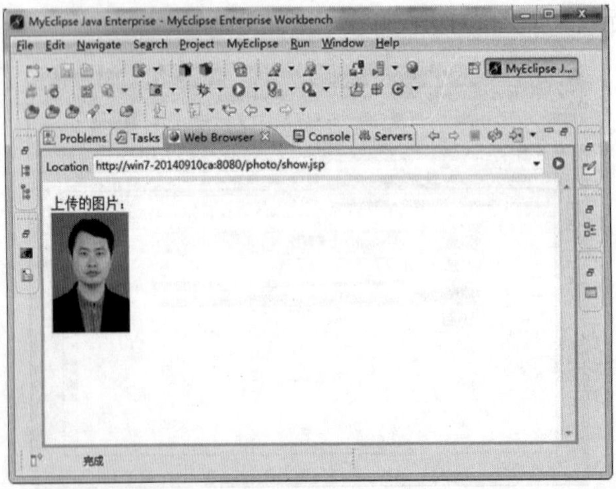

图 6-2　表单处理程序运行效果

相关知识

在 Web 开发中，对文件的操作是一项非常实用的功能，例如，文件的上传与下载。在 JSP 中，常用的文件上传与下载组件是 jspSmartUpload，该组件是一个可免费使用的全功能的文件上传下载组件。通过该组件可以很方便地实现文件的上传与下载。

1．jspSmartUpload 组件的安装与配置

jspSmartUpload 组件可以通过网络搜索找到相关网站进行下载。下载的文件名为“jspsmartupload.zip”，解压后得到的是一个 Web 应用程序，目录结构如图 6-3 所示。

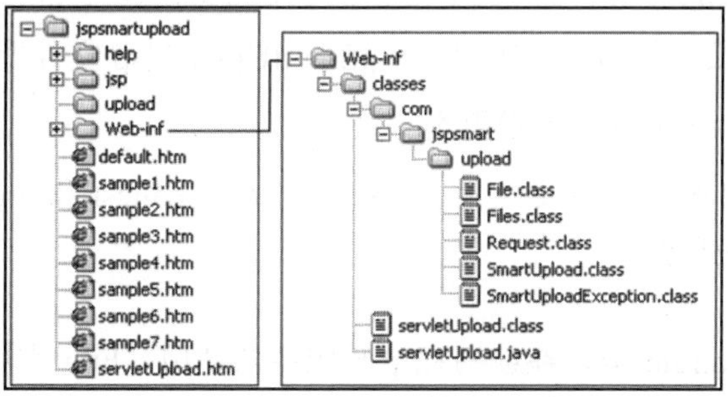

图 6-3　jspsmartupload.zip 目录结构图

其中，default.htm 为 Web 应用的首页面，sample1.htm 依次到 sample7.htm 文件分别为 7 个实例中的供用户选择上传文件和下载文件的静态页面。help 目录下存放了 jspSmartUpload 组件的说明文件;jsp 目录下存放了与 sample1.htm~sample7.htm 文件对应的 JSP 文件，用来实现当前实例中的动态内容，在这些 JSP 文件中将调用 jspSmartUpload 组件中的类来实现文件的上传或下载，Web-inf 目录下存放的就是 jspSmartUpload 组件中的类文件。

若想运行该Web应用，首先将Web-inf目录名更改为“WEB-INF”，然后将jspsmartupload整个文件夹拷贝到 Tomcat 安装目录下的 webapps 目录下，最后访问地址“http://localhost:8080/ jspsmartupload/default.htm”即可进入 jspSmartUpload 运行首页，如图 6-4 所示。

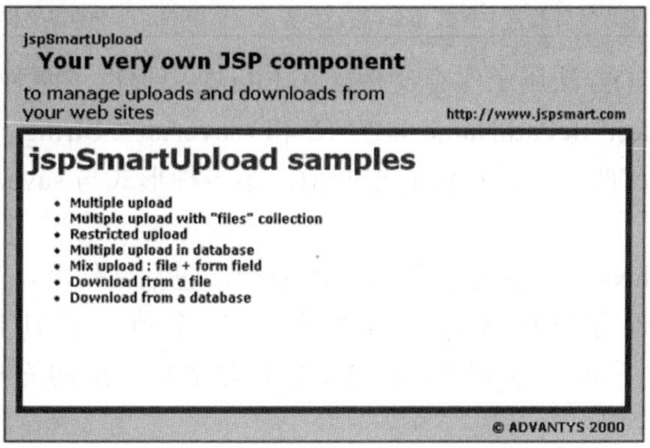

图 6-4　jspSmartUpload 运行首页

可以通过两种方法将 Web-inf\classes 目录下的文件打包成自己的 JAR 文件，以便在以后的程序开发时，可直接通过将该文件拷贝到应用的 Web-INF\lib 目录下来应用 jspSmartUpload 组件实现文件的上传与下载。具体方法如下：

（1） 若 JDK 安装在了 C:\jdk1.6.0_03 目录下，则环境变量的系统变量中应存在如下的配置：

```
JAVA_HOME=C:\jdk1.6.0_03
PATH=%JAVA_HOME%\bin
```

（2） 打开“命令提示符”窗口，进入到 jspSmartUpload.zip 文件解压后的目录的 classes 子目录下，输入以下命令行进行文件打包：

```
jar cvf jspSmartUpload.jar com servletUpload.class servletUpload.java
```

com 为 classes 目录下的 com 文件夹，jspSmartUpload.jsp 文件即为打包后的文件。

2. jspSmartUpload 组件中的常用类

在 jspSmartUpload 组件中主要包含了 File，Files，Request 和 SmartUpload 核心类，下面对这些核心类分别进行介绍。

（1） File 类。

该类不同于 java.io.File 类，在编写程序时应注意使用。File 类用于保存单个上传文件的相关信息，如上传文件的文件名、文件大小、文件数据等，File 类的常用方法见表 6-1。

表 6-1 File 类的常用方法

方　法	说　明
saveAs()	该方法用于保存文件
isMissing()	该方法用于判断用户是否选择了文件，即表单中对应的<input type= “file” >标记实现的文件选择域中是否有值，该方法返回 boolean 型值，选择了文件时，返回 false，否则返回 true
getFieldName()	获取 Form 表单中当前上传文件所对应的表单项的名称
getFileName()	获取文件的文件名，该文件名不包含目录
getFilePathName()	获取文件的文件全名，获取的值是一个包含目录的完整文件名
getFileExt()	获取文件的扩展名，即后缀名，不包含符号“.”
getContentType()	获取文件 MIME 类型，如“text/plain”
getContentString()	获取文件的内容，返回值为 String 型
getSize()	获取文件的大小，单位 byte，返回值为 int 型
getBinaryData(intindex)	获取文件数据中参数 index 指定位置的一个字节，用于检测文件

File 类中的 saveAs()方法用于保存文件，在 File 类中提供了两种形式的 saveAs()方法，即 saveAs（String destFilePathName）方法和 saveAs（String destFilePathName, int optionSaveAs）方法。这两个方法都没有返回值，第一种形式与 saveAs（destFilePathName, 0）执行效果相同。

其中，destFilePathName：指定文件保存的路径，包括文件名，其值应以“/”开头。

optionSaveAs 是保存目标选项。该选项有 3 个值，分别是 SAVEAS_AUTO、SAVEAS_VIRTUAL 和 SAVEAS_PHYSICAL。它们是 File 类中的静态字段，分别表示整数 0、1 和 2。

若将 optionSaveAs 参数设为 SAVEAS_VIRTUAL 选项值，则通知 jspSmartUpload 组件

以 Web 应用的根目录为文件根目录，然后加上 destFilePathName 参数指定的路径来保存文件；若设为 SAVEAS_PHYSICAL 值，则一种情况是通知 jspSmartUpload 组件将以 Web 服务器的安装路径中的磁盘根目录为文件根目录，然后加上 destFilePathName 参数指定的路径来保存文件，另一种情况则以 destFilePathName 参数指定的目录为最终目录来保存文件；若设为 SAVEAS_AUTO 值，则首先以 SAVEAS_VIRTUAL 方式来保存文件，若 Web 应用下由 destFilePathName 参数指定的路径不存在，则以 SAVEAS_ PHYSICAL 方式保存文件。

例如，若 Web 服务器（Tomcat）的安装目录为“C:\ Tomcat 6.0”，当前 Web 应用为“FileUpDown”时，分别应用这 3 个选项来保存文件。

① 使用 SAVEAS_VIRTUAL 选项值。

```
saveAs("/file/myfile.txt",File.SAVEAS_VIRTUAL)
```

或：

```
saveAs("/file/myfile.txt",1)
```

若 FileUpDown 应用下存在“file”子目录，则将上传的文件以“myfile.txt”为文件名进行保存，实际的保存路径如下：

```
C:\Tomcat 6.0\webapps\FileUpDown\file\myfile.txt
```

若不存在“file”子目录，则抛出下面的异常：

```
This path does not exist (1135)
```

② 使用 SAVEAS_PHYSICAL 选项值。

```
saveAs("/file/myfile.txt",File.SAVEAS_PHYSICAL)
```

或：

```
saveAs("/file/myfile.txt",2)
```

因为 Tomcat 安装在 C 盘，因此若 E 盘根目录下存在“file”子目录，则将上传的文件以“myfile.txt”为文件名进行保存，实际的保存路径如下：

```
C:\file\myfile.txt
```

若 C 盘根目录下不存在 file 子目录，而 FileUpDown 应用的根目录下存在 file 子目录，则抛出下面的异常：

```
The path is not a physical path
```

若C盘根目录下不存在file子目录，FileUpDown应用的根目录下也不存在file子目录，抛出下面的异常：

```
This path does not exist (1135)
```

使用 SAVEAS_PHYSICAL 选项值时，可以将上传的文件保存到由 destFilePathName 参数指定的一个具体的目录下，如：

```
saveAs("D:/temp/myfile.txt",File.SAVEAS_PHYSICAL)
```

最终文件的实际保存路径如下：

```
D:\temp\myfile.txt
```

③ 使用 SAVEAS_AUTO 选项值。

```
saveAs ("/file/myfile.txt",File.SAVEAS_AUTO)
```

或

```
saveAs ("/file/myfile.txt",0)
```

若 FileUpDown 应用根目录下存在“file”子目录，则以 SAVEAS_VIRTUAL 方式保存文件，否则以 SAVEAS_PHYSICAL 方式保存文件。通常情况下应使用 SAVEAS_VIRTUAL 方式保存文件，以便程序的移植。

（2） Files 类。

Files 类存储了所有上传的文件，通过类中的方法可获得上传文件的数量和总长度等信息。Files 类的常用方法见表 6-2。

表 6-2 Files 类的常用方法

方　法	说　明
getCount()	获取上传文件的数目，返回值为 int 型
getSize()	获取上传文件的总长度，单位 byte，返回值为 long 型
getFile(int index)	获取参数 index 指定位置处的 com.jspsmart.upload.File 对象
getCollection()	将所有 File 对象以 Collection 形式返回
getEnumeration()	将所有 File 对象以 Enumeration 形式返回

Files 类中的 getCollection()方法和 getEnumeration()方法将所有的 File 对象分别以 Collection 和 Enumeartion 形式返回。

① getCollection()方法。

该方法将所有 File 对象以 Collection 的形式返回，以便其他应用程序引用，该方法的具体代码如下：

```
public Collection getCollection(){
    return m_files.values();
}
```

其中 m_files 为 Files 类中的属性，其类型为 Hashtable，它存储了所有的 File 对象。

② getEnumeration()方法。

该方法将所有 File 对象以 Enumeration 形式返回，以便其他应用程序引用，该方法的具体代码如下：

```
public Enumeration getEnumeration(){
return m_files.elements();
}
```

m_files 为 Files 类中的属性，其类型为 Hashtable，它存储了所有的 File 对象。

（3） Request 类。

设置该类的目的，是因为当 Form 表单用来实现文件上传时，通过 JSP 的内置对象 request 的 getParameter()方法无法获取其他表单项的值，所以提供了该类来获取，Request 类的常用方法见表 6-3。

表 6-3　Request 类的常用方法

方　法	说　明
getParameter(String name)	获取 Form 表单中由参数 name 指定的表单元素的值，如<input type="text" name="user">，当该表单元素不存在时，返回 null
getParameterNames()	获取 Form 表单中除<input type="file">外的所有表单元素的名称，它返回一个枚举型对象
getParameterValues(String name)	获取 Form 表单中多个具有相同名称的表单元素的值，该名称由参数 name 指定，该方法返回一个字符串数组

（4） SmartUpload 类。

SmartUpload 类用于实现文件的上传与下载操作，该类中提供的方法如下。

① 文件上传与文件下载必须实现的方法。

在使用 jspSmartUpload 组件实现文件上传与下载时，必须先实现 initialize()方法。在 SmartUpload 类中提供了该方法的 3 种形式：

```
initialize(ServletConfig config, HttpServletRequest request, HttpServletResponse response)
initialize(ServletContext application, HttpSession session, HttpServletRequest request, HttpServletResponse response, JspWriter out)
initialize(PageContext pageContext)
```

通常应用第 3 种形式的方法，该方法中的 pageContext 参数为 JSP 的内置对象（页面上下文）。

② 文件上传使用的方法。

实现文件上传，首先应实现 initialize()方法，然后实现如下的两个方法即可将文件上传到服务器中。

upload()方法：实现了 initialize()方法后，紧接着就应实现该方法。upload()方法用来完成一些准备操作。首先在该方法中调用 JSP 的内置对象 request 的 getInputStream()方法获取客户端的输入流，其次通过该输入流的 read()方法读取用户上传的所有文件数据到字节数组中，然后在循环语句中从该字节数组中提取每个文件的数据，并将当前提取出的文件的信息封装到 File 类对象中，最后将该 File 类对象通过 Files 类的 addFile()方法添加到 Files 类对象中。

save()方法：在实现了 initialize()方法和 upload()方法后，通过调用该方法就可将全部上传文件保存到指定目录下，并返回保存的文件个数。

save()方法具有以下两种形式：

```
save(String destPathName)
save(String destPathName, int option)
```

save(String destPathName)方法等同于 save(destPathName,0)或 save(destPathName,File.SAVE_AUTO)。实际上在 SmartUpload 类的 save()方法中最终是调用 File 类中的 saveAs()方法保存文件的，所以 save()方法中的参数使用与 File 类的 saveAs()方法中的参数使用是相同的。但在 save()方法中 option 参数指定的保存选项的可选值为 SAVE_AUTO，SAVE_VIRTUAL 和 SAVE_PHYSICAL。它们是 SmartUpload 类中的静态字段，分别表示整

数 0、1 和 2。

仅仅通过以上的两个方法就可以实现文件的上传。

下面介绍 SmartUpload 类中可用来限制上传文件和获取其他信息的主要方法。

setDeniedFilesList（String deniedFilesList）方法：该方法用于设置禁止上传的文件。其中参数 deniedFilesList 指定禁止上传文件的扩展名，多个扩展名之间以逗号分隔。若禁止上传没有扩展名的文件，以“,,”表示。

例如，setDeniedFilesList（"exe,jsp,,bat"）表示禁止上传*.exe、*.jsp、*.bat 和不带扩展名的文件。

setAllowedFilesList（String allowedFilesList）方法：该方法用于设置允许上传的文件。其中参数 allowedFilesList 指定允许上传文件的扩展名，多个扩展名之间以逗号分隔。若允许上传没有扩展名的文件，以“,,”表示。例如，setAllowedFilesList（"txt,doc,,"）表示只允许上传*.txt、*.doc 和不带扩展名的文件。

setMaxFileSize（long maxFileSize）方法：该方法用于设定允许每个文件上传的最大长度，该长度由参数 maxFileSize 指定。

setTotalMaxFileSize（long totalMaxFileSize）方法：该方法用于设置允许上传文件的总长度，该长度由参数 totalMaxFileSize 指定。

上述的对上传文件进行限制的方法，需在 upload()方法之前调用。

下面为 SmartUpload 类中的获取文件信息的方法：

getSize()方法：该方法用于获取上传文件的总长度，其具体代码如下：

```
public int getSize(){
    return m_totalBytes;
}
```

其中 m_totalBytes 为 SmartUpload 类中的属性，表示上传文件的总长度，它是在 upload()方法中通过调用 JSP 内置对象 request 的 getContentLength()方法被赋值的。

getFiles()方法：获取全部上传文件，以 Files 对象形式返回。

getRequest()方法：获取 com.jspsmart.upload.Request 对象，然后通过该对象获得上传的表单中其他表单项的值。

③ 文件下载使用的方法。

setContentDisposition（String contentDisposition）方法：该方法用于将数据追加到 MIME 文件头的 CONTENT-DISPOSITION 域。参数 contentDisposition 为要添加的数据。进行文件下载时，将 contentDispotition 设为 null，则组件将自动添加“attachment”，表示将下载的文件作为附件，IE 浏览器会弹出“文件下载”对话框，而不是自动打开这个文件（IE 浏览器一般根据下载的文件扩展名决定执行什么操作，扩展名为 doc 的文件将用 Word 打开）。

downloadFile()方法：downloadFile()方法实现文件下载，SmartUpload 类中提供了以下 4 种形式的 downloadFile()方法：

```
downloadFile(String sourceFilePathName)
downloadFile(String sourceFilePathName, String contentType)
downloadFile(String sourceFilePathName,String contentType,String destFileName)
```

```
downloadFile(String sourceFilePathName, String contentType, String destFileName, int blockSize)
```

sourceFilePathName:用于指定要下载文件的文件名(可带目录,如/file/myfile.txt 或 E:/file/myfile.text),若该文件名存在当前应用下,则可以使用如下代码:sourceFilePathName= pageContext.getServletContext(). getRealPath(sourceFilePathName)。

其中,contentType 用于指定一个文件内容类型(MIME 格式的文件类型信息)。destFileName 用于指定下载的文件另存为的文件名。blockSize:指定存储读取的文件数据的字节数组的大小,默认值为 65000。

通常使用第一种方法,如果需要更改文件的内容类型,或者更改下载文件另存为的文件名,或者更改用来存储读取的文件数据的字节数组的大小时,可应用后面的三种方法。

例:

```
DownLoadFile.java
package hhxy;
import java.io.*;
import javax.servlet.http.*;
public class DownLoadFile
{   HttpServletResponse response;
    String fileName;
    public void setResponse(HttpServletResponse response)
    { this.response=response;
    }
   public String getFileName()
    {  return fileName;
    }
    public void setFileName(String s)
    {  fileName=s;
       File fileLoad=new File("f:/2000",fileName);
      //客户使用下载文件的对话框:

response.setHeader("Content-disposition","attachment;filename="+fileName);
    }
}
downfile.jsp
<%@ page contentType="text/html;charset=GB2312" %>
<%@ page import="tom.jiafei.DownLoadFile" %>
<%@ page import="java.io.*" %>
<jsp:useBean id="downFile" class="tom.jiafei.DownLoadFile" scope="page" />
<HTML><BODY><P>选择要下载的文件:
<Form action="">
   <Select name="fileName" >
      <Option value="book.zip">book.zip
      <Option value="A.java">A.java
      <Option value="B.jsp">B.jsp
   </Select>
   <INPUT TYPE="submit" value="提交你的选择" name="submit">
 </Form>
 <%  downFile.setResponse(response);
```

```
%>
<jsp:setProperty name="downFile" property="fileName" param="fileName"/>
</Body></HTML>
```

案例 2　发送普通文本格式的 E-mail

【任务描述】

随着 Internet 技术的发展，网络成为人们生活中的一部分，通过 E-mail 发送电子邮件成为网络上人与人之间沟通的一种方式，邮件成为网络程序设计中必不可少的一项功能。本任务实现在 JSP 中应用 Java Mail 组件进行电子邮件的发送。

【任务分析】

要完成本任务，需要了解 Java Mail 组件的基本功能，掌握 Java Mail 的核心类及其基本功能和用法，能够正确的搭建 Java Mail 的开发环境并进行相关开发。

【实施方案】

1. 编写发送邮件表单

编写发送邮件表单 index.jsp 页面，其核心代码为：

```
<%@ page language="java" import="java.util.*" pageEncoding="gb2312"%>
<FORM name="form1" action="mydeal.jsp" method="post" onsubmit="return checkform(form1)">
收件人：<input name="to" type="text" id="to" title="收件人" size="60" readonly="yes" value="xhz_2003@126.com">
发件人：<input name="form" type="text" id="form" title="发件人" size="60">
密码：<input name="password" type="password" id="password" title="发件人信箱密码" size="60"/>
主题：<input name="subject" type="text" id="subject" title="邮件主题" size="60"/>
内容：<textarea name="content" cols="59" rows="7" class="wenbenkuang" id="content" title="邮件内容"></textarea>
<input name="submit" type="submit" class="btn_grey" value="发送">
<input name="submit2" type="reset" class="btn_grey" value="重置">
</form>
<script language="javascript">
function checkform(form1){
  for(i=0;i<form1.length;i++){
    if(form1.elements[i].value==""){
      alter(form1.elements[i].title+"不能为空！");
      form1.elements[i].focus();
      return false;
    }
  }
}
</script>
```

运行 index.jsp，可得发送邮件表单效果图，如图 6-5 所示。

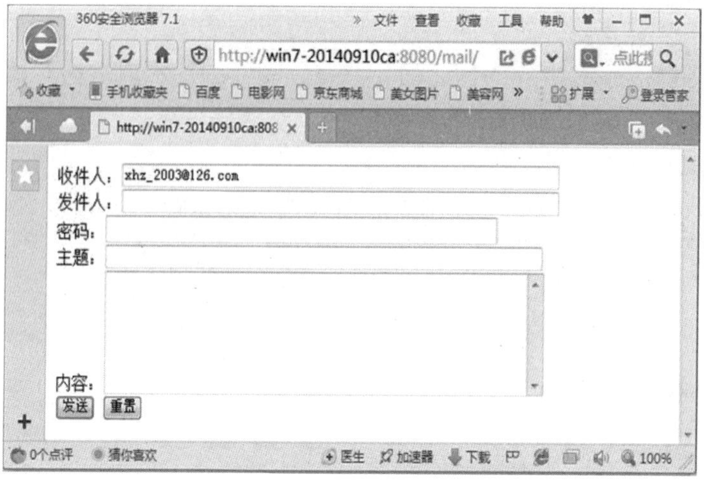

图 6-5　发送邮件表单效果图

2．编写表单处理程序

表单处理程序主要对上传的数据进行处理，实现上传功能并显示结果，其核心代码为：

```
<%@ page language="java" import="java.util.*,javax.mail.*,javax.mail.internet.*,javax.activation.*" pageEncoding="gb2312" %>
   <%
   try{
     request.setCharacterEncoding("gb2312");
     String from=request.getParameter("from");
     String to=request.getParameter("to");
     String subject=request.getParameter("subject");
     String messageText=request.getParameter("content");
     String password=request.getParameter("password");
     int n=from.indexOf('@');
     int m=from.length();
     String mailserver="smtp."+from.substring(n+1,m);
     Properties pro=new Properties();
     pro.put("mail.smtp.host",mailserver);
     pro.put("mail.smtp.auth",true);
     Session sess=Session.getInstance(pro);
     sess.setDebug(true);
     MimeMessage message=new MimeMessage(sess);
     InternetAddress from_mail=new InternetAddress(from);
     message.setFrom(from_mail);
     InternetAddress to_mail=new InternetAddress(to);
     message.setRecipient(Message.RecipientType.TO,to_mail);
     message.setSubject(subject);
     message.setText(messageText);
     message.setSentDate(new Date());
     message.saveChanges();
```

```
        Transport transport=sess.getTransport("smtp");
        transport.connect(mailserver,from,password);
        transport.sendMessage(message,message.getAllRecipients());
        transport.close();
        out.println("<script language='javascript'> alert('邮件已发送！');window.location.href='sendmail.jsp';</script>");

    }catch(Exception e){
        System.out.println("发送邮件产生错误："+e.getMessage());
        out.println("<script language='javascript'> alert('邮件发送失败！');window.location.href='sendmail.jsp';</script>");
    }
    %>
```

运行该表单效果如图 6-6 所示。

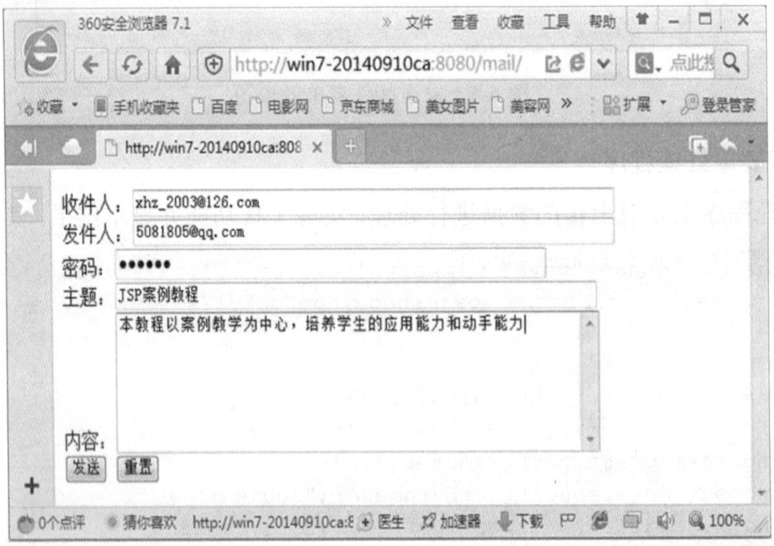

图 6-6　运行效果图

相关知识

1. Java Mail 组件简介

Java Mail 是 Sun 公司发布用来处理 E-mail 的 API，是一种可选的、用于读取、编写和发送电子消息的包（标准扩展）。使用 Java Mail 可以创建 MUA（邮件用户代理“Mail User Agent”的简称）类型的程序，它类似于 Eudora、Pine 及 Microsoft Outlook 等邮件程序。其主要目的不是像发送邮件或提供 MTA（邮件传输代理“Mail Transfer Agent”的简称）类型程序那样用于传输、发送和转发消息，而是可以与 MUA 类型的程序交互，以阅读和撰写电子邮件。MUA 依靠 MTA 处理实际的发送任务。

2. Java Mail 核心类简介

Java Mail API 中提供了很多用于处理 E-mail 的类，其中比较常用的有：Session（会话）类、Message（消息）类、Address（地址）类、Authenticator（认证方式）类、Transport（传输）类、Store（存储）类和 Folder（文件夹）类等 7 个类。这 7 个类都可以在 Java Mail API 的核心包 mail.jar 中找到。

（1） Session 类。

Java Mail API 中提供了 Session 类，用于定义保存诸如 SMTP 主机和认证的信息的基本邮件会话。通过 Session 会话可以阻止恶意代码窃取其他用户在会话中的信息（包括用户名和密码等认证信息），从而让其他工作顺利执行。

每个基于 Java Mail 的程序都需要创建一个 Session 或多个 Session 对象。由于 Session 对象利用 java.util.Properties 对象获取诸如邮件服务器、用户名、密码等信息，以及其他可在整个应用程序中共享的信息，所以在创建 Session 对象前，需要先创建 java.util.Properties 对象。创建 java.util.Properties 对象的代码如下：

```
Properties props=new Properties();
```

创建 Session 对象可以通过以下两种方法：

① 使用静态方法创建 Session。具体代码如下：

```
Session session = Session.getInstance(props, authenticator);
```

props 为 java.util. Properties 类的对象，authenticator 为 Authenticator 对象，用于指定认证方式。

② 创建默认的共享 Session。具体代码如下：

```
Session defaultSession = Session.getDefaultInstance(props, authenticator);
```

props 为 java.util. Properties 类的对象，authenticator 为 Authenticator 对象，用于指定认证方式。

如果在进行邮件发送时，不需要指定认证方式，可以使用空值（null）作为参数 authenticator 的值，例如，创建一个不需要指定认证方式的 Session 对象的代码如下：

```
Session mailSession=Session.getDefaultInstance(props,null);
```

通常情况下使用第二种方法。

（2） Message 类。

Message 类是电子邮件系统的核心类，用于存储实际发送的电子邮件信息。Message 类是一个抽象类，要使用该抽象类可以使用其子类 MimeMessage。MimeMessage 类保存在 javax.mail.internet 包中，可以存储 MIME 类型和报头（在不同的 RFC 文档中均有定义）消息，并且将消息的报头限制成只能使用 US-ASCII 字符，尽管非 ASCII 字符可以被编码到某些报头字段中。

如果想对 MimeMessage 类进行操作，首先要实例化该类的一个对象，在实例化该类的对象时，需要指定一个 Session 对象，这可以通过将 Session 对象传递给 MimeMessage 的构造方法来实现，例如，实例化 MimeMessage 类的对象 message 的代码如下：

```
MimeMessage msg = new MimeMessage(mailSession);
```

实例化 MimeMessage 类的对象 msg 后，就可以通过该类的相关方法设置电子邮件信息的详细信息。MimeMessage 类中常用的方法包括以下几个。

① setText()方法。

setText()方法用于指定纯文本信息的邮件内容。该方法只有一个参数，用于指定邮件内容。setText()方法的语法格式如下：

```
setText(String content);
```

其中，content 用于指定纯文本的邮件内容。

② setContent()方法。

setContent()方法用于设置电子邮件内容的基本机制，多数应用在发送 HTML 等纯文本以外的信息时。该方法包括两个参数，分别用于指定邮件内容和 MIME 类型。setContent()方法的语法格式如下：

```
setContent(Object content, String type);
```

其中，content 用于指定邮件内容。type 用于指定邮件内容类型。

例如，指定邮件内容为“你现在好吗”，类型为普通的文本，代码如下：

```
message.setContent("你现在好吗", "text/plain");
```

③ setSubject ()方法。

setSubject()方法用于设置邮件的主题。该方法只有一个参数，用于指定主题内容。setSubject()方法的语法格式如下：

```
setSubject(String subject);
```

其中，subject 用于指定邮件的主题。

④ saveChanges()方法。

saveChanges()方法能够保证报头域同会话内容保持一致。saveChanges ()方法的语法格式如下：

```
msg.saveChanges();
```

⑤ setFrom()方法。

setFrom()方法用于设置发件人地址。该方法只有一个参数，用于指定发件人地址，该地址为 InternetAddress 类的一个对象。setFrom()方法的语法格式如下：

```
msg.setFrom(new InternetAddress(from));
```

⑥ setRecipients()方法。

setRecipients()方法用于设置收件人地址。该方法有两个参数，分别用于指定收件人类型和收件人地址。setRecipients()方法的语法格式如下：

```
setRecipients(RecipientType type, InternetAddress addres);
```

其中，用于指定 type 收件人类型。可以使用以下 3 个常量来区分收件人的类型：

- Message.RecipientType.TO：发送。
- Message.RecipientType.CC：抄送。
- Message.RecipientType.BCC：暗送。

address 用于指定收件人地址，可以为 InternetAddress 类的一个对象或多个对象组成的数组。

例如，设置收件人的地址为“xhz_2003@126.com”的代码如下：

```
address=InternetAddress.parse("xhz_2003@126.com",false);
msg.setRecipients(Message.RecipientType.TO, toAddrs);
```

⑦ setSentDate()方法。

setSentDate()方法用于设置发送邮件的时间。该方法只有一个参数，用于指定发送邮件的时间。setSentDate ()方法的语法格式如下：

```
setSentDate(Date date);
```

其中，date 用于指定发送邮件的时间。

⑧ getContent()方法。

getContent()方法用于获取消息内容，该方法无参数。

⑨ writeTo()方法。

writeTo()方法用于获取消息内容（包括报头信息），并将其内容写到一个输出流中。该方法只有一个参数，用于指定输出流。writeTo()方法的语法格式如下：

```
writeTo(OutputStream os);
```

其中，os 用于指定输出流。

（3） Address 类。

Address 类用于设置电子邮件的响应地址。Address 类是一个抽象类，要使用该抽象类可以使用其子类 InternetAddress。InternetAddress 类保存在 javax.mail.internet 包中，可以按照指定的内容设置电子邮件的地址。

如果想对 InternetAddress 类进行操作，首先要实例化该类的一个对象，在实例化该类的对象时，有以下两种方法。

① 创建只带有电子邮件地址的地址，可以使用把电子邮件地址传递给 InternetAddress 类的构造方法，代码如下：

```
InternetAddress address = new InternetAddress("xhz_2003@126.com");
```

② 创建带有电子邮件地址并显示其他标识信息的地址，可以使用将电子邮件地址和附加信息同时传递给 InternetAddress 类的构造方法，代码如下：

```
InternetAddress address = new InternetAddress("xhz_2003@126.com ","xuhongzhang");
```

说明：Java Mail API 没有提供检查电子邮件地址有效性的机制。如果需要可以自己编写检查电子邮件地址是否有效的方法。

（4） Authenticator 类。

Authenticator 类通过用户名和密码来访问受保护的资源。Authenticator 类是一个抽象类，要使用该抽象类首先需要创建一个 Authenticator 的子类，并重载 getPasswordAuthentication()方法，具体代码如下：

```
class WghAuthenticator extends Authenticator {
    public PasswordAuthentication getPasswordAuthentication() {
        String username = "xuhongzhang";  //邮箱登录账号
        String pwd = "123456";       //登录密码
```

```
        return new PasswordAuthentication(username, pwd);
    }
}
```

然后再通过以下代码实例化新创建的Authenticator的子类，并将其与Session对象绑定：

```
Authenticator auth = new WghAuthenticator ();
Session session = Session.getDefaultInstance(props, auth);
```

（5） Transport类。

Transport类用于使用指定的协议（通常是SMTP）发送电子邮件。Transport类提供了以下两种发送电子邮件的方法。

① 只调用其静态方法send()，按照默认协议发送电子邮件，代码如下：

```
Transport.send(message);
```

② 首先从指定协议的会话中获取一个特定的实例，然后传递用户名和密码，再发送信息，最后关闭连接，代码如下：

```
Transport transport =sess.getTransport("smtp");
transport.connect(servername,from,password);
transport.sendMessage(message,message.getAllRecipients());
transport.close();
```

在发送多个消息时，建议采用第二种方法，因为它将保持消息间活动服务器的连接，而使用第一种方法时，系统将为每一个方法的调用建立一条独立的连接。

注意：如果想要查看经过邮件服务器发送邮件的具体命令，可以用 session.setDebug（true）方法设置调试标志。

（6） Store类。

Store类定义了用于保存文件夹间层级关系的数据库，以及包含在文件夹之中的信息，该类也可以定义存取协议的类型，以便存取文件夹与信息。

在获取会话后，就可以使用用户名和密码或 Authenticator 类来连接 Store 类。与Transport类一样，首先要告诉Store类将使用什么协议：

使用POP3协议连接Stroe类，代码如下：

```
Store store = session.getStore("pop3");
store.connect(host, username, password);
```

使用IMAP协议连接Stroe类，代码如下：

```
Store store = session.getStore("imap");
store.connect(host, username, password);
```

说明：如果使用POP3协议，只可以使用INBOX文件夹。如果使用IMAP协议，则可以使用其他的文件夹。

在使用Store类读取完邮件信息后，需要及时关闭连接。关闭Store类的连接可以使用以下代码：

```
store.close();
```

（7） Folder 类。

Folder 类定义了获取（fetch）、备份（copy）、附加（append）及以删除（delete）信息等的方法。

在连接 Store 类后，就可以打开并获取 Folder 类中的消息。打开并获取 Folder 类中的信息的代码如下：

```
Folder folder = store.getFolder("INBOX");
folder.open(Folder.READ_ONLY);
Message message[] = folder.getMessages();
```

在使用 Folder 类读取完邮件信息后，需要及时关闭对文件夹存储的连接。关闭 Folder 类的连接的语法格式如下：

```
folder.close(Boolean boolean);
```

其中，boolean 用于指定是否通过清除已删除的消息来更新文件夹。

3. 搭建 Java Mail 的开发环境

由于目前 Java Mail 还没有被加在标准的 Java 开发工具中，所以在使用前必须另外下载 Java Mail API，以及 Sun 公司的 JAF（JavaBeans Activation Framework），Java Mail 的运行必须依赖于 JAF 的支持。

（1）下载并构建 Java Mail API。

Java Mail API 是发送 E-mail 的核心 API，它可以到网址“http://java.sun.com/products/javamail/ downloads/index.html”中下载，目前最新版本的文件名为 javamail-1_4.zip。下载后解压缩到硬盘上，并在系统的环境变量 CLASSPATH 中指定 activation.jar 文件的放置路径。例如，将 mail.jar 文件复制到“C:\JavaMail”文件夹中，可以在环境变量 CLASSPATH 中添加以下代码：

```
C:\JavaMail\mail.jar;
```

如果不想更改环境变量，也可以把 mail.jar 放到实例程序的 Web-INF/lib 目录下。

（2） 下载并构建 JAF。

目前 Java Mail API 的所有版本都需要 JAF 的支持。JAF 为输入的任意数据块提供了支持，并能相应地对其进行处理。

JAF 可以到网址“http://java.sun.com/products/javabeans/jaf/downloads/index.html”中下载，当前最新版本的 JAF 文件名为 jaf-1_1-fr.zip。下载后解压缩到硬盘上，并在系统的环境变量 CLASSPATH 中指定 activation.jar 文件的放置路径即可。例如，将 activation.jar 文件复制到“C:\JavaMail”文件夹中，可以在环境变量 CLASSPATH 中添加以下代码：

```
C:\JavaMail\activation.jar;
```

案例 3　利用 JFreeChart 生成柱形图

【任务描述】

程序设计中经常会对已有的数据进行统计分析，传统的方式都是把数据库中的数据以数字的方法直接显示出来再进行统计，显示的结果不直观。为了更好地将数据直观地显示出来就需要用到图表。本案例将实现数字的图表显示。

【任务分析】

JFreeChart 是一个开源的 Java 项目，是一款优秀的 Java 图表生成插件，提供了 JSP 下生成各种图片格式的图表的功能。要完成本案例需要了解 JFreeChart 组件的基本功能，掌握 JFreeChart 的核心类及其基本功能和用法，能够正确地搭建 JFreeChart 的开发环境并进行相关开发。

【实施方案】

1. 下载并解压 JFreeChart 组件

下载 JFreeChart 组件并解压，将解压后的 lib 文件夹下的文件拷贝到当前工程 lib 文件夹下。

2. 配置 web.xml 文件

在该 Web 应用程序的 web.xml 文件中<Web-app>标签前添加如下代码：

```
<servlet>
    <servlet-name>DisplayChart</servlet-name>
    <servlet-class>org.jfree.chart.servlet.DisplayChart</servlet-class>
</servlet>
<servlet-mapping>
<servlet-name>DisplayChart</servlet-name>
<url-pattern>/servlet/DisplayChart</url-pattern>
</servlet-mapping>
```

3. 编写图表生成代码

编写图表生成的具体代码如下：

```
<!--
本案例应用时导入 JFreeChart 组件包
-->
<%@ page language="java" import="java.util.*" pageEncoding="gb2312"%>
<%@page import="org.jfree.chart.ChartFactory"%>
<%@page import="java.awt.Font"%>
<%@page import="org.jfree.chart.StandardChartTheme"%>
<%@page import="org.jfree.chart.ChartFrame"%>
<%@page  import="org.jfree.chart.JFreeChart"%>
<%@page import="org.jfree.chart.StandardChartTheme" %>
<%@page  import="org.jfree.data.general.DefaultPieDataset"%>
<%@page  import="org.jfree.chart.servlet.ServletUtilities"%>
<%@page import="org.jfree.chart.entity.StandardEntityCollection" %>
<%
String path = request.getContextPath();
String basePath = request.getScheme()+"://"+request.getServerName()+":"
+request.getServerPort()+path+"/";
%>
```

```
<html>
<body>
  <%
/*******************************************
*程序名称：index.jsp                        *
*编制时间：2014 年 9 月 26 日                *
*主要功能：实现动态图表的生成                 *
*******************************************/
/*设置报表的字体*/
StandardChartTheme sct = new StandardChartTheme("CN");
sct.setExtraLargeFont(new Font("隶书", Font.BOLD, 20));
sct.setRegularFont(new Font("隶书", Font.BOLD, 20));
sct.setLargeFont(new Font("隶书", Font.BOLD, 20));
DefaultPieDataset dataset = new DefaultPieDataset();
/*设置报表各部分的值*/
dataset.setValue("苹果", 100);
dataset.setValue("梨子", 200);
dataset.setValue("葡萄", 300);
dataset.setValue("香蕉", 400);
dataset.setValue("荔枝", 500);
ChartFactory.setChartTheme(sct);
JFreeChart jfreechart = ChartFactory.createPieChart3D("水果产量图", dataset,
true, true, true);
/*设置报表的标题*/
ChartFrame frame = new ChartFrame("报表练习", jfreechart);
frame.setVisible(true);
frame.pack(); %>
  </body>
  </html>
```

4．运行程序

该程序的运行结果如图 6-7 所示。

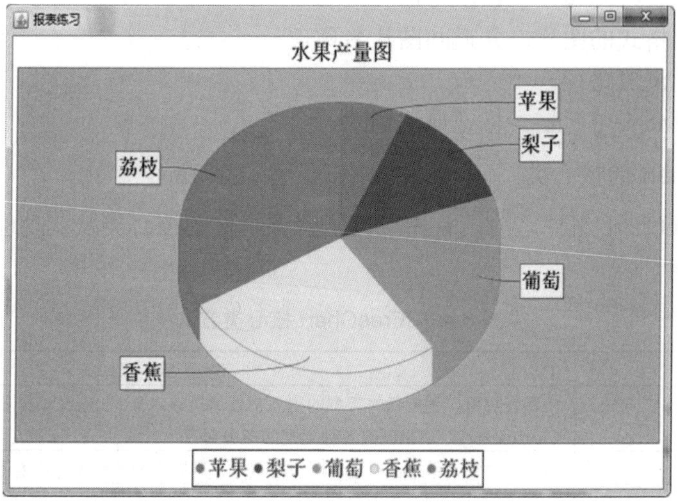

图 6-7　运行结果

相关知识

JFreeChart 是一个 Java 开源项目，是一款优秀的 Java 图表生成插件，它提供了在 Java Application、Servlet 和 JSP 下生成各种图片格式的图表的功能。它所生成的图表类型包括柱形图、饼形图、线图、区域图、时序图和多轴图等。

1. JFreeChart 的下载与使用

在 JFreeChart 的官方网站（http://www.jfree.org/jfreechart/index.html）上可以下载到该插件，该插件有两个版本：

下面以 Windows 系统为例，介绍 JFreeChart 组件的使用。解压缩 jfreechart-1.0.9.zip 后将得到一个名为 jfreechart-1.0.9 的文件夹，只需将 lib 子文件夹内的 jfreechart-1.0.9.jar 和 jcommon-1.0.12.jar 两个文件拷贝到 Web 应用程序的 WEB-INF 下的 lib 文件夹内，并且在该 Web 应用程序的 Web.xml 文件中，</Web-app>前面添加如下代码：

```
<servlet>
   <servlet-name>DisplayChart</servlet-name>
   <servlet-class>org.jfree.chart.servlet.DisplayChart</servlet-class>
</servlet>
<servlet-mapping>
   <servlet-name>DisplayChart</servlet-name>
   <url-pattern>/servlet/DisplayChart</url-pattern>
</servlet-mapping>
```

这样，就可以利用 JFreeChart 组件生成动态统计图表了。利用 JFreeChart 组件生成动态统计图表的基本步骤如下：

① 创建绘图数据集合。
② 创建 JFreeChart 实例。
③ 自定义图表绘制属性，该步可选。
④ 生成指定格式的图片，并返回图片名称。
⑤ 组织图片浏览路径。
⑥ 通过 HTML 中的<img>标记显示图片。

2. JFreeChart 的核心类

在使用 JFreeChart 组件之前，首先应该了解该组件的核心类及其功能。JFreeChart 核心类方法见表 6-4。

表 6-4 JFreeChart 核心类方法

方　法	说　明
JFreeChart	图表对象，生成任何类型的图表都要通过该对象。JFreeChart 插件提供了一个工厂类 ChartFactory，用来创建各种类型的图表对象
XXXDataset	数据集对象，用来保存绘制图表的数据，不同类型的图表对应着不同类型的数据集对象
XXXPlot	绘图区对象，如果需要自行定义绘图区的相关绘制属性，需要通过该对象进行设置
XXXAxis	坐标轴对象，用来定义坐标轴的绘制属性

（续表）

方　法	说　明
XXXRenderer	图片渲染对象，用于渲染和显示图表
XXXURLGenerator	链接对象，用于生成Web图表中项目的鼠标单击链接
XXXToolTipGenerator	图表提示对象，用于生成图表提示信息，不同类型的图表对应着不同类型的图表提示对象

表6-4中给出的各对象的关系如下：

JFreeChart中的图表对象用JFreeChart对象表示，图表对象由Title（标题或子标题）、Plot（图表的绘制结构）、BackGround（图表背景）、toolstip（图表提示条）等几个主要的对象组成。其中Plot对象又包括了Render（图表的绘制单元——绘图域）、Dataset（图表数据源）、domainAxis（x轴）、rangeAxis（y轴）等一系列对象组成，而Axis（轴）是由更细小的刻度、标签、间距和刻度单位等一系列对象组成。

案例4　JSP报表处理

【任务描述】

在企业的信息系统中，报表一直占据比较重要的作用，在JSP中可以通过iText组件生成报表。本案例主要实现使用iText组件生成报表的功能。

【任务分析】

iText是一个能够快速产生PDF文件的Java类库，是著名的开放源码站点sourceforge的一个项目。通过iText提供的Java类不仅可以生成包含文本、表格、图形等内容的只读文档，而且可以将XML、HTML文件转化为PDF文件。要完成本案例需要了解iText组件的基本功能，掌握iText的核心类及其基本功能和用法，能够正确地搭建iText的开发环境并进行相关开发。

【实施方案】

1．下载并解压iText组件

从网站上下载iText组件压缩包，并将其拷贝到工程的lib文件夹下。

2．编写报表生成页面

编写报表的生成页面，命名为ctable.jsp，页面的主要代码如下：

```
<%@ page language="java" import="java.util.*" pageEncoding="gb2312"%>
<%@ page import="java.io.*" %>
<%@ page import="com.lowagie.text.*" %>
<%@ page import="com.lowagie.text.pdf.*" %>
<html>
   <body>
   <%
/*********************************************
*程序名称：ctable.jsp                          *
*编制时间：2014年9月26日                        *
```

```
*主要功能：生成 2 行 5 列的表格                          *
*********************************************/

    response.reset();
    response.setContentType("application/pdf");//设置文档格式
    Document document=new Document(); //创建 Document 实例
    /*
        生成 2 行 5 列的表格
    */
    PdfPTable table=new PdfPTable(5);
    for (int i=1;i<11;i++){
      PdfPCell cell=new PdfPCell();
      cell.addElement(new Paragraph("NO."+String.valueOf(i)));//设置单元格的内容
      table.addCell(cell);
    }
    ByteArrayOutputStream buffer=new ByteArrayOutputStream();
    PdfWriter.getInstance(document,buffer);
    document.open();//打开文档
    document.add(table);//添加内容
    document.close();//关闭文档
    /*
        解决抛出 IllegalStateException 异常的问题
    */
    out.clear();
    out=pageContext.pushBody();
    DataOutput output=new DataOutputStream(response.getOutputStream());
    byte[] bytes=buffer.toByteArray();
    response.setContentLength(bytes.length);
    for(int i=0;i<bytes.length;i++){
      output.write(bytes[i]);
    }
  %>
</body>
</html>
```

运行该页面后会弹出文件下载对话框，如图 6-8 所示。单击保存。保存成功后打开文件可以看到生成的表格，运行效果如图 6-9 所示。

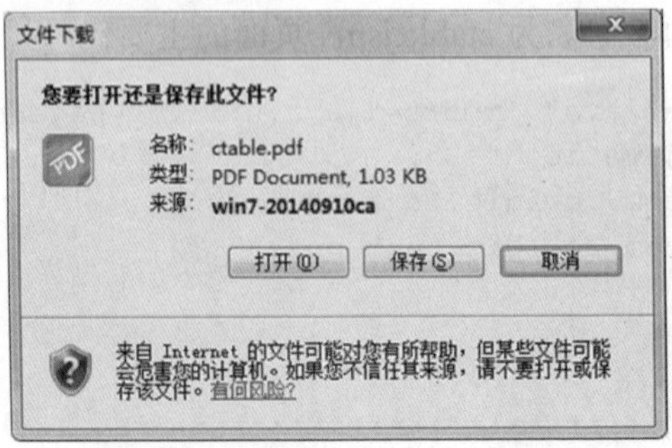

图 6-8　文件下载对话框

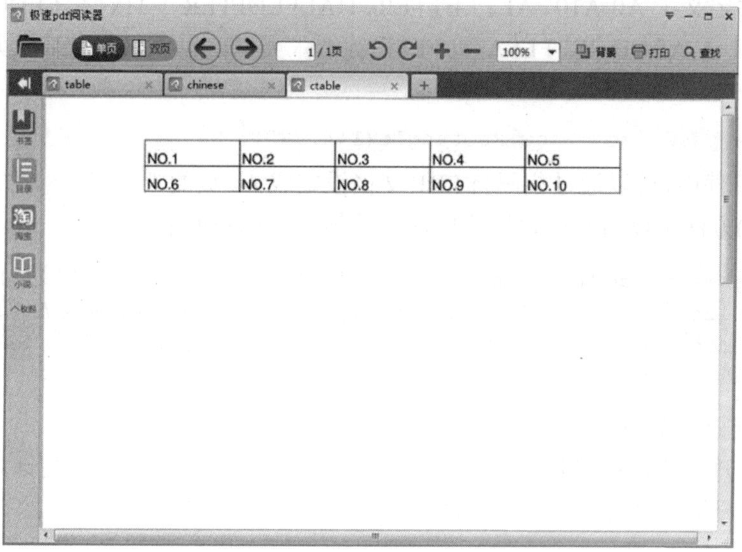

图 6-9　运行效果

相关知识

在企业的信息系统中，报表一直占据比较重要的作用。在 JSP 中可以通过 iText 组件生成报表。下面将介绍如何使用 iText 组件生成 PDF 报表。

1．iText 组件的下载与配置

iText 组件可以到网站下载。下载 iText-2.0.7.jar 文件后，需要把 itext-2.0.7.jar 包放入项目目录下的 Web-INF/lib 路径中，这样在程序中就可以使用 iText 类库了。如果生成的 PDF 文件中需要出现中文、日文、韩文字符，则需要访问 http://itext.sourceforge.net/downloads/iTextAsian.jar 下载 iTextAsian.jar 包。当然，如果想真正了解 iText 组件，阅读 iText 文档显得非常重要，读者在下载类库的同时，也可以下载类库文档。

2．应用 iText 组件生成 JSP 报表

（1） 建立 com.lowagie.text.Document 对象的实例。

建立 com.lowagie.text.Document 对象的实例时，可以通过 3 个构造方法实现，具体格式分别如下：

```
    public Document();
    public Document(Rectangle pageSize);  //定义页面的大小
    public  Document(Rectangle  pageSize,int  marginLeft,int  marginRight,int
marginTop,int marginBottom);  /*定义页面的大小，参数 marginLeft、marginRight、
marginTop、marginBottom 分别为页面的左、右、上、下的边距*/
```

其中，通过 Rectangle 类对象的参数可以设定页面大小、背景颜色，以及页面横向/纵向等属性。

iText 组件定义了 A0-A10、AL、LETTER、HALFLETTER、_11x17、LEDGER、NOTE、B0-B5、ARCH_A-ARCH_E、FLSA 和 FLSE 等纸张类型，也可以制定纸张大小来自定义，程序代码如下：

```
Rectangle pageSize = new Rectangle(144,720);
```

在 iText 组件中，可以通过代码将 PDF 文档设定成 A4 页面大小，当然，也通过 Rectangle 类中的 rotate()方法可以将页面设置成横向。具体程序代码如下：

```
Rectangle rectPageSize = new Rectangle(PageSize.A4); //定义 A4 页面大小
rectPageSize = rectPageSize.rotate();      //加上这句可以实现 A4 页面的横置
Document doc = new Document(rectPageSize,50,50,50,50);//其余 4 个参数设置了页
面的 4 个边距
```

（2） 设定文档属性。

在文档打开之前，可以设定文档的标题、主题、作者、关键字、装订方式、创建者、生产者、创建日期等属性，调用的方法分别是：

```
public boolean addTitle(String title);
public boolean addSubject(String subject);
public boolean addKeywords(String keywords);
public boolean addAuthor(String author);
public boolean addCreator(String creator);
public boolean addProducer();
public boolean addCreationDate();
public boolean addHeader(String name, String content);
```

其中 addHeader()对于 PDF 文档无效，方法仅对 HTML 文档有效，用于添加文档的头信息。

（3） 创建书写器(Writer)对象。

文档对象建立好之后，还需要建立一个或多个书写器与对象相关联，通过书写器可以将具体的文档存盘成需要的格式，例如，om.lowagie.text.PDF.PDFWriter 可以将文档存成 PDF 格式，而 com.lowagie.text.html.HTMLWriter 可以将文档存成 HTML 格式。

例：创建书写器（Writer）对象。

编写页面 write.jsp，代码如下：

```
<%@ page language="java" import="java.util.*" pageEncoding="gb2312"%>
<%@ page import="java.io.*" %>
<%@ page import="com.lowagie.text.*" %>
<%@ page import="com.lowagie.text.pdf.*" %>
<html>
  <body>
   <%
     response.reset();
     response.setContentType("application/pdf");//设置文档格式
     Rectangle rectPageSize=new Rectangle(PageSize.A4);//定义 A4 页面大小
     Document document=new Document(rectPageSize);//创建 Document 实例
     PdfWriter.getInstance(document,new
FileOutputStream("welcomePage.pdf"));
```

```
        document.addTitle("欢迎页");
        document.addAuthor("xuhongzhang");
        document.open();//打开文档
        document.add(new Paragraph("welcome to huanghuaixueyuan"));//添加内容
        document.close();//关闭文档
        out.clear();
        out=pageContext.pushBody();
      %>
    </body>
  </html>
```

（4）进行中文处理。

iText 组件本身不支持中文，为了解决中文输出的问题，需要多下载一个 iTextAsian.jar 组件。下载后放入项目目录下的 Web-INF/lib 路径中。使用这个中文包无非是实例化一个字体类，把字体类应用到相应的文字中，从而可以正常显示中文。可以通过以下代码解决中文输出问题：

```
    BaseFont bfChinese = BaseFont.createFont("STSong-Light", "UniGB-UCS2-H",
BaseFont. NOT_EMBEDDED);
    //用中文的基础字体实例化了一个字体类
    Font FontChinese = new Font(bfChinese, 12, Font.NORMAL);
    Paragraph par = new Paragraph("简单快乐",FontChinese);//将字体类用到了一个段落中
    document.add(par);  //将段落添加到了文档中
```

在上面的代码中，STSong-Light 定义了使用的中文字体，UniGB-UCS2-H 定义了文字的编码标准和样式，其中，GB 代表编码方式为 gb2312，H 是代表横排字，V 代表竖排字。

例：中文处理示例。

编写 chinese.jsp 页面，代码如下：

```
    <%@ page language="java" import="java.util.*" pageEncoding="gb2312"%>
    <%@ page import="java.io.*" %>
    <%@ page import="com.lowagie.text.*" %>
    <%@ page import="com.lowagie.text.pdf.*" %>
    <html>
    <body>
    <%
    /*
    实现中文显示
        */
        response.reset();
        response.setContentType("application/pdf");//设置文档格式
        Document document=new Document(); //创建 Document 实例
      BaseFont bfChinese = BaseFont.createFont
      ("C:/WINDOWS/Fonts/SIMSUN.TTC,1",BaseFont.IDENTITY_H, BaseFont.EMBEDDED);
        //调用系统字体
        Paragraph par=new Paragraph("载德、厚物、博学、笃行",new Font(bfChinese,
12,Font.NORMAL));
        par.add(new  Paragraph(" 黄 淮 学 院 校 训 ",new  Font(bfChinese,12,Font.
NORMAL)));
        ByteArrayOutputStream buffer=new ByteArrayOutputStream();
```

```
        PdfWriter.getInstance(document,buffer);
        document.open();//打开文档
        document.add(par);//添加内容
        document.close();//关闭文档
        out.clear();
        out=pageContext.pushBody();
        DataOutput output=new DataOutputStream(response.getOutputStream());
  /*
          输出内容
        */
        byte[] bytes=buffer.toByteArray();
        response.setContentLength(bytes.length);
        for(int i=0;i<bytes.length;i++){
          output.write(bytes[i]);
        }
      %>
      </body>
  </html>
```

运行该页面会弹出如图 6-10 所示的文件下载对话框，单击保存并打开文件可以看到刚才保存的内容，运行效果如图 6-11 所示。

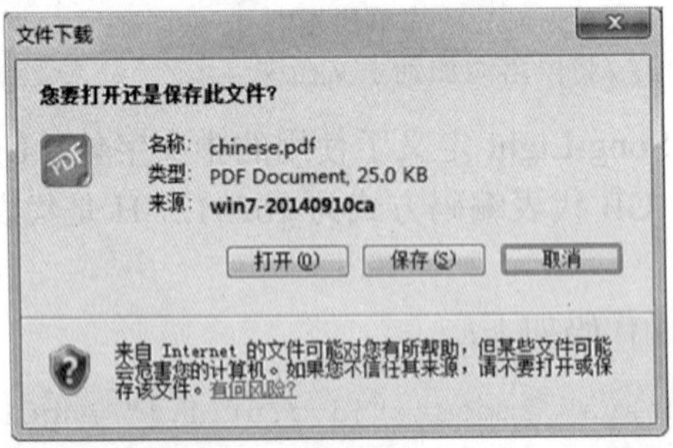

图 6-10　文件下载对话框

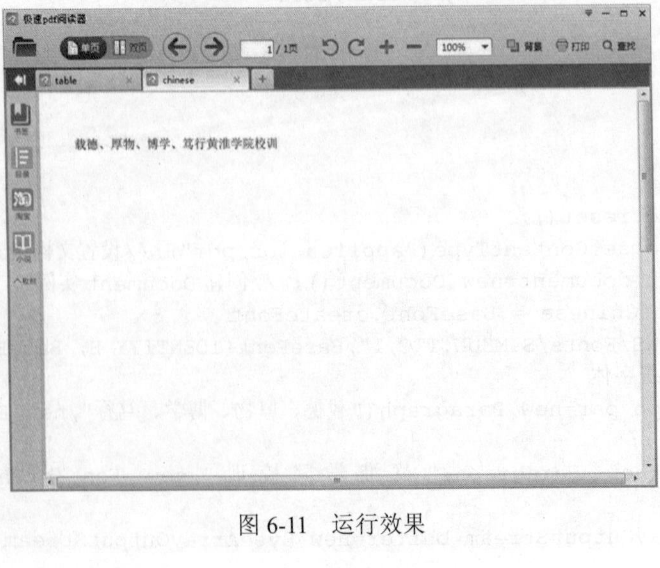

图 6-11　运行效果

（5） 创建表格。

iText 组件中创建表格的类包括 com.lowagie.text.Table 和 com.lowagie.text.PDF.PDFPTable 两种。对于比较简单的表格可以使用 com.lowagie.text.Table 类创建，但是如果要创建复杂的表格，就需要用到 com.lowagie.text.PDF.PDFPTable 类。

① com.lowagie.text.Table 类。

com.lowagie.text.Table 类的构造函数有 3 个：

```
Table(int columns);
Table(int columns, int rows);
Table(Properties attributes);
```

其中，参数 columns、rows、attributes 分别为表格的列数、行数、表格属性。创建表格时必须指定表格的列数，而对于行数可以不用指定。

创建表格之后，还可以设定表格的属性，如边框宽度、边框颜色、间距（padding space，即单元格之间的间距）大小等属性。

② com.lowagie.text.PdfPTable 类。

iText 组件中一个文档（Document）中可以有很多个表格，一个表格可以有很多个单元格，一个单元格里面可以放很多个段落，一个段落里面可以放一些文字。但是，读者必须明确以下两点内容：

第一点，在 iText 组件中没有行的概念，一个表格里面可以直接放单元格。如果一个 5 列的表格中放进 10 个单元格，那么就是两行的表格；

第二点，如果一个 5 列的表格放入 4 个最基本的没有任何跨列设置的单元格，那么这个表格根本添加不到文档中，而且不会有任何提示。

例：创建表格。

编写页面 table.jsp，页面代码为：

```
<%@ page language="java" import="java.util.*" pageEncoding="gb2312"%>
<%@ page import="java.io.*" %>
<%@ page import="com.lowagie.text.*" %>
<%@ page import="com.lowagie.text.pdf.*" %>
<html>
  <body>
   <%
     response.reset();
     response.setContentType("application/pdf");//设置文档格式
     Document document=new Document(); //创建 Document 实例
     /*
        进行表格设置
     */
     Table table=new Table(3);//建立列数为 3 的表格
     table.setBorderWidth(2);//边框宽度设置为 2
     table.setSpacing(3);//表格边距离为 3
     table.setPadding(3);
     Cell cell=new Cell("header");//创建单元格作为表头
     cell.setHeader(true);//表示该单元格作为表头信息显示
```

```
        cell.setColspan(3);//合并单元格，是该单元格占用 3 个列
        table.addCell(cell);
        table.endHeaders();//表头添加完毕，必须调用此方法，否则跨页时表头联显示
        cell=new Cell("cell1");//添加一个一行两列的单元格
        cell.setRowspan(2);//合并单元格，向下占用 2 行
        table.addCell(cell);
        table.addCell("cell2.1.1");
        table.addCell("cell2.2.1");
        table.addCell("cell2.1.2");
        table.addCell("cell2.2.2");
        ByteArrayOutputStream buffer=new ByteArrayOutputStream();
        PdfWriter.getInstance(document,buffer);
        document.open();//打开文档
        document.add(table);//添加内容
        document.close();//关闭文档
        /*
          解决抛出 IllegalStateException 异常的问题
        */
        out.clear();
        out=pageContext.pushBody();
        DataOutput output=new DataOutputStream(response.getOutputStream());
        /*
           输出内容
        */
        byte[] bytes=buffer.toByteArray();
        response.setContentLength(bytes.length);
        for(int i=0;i<bytes.length;i++){
          output.write(bytes[i]);
        }
      %>
    </body>
  </html>
```

运行该页面后会弹出如图 6-12 所示的文件下载对话框，单击保存，然后打开可以看到刚才创建的表格，运行效果如图 6-13 所示。

图 6-12　保存文件

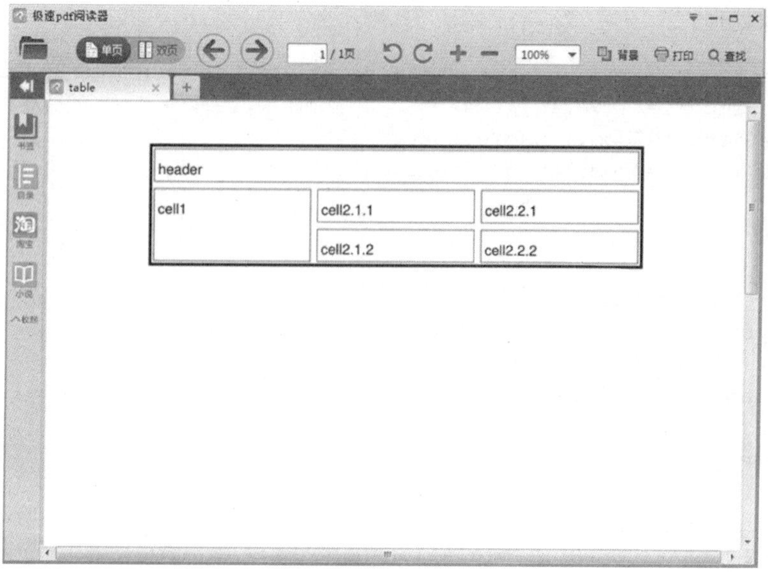

图 6-13　运行效果

（6）　图像处理。

iText 组件中处理图像的类为 com.lowagie.text.Image，目前 iText 组件支持的图像格式有 GIF、Jpeg、PNG 和 wmf 等格式，对于不同的图像格式，iText 组件用同样的构造函数自动识别图像格式，通过下面的代码可以分别获得 gif、jpg 和 png 图像的实例：

```
Image gif = Image.getInstance("face1.gif");
Image jpeg = Image.getInstance("bookCover.jpg");
Image png = Image.getInstance("ico01.png");
```

图像的位置主要是指图像在文档中的对齐方式、图像和文本的位置关系。iText 组件中通过方法 setAlignment（int alignment）设置图像的位置，参数 alignment 可以设为 Image.RIGHT、Image.MIDDLE、Image.LEFT，分别指右对齐、居中、左对齐；参数 alignment 设为 Image.TEXTWRAP、Image.UNDERLYING 分别指文字绕图形显示、图形作为文字的背景显示，也可以使这两种参数结合使用以达到预期的效果，如 setAlignment（Image.RIGHT|Image.TEXTWRAP）显示的效果为图像右对齐，文字围绕图像显示。

如果图像在文档中不按原尺寸显示，可以通过下面的方法进行设定：

```
public void scaleAbsolute(int newWidth, int newHeight);
public void scalePercent(int percent);
public void scalePercent(int percentX, int percentY);
```

方法 scaleAbsolute（int newWidth, int newHeight）直接设定显示尺寸；方法 scalePercent（int percent）设定显示比例，如 scalePercent（50）表示显示的大小为原尺寸的 50%；而方法 scalePercent（int percentX, int percentY）则表示图像高宽的显示比例。

如果图像需要旋转一定角度之后在文档中显示，可以通过方法 setRotation（double r）设定，参数 r 为弧度，如果旋转角度为 30°，则参数 r= Math.PI / 6。

例：图像处理。

```
<%@ page language="java" import="java.util.*" pageEncoding="gb2312"%>
<%@ page import="java.io.*" %>
<%@ page import="com.lowagie.text.*" %>
<%@ page import="com.lowagie.text.pdf.*" %>
<html>
  <body>
   <%
    response.reset();
    response.setContentType("application/pdf");//设置文档格式
    Document document=new Document(); //创建 Document 实例
    String   filePath=pageContext.getServletContext().getRealPath("hhxy.
jpg");
    Image jpg=Image.getInstance(filePath);
    jpg.setAlignment(Image.MIDDLE);//设置图片居中
    Table table=new Table(1);
    table.setAlignment(Table.ALIGN_MIDDLE);//设置表格据中
    table.setBorderWidth(0);//将边框宽度设为 0
    table.setPadding(3);//表格边距离为 3
    table.setSpacing(3);
    table.addCell(new Cell(jpg));//将图片加载在表格中
    Cell cellword=new Cell("huanghuaixueyuan");
    cellword.setHorizontalAlignment(Cell.ALIGN_CENTER);//文字水平居中
    table.addCell(cellword);//添加表格

    ByteArrayOutputStream buffer=new ByteArrayOutputStream();
    PdfWriter.getInstance(document,buffer);
    //打开文档
    document.open();
    //通过表格进行输出图片的内容
    document.add(table);
    //关闭文档
    document.close();
    /*
                    解决抛出 IllegalStateException 异常的问题
    */
    out.clear();
    out=pageContext.pushBody();
    DataOutput output=new DataOutputStream(response.getOutputStream());
    byte[] bytes=buffer.toByteArray();
    response.setContentLength(bytes.length);
    for(int i=0;i<bytes.length;i++){
      output.write(bytes[i]);
    }
   %>
   </body>
 </html>
```

运行该页面后会弹出如图 6-14 所示的文件下载对话框，单击保存，然后打开可以看到刚才创建的表格，运行效果如图 6-15 所示。

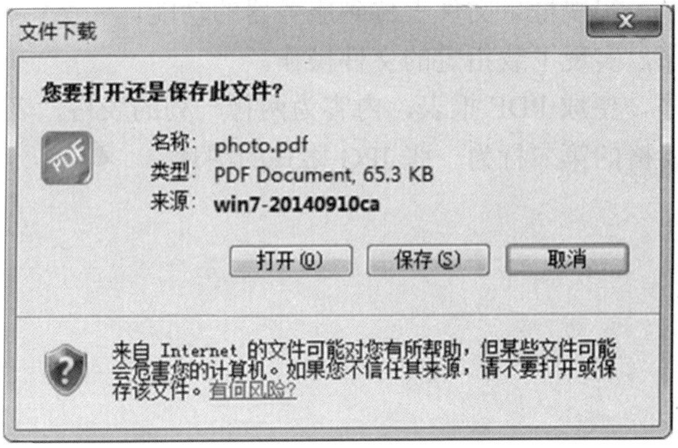

图 6-14　文件下载对话框

图 6-15　运行效果

练习题

一、简答题

1. JSP 文件操作与 Java 的文件操作有什么不同？
2. 在表单中如何实现文件上传？
3. 在使用 JFreeChart 组件时，需要进行哪些准备工作？
4. 在使用 iText 组件时，如何将 PDF 文档设定为 B5 页面大小？

二、上机题

1．编写 JSP 程序，实现批量文件上传到服务器的功能。

2．编写 JSP 程序，实现下载指定的文件操作。

3．编写 JSP 程序，生成 PDF 报表，内容为两行一列的表格，表格的第一行为居中显示的文字“图片”，表格的第二行为一张 JPG 格式的图片。

第 7 章　MVC 设计模式

教学目标

通过本章的学习使学生了解当前 JSP 的开发方式；理解模式一（JSP+JavaBean）和模式二（JSP+JavaBean+Servlet）的技术特点；学会使用模式二进行系统开发。通过具体的实例开发，掌握 MVC 设计模式的精髓，为以后的项目开发打下坚实的基础。

教学内容

本章主要讲述 JSP 的开发方式，通过对模式一和模式二的分析掌握大型项目的开发过程。主要内容包括:

（1） JSP 的开发方式。
（2） JSP 的开发模式一。
（3） JSP 的开发模式二。
（4） 开发模式一与开发模式二的对比。

教学重点与难点

（1） JSP 的开发模式一的应用。
（2） JSP 的开发模式二的应用。

案例　用 MVC 设计模式实现用户登录

【任务描述】

用 MVC 设计模式完成用户登录功能。将系统开发分成不同的层次，采用 JSP+JavaBean+servlet 方式对系统进行操作，实现用户登录功能。

【任务分析】

本案例主要是对前期学习的应用 JSP 技术进行简单系统开发方式进行总结。要完成本系统的开发需要了解 JSP 页面的编写及其规范，掌握 Servlet 技术及其应用，理解数据库的基本操作及其实现步骤，对软件的开发模式有较深刻的理解，能应用 javaBean 技术进行系统的开发等。

【实施方案】

1．创建数据表

数据库的设计是信息类管理系统开发的基础，本案例创建的用户信息数据库表为 tuser，详细的 SQL 代码如下：

```
/*****************************************
 *编制时间：2014 年 10 月 6 日                    *
 *主要功能：创建数据库并创建相应的数据表           *
 *****************************************/
create database books;
use books;
CREATE TABLE tuser(
userid VARCHAR(50) PRIMARY KEY NOT NULL, name VARCHAR(30) NOT NULL,
password VARCHAR(18) NOT NULL);
//插入测试数据
INSERT INTO tuserVALUES ('admin','administrator','admin') ;
```

2．创建模型层类

（1） 创建模型。

建立一个用户模型，用于封装数据库中的数据。本案例中创建一个 Tuser 类，具体代码如下：

```
/*****************************************
*类名：Tuser                          *
*编制时间：2014 年 10 月 6 日          *
*主要功能：创建数据模型 Tuser           *
*****************************************/
public class Tuser {
  private String userid ;
  private String name ;
  private String password ;
  public String getName() {
    return name;
  }
  public void setName(String name) {
    this.name = name;
  }
  public String getPassword() {
    return password;
  }
  public void setPassword(String password) {
    this.password = password;
  }
  public String getUserid() {
    return userid;
  }
  public void setUserid(String userid) {
```

```
    this.userid = userid;
  }
}
```

（2） 创建 DAO 接口。

```
/******************************************
*接口名：ITuserDAO                          *
*编制时间：2014 年 10 月 6 日                *
*主要功能：定义一个方法 findLogin()          *
******************************************/
package mvc.MySQL.dao;
import mvc.MySQL.vo.Tuser;
public interface ITuserDAO {
      public boolean findLogin(Tuser user) throws Exception ;
}
```

（3） 对 DAO 接口进行实现。

```
/******************************************
*类名：ITuserDAOImpl                    *
*编制时间：2014 年 10 月 6 日           *
*主要功能：对方法 findLogin()进行实现   *
******************************************/
package mvc.MySQL.dao.impl;
import java.sql.Connection;
import java.sql.ResultSet;
import mvc.MySQL.dao.ITuserDAO;
import mvc.MySQL.vo.Tuser;
public class ITuserDAOImpl implements ITuserDAO {
  private Connection conn = null;
  public ITuserDAOImpl(Connection conn) {
    this.conn = conn;
  }

  public boolean findLogin(Tuser user) throws Exception {
    boolean flag = false;
    java.sql.PreparedStatement pstmt = null;
    try {
      String sql = "SELECT name FROM tuser WHERE userid=? AND password=?" ;
      pstmt = this.conn.prepareStatement(sql) ;
      pstmt.setString(1, user.getUserid()) ;
      pstmt.setString(2, user.getPassword()) ;
      ResultSet rs = pstmt.executeQuery() ;
      if(rs.next()){
        flag = true ;
        user.setName(rs.getString(1)) ;  // 取出真实姓名
      }
    } catch (Exception e) {
      throw e;
    } finally {
      try {
```

```
        pstmt.close();
      } catch (Exception e) {
        throw e;
      }
    }
    return flag;
  }
}
```

（4） 创建数据库连接类。

```
/*****************************************
*类名：DataBaseConnection         *
*编制时间：2014 年 10 月 6 日         *
*主要功能：实现数据库的连接、打开和关闭操作    *
*****************************************/
package mvc.MySQL.dbc;
import java.sql.* ;
public class DataBaseConnection{
  public static final String DBDRIVER = "com.MySQL.jdbc. Driver" ;
  public static final String DBURL = "jdbc:MySQL://localhost/ books" ;
  public static final String DBUSER = "root" ;
  public static final String DBPASS = "123456" ;
  private Connection conn = null ;
  public DataBaseConnection(){
    try{
      Class.forName(DBDRIVER) ;
      conn = DriverManager.getConnection(DBURL,DBUSER,DBPASS) ;
    }catch(Exception e){
      e.printStackTrace() ;
    }
  }
  public Connection getConnection(){
    return this.conn ;
  }
  public void close(){
    if(this.conn!=null){
      try{
        this.conn.close() ;
      }catch(Exception e){}
    }
  }
}
```

（5） 创建代理。

```
/*****************************************
*代理类名：ITuserDAOProxy          *
*编制时间：2014 年 10 月 6 日         *
*主要功能：定义一个代理           *
*****************************************/
```

```
package mvc.MySQL.dao.proxy;
import mvc.MySQL.dao.ITuserDAO;
import mvc.MySQL.dao.impl.ITuserDAOImpl;
import mvc.MySQL.dbc.DataBaseConnection;
import mvc.MySQL.vo.Tuser;
public class ITuserDAOProxy implements ITuserDAO {
  private DataBaseConnection dbc = null;
  private ITuserDAO dao = null;

  public ITuserDAOProxy() {
    this.dbc = new DataBaseConnection();
    this.dao = new ITuserDAOImpl(this.dbc.getConnection());
  }

  public boolean findLogin(Tuser user) throws Exception {
    boolean flag = false ;
    try{
      flag = this.dao.findLogin(user) ;
    }catch(Exception e){
      throw e ;
    }
    return flag;
  }
}
```

（6） 创建代理工厂，将代理交给工厂进行管理。

```
/*******************************************
*代理工厂名：DAOFactory   *
编制时间：2014 年 10 月 6 日      *
*主要功能：将代理交给工厂进行管理     *
*******************************************/
package mvc.MySQL.dao.factory;
import mvc.MySQL.dao.ITuserDAO;
import mvc.MySQL.dao.proxy.ITuserDAOProxy;
public class DAOFactory {
  public static ITuserDAO getITuserDAOInstance(){
    return new ITuserDAOProxy() ;
  }
}
```

3. 创建控制层

控制层用 servlet 来实现，用来控制登录后页面的跳转。其详细代码如下：

```
/*********************************************************
*类名：TuserServlet                *
*编制时间：2014 年 10 月 6 日        *
*主要功能：定义一个 servlet 对程序操作进行流程进行控制       *
*********************************************************/
package mvc.MySQL.servlet;
import java.io.IOException;
```

```
import javax.servlet.ServletException;
import javax.servlet.http.HttpServlet;
import javax.servlet.http.HttpServletRequest;
import javax.servlet.http.HttpServletResponse;
import mvc.MySQL.dao.factory.DAOFactory;
import mvc.MySQL.vo.Tuser;
public class TuserServlet extends HttpServlet {
    public void doGet(HttpServletRequest request, HttpServletResponse response)
        throws ServletException, IOException {
      this.doPost(request, response);
    }

    public void doPost(HttpServletRequest request, HttpServletResponse response)
        throws ServletException, IOException {
      request.setCharacterEncoding("GBK"); // 处理乱码
      String path = "login.jsp"; // 默认的跳转页面
      String code = request.getParameter("code"); // 接收表单参数
      String rand = (String) request.getSession(). getAttribute ("rand");
      if (!rand.equals(code)) {  // 验证码不正确，则设置错误信息
        request.setAttribute("err", "输入验证码不正确！");
      } else {  // 验证码正确，则执行数据库验证
        Tuser user = new Tuser();
        user.setUserid(request.getParameter("userid"));
        user.setPassword(request.getParameter("password"));
        try {
          if (DAOFactory.getITuserDAOInstance().findLogin(user)) {
            // 如果登录成功，则跳转页面设置到 success.jsp
            request.getSession().setAttribute("name", user. getName());
            path = "success.jsp";
          } else {
            request.setAttribute("err", "错误的用户名或密码！");
          }
        } catch (Exception e) {
          e.printStackTrace();
        }
      }
          // 跳转
      request.getRequestDispatcher(path).forward(request, response);
    }
}
```

说明：如果用户使用 GET 方式提交请求，则该 Servlet 将执行 doGet()方法；如果使用 POST 方法提交，则执行 doPost()，不论采用何种方式提交，都执行 processRequest()方法。如果用户登录成功则重定向到 success.jsp 页面，否则重定向到 login.jsp 页面，并提示出错信息。

4. 创建视图层

利用 login.jsp 实现用户登录界面设计，其核心代码如下：

```
<!--
    程序名称：login.jsp
编制时间：2014 年 10 月 6 日
主要功能：编写用户登录表单
    -->
<%@ page contentType="text/html;charset=GBK"%>
<script language="javaScript">
  function validate(f){
    if(!(/^\w{6,18}$/.test(f.userid.value))){
      alert("用户 ID 必须是 6~18 位！") ;
      f.userid.focus() ;
      return false ;
    }
    if(!(/^\w{6,18}$/.test(f.password.value))){
      alert("密码必须是 6~18 位！") ;
      f.password.focus() ;
      return false ;
    }
    return true ;
  }
</script>
<%
  request.setCharacterEncoding("GBK") ;  // 进行乱码处理
%>
<form  action="TuserServlet"  method="post"  onSubmit="return  validate
(this)">
  <table border="0">
  <tr><td colspan="2">用户登录程序</td></tr>
  <tr><td>用户 ID：</td><td><input type="text" name="userid"> </td></tr>
  <tr><td>密  码：</td>
<td><input type="password" name="password"></td></tr>
  <tr><td>验证码：</td>
<td><input type="text" name="code" size="4" maxlength="4">
  <img src="image.jsp"></td>  </tr>
  <tr><td colspan="2">
<input type="submit" value="登录">
<input type="reset" value="重置"></td></tr>
  </table>
</form>
<%
  if(request.getAttribute("err")!=null){
%>
  <h3><%=request.getAttribute("err")%></h3>
<%
```

```
  }
%>
```

image.jsp 页面实现验证码的生成功能，验证码页面代码如下：

```
<!--
    程序名称：image.jsp
编制时间：2014 年 10 月 6 日
主要功能：编写验证码产生页面，实现验证码的生成
    -->
<%@      page      contentType="image/jpeg"      import="java.awt.*,java.
awt.image.*,java.util.*,javax.imageio.*" %>
<%!
Color getRandColor(int fc,int bc){
        Random random = new Random();
        if(fc>255) fc=255;
        if(bc>255) bc=255;
        int r=fc+random.nextInt(bc-fc);
        int g=fc+random.nextInt(bc-fc);
        int b=fc+random.nextInt(bc-fc);
        return new Color(r,g,b);
        }
%>
<%
response.setHeader("Pragma","No-cache");
response.setHeader("Cache-Control","no-cache");
response.setDateHeader("Expires", 0);
int width=60, height=20;
BufferedImage image = new BufferedImage(width, height, BufferedImage. TYPE_INT_RGB);
Graphics g = image.getGraphics();
Random random = new Random();
g.setColor(getRandColor(200,250));
g.fillRect(0, 0, width, height);
g.setFont(new Font("Times New Roman",Font.PLAIN,18));
g.setColor(getRandColor(160,200));
for (int i=0;i<155;i++)
{
  int x = random.nextInt(width);
  int y = random.nextInt(height);
      int xl = random.nextInt(12);
      int yl = random.nextInt(12);
  g.drawLine(x,y,x+xl,y+yl);
}
//String rand = request.getParameter("rand");
//rand = rand.substring(0,rand.indexOf("."));
String sRand="";
for (int i=0;i<4;i++){
    String rand=String.valueOf(random.nextInt(10));
    sRand+=rand;
```

```
    g.setColor(new                    Color(20+random.nextInt(110),20+random.
nextInt(110),20+random.nextInt(110)));
    g.drawString(rand,13*i+6,16);
  }
  session.setAttribute("rand",sRand);
  g.dispose();
  ImageIO.write(image, "JPEG", response.getOutputStream());
  out.clear();
  out = pageContext.pushBody();
  %>
```

success.jsp 页面显示用户登录成功，其核心代码如下：

```
<!--
  程序名称：success.jsp
编制时间：2014 年 10 月 6 日
主要功能：编写登录成功的跳转页面，显示登录成功信息
    -->
<%@ page contentType="text/html;charset=GBK"%>
<center>
<h1>登录成功，欢迎<%=session.getAttribute("name")%>光临！</h1>
</center>
```

5. 配置 servlet

打开 web.xml 配置文件，在配置文件中添加控制类的引用，配置后的文件内容为：

```
<?xml version="1.0" encoding="UTF-8"?>
<web-app version="2.4" xmlns="http://java.sun.com/xml/ns/j2ee"
  xmlns:xsi="http://www.w3.org/2001/XMLSchema-instance"
  xsi:schemaLocation="http://java.sun.com/xml/ns/j2ee
  http://java.sun.com/xml/ns/j2ee/web-app_2_4.xsd">
  <servlet>
    <servlet-name>TuserServlet</servlet-name>
    <servlet-class>
      mvc.MySQL.servlet.TuserServlet
    </servlet-class>
  </servlet>

  <servlet-mapping>
    <servlet-name>TuserServlet</servlet-name>
    <url-pattern>/TuserServlet</url-pattern>
  </servlet-mapping>
  <welcome-file-list>
    <welcome-file>login.jsp</welcome-file>
  </welcome-file-list>
</web-app>
```

6．运行与测试

本案例运行后，登录界面如图 7-1 所示。

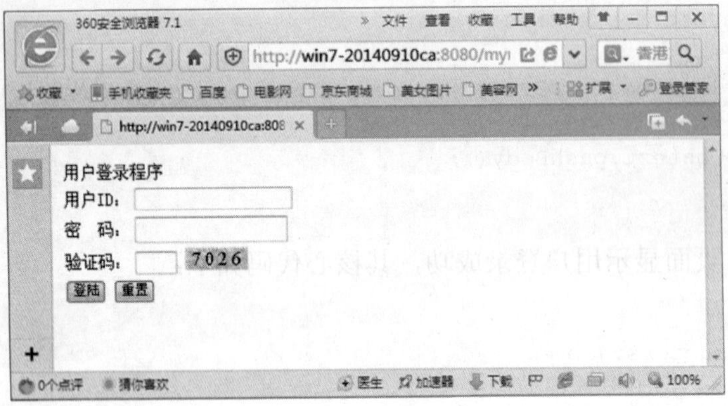

图 7-1　登录界面

登录成功后界面如图 7-2 所示。

图 7-2　登录成功后界面

登录失败后界面如图 7-3 所示。

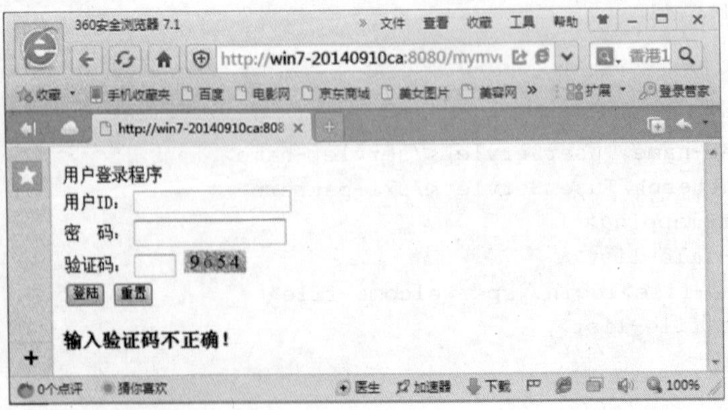

图 7-3　登录失败后界面

相关知识

1. JSP 技术使用的开发模式

JSP 开发使用两种开发模式，模式一是 JSP+JavaBean 技术；模式二是 JSP+JavaBean+Servlet 技术。在当今的软件开发中普遍采用模式二。

（1） 模式一：JSP+JavaBean（DAO 模式）。

在模式一中，JSP 页面独自响应请求并处理结果，将处理结果返回给用户，所有的数据通过 JavaBean 来处理。模式一实现了页面表现与业务逻辑的分离。但是使用模式一有一个缺陷，因为在页面中编写了大量的 Java 控制代码，使页面过于庞大复杂，导致排版和维护等问题变得困难。

（2） 模式二：JSP+JavaBean+Servlet（MVC 模式）。

模式二遵循的是 MVC 模式，它使用 Servlet 当作控制器，JavaBean 充当在 JSP 和 Servlet 通信的中间工具，Servlet 处理完后将数据传递到 JSP 页面，由 JSP 页面实现显示功能。模式二更好地将显示和业务逻辑分离，使得对项目更加容易管理和维护，合适大型项目的开发，因此得到广泛的应用。

2. MVC 模式介绍

MVC 即 Model+View+Controller，是 20 世纪 80 年代随着 smalltalk language 语言的发展提出的一种软件设计模式的缩写。MVC 模式已被广泛使用，最近几年被推荐为 Sun 公司 J2EE 平台的设计模式。

MVC 由模型（Model）、视图（View）和控制器（Controller）三部分组成，每个部分负责不同的功能。

（1） 模型。

模型代表应用程序的数据和用于控制访问和修改这些数据的业务规则，包括对业务数据的存取、加工、综合等，是应用程序的主体部分。当模型发生改变时，它会通知视图，并且为视图提供查询模型相关状态的能力。同时，它也为控制器提供访问封装在模型内部的应用程序功能的能力。一个模型可以为多个视图提供数据，这样就为应用程序减少了代码的重复性。

（2） 视图。

视图用于组织模型的内容，它从模型那里获得数据并制定这些数据如何表现，即用户看到并与之交互的界面。当模型变化时，视图负责维持数据表现的一致性。视图同时将用户要求告知控制器，对于 Web 应用程序来说，视图就是由 HTML 元素组成的界面，当然也包含一些新的技术，例如：Macromedia Flash 和 XHTML，XML/XSL 等一些标记语言。

（3） 控制器。

控制器用来管理用户与视图发生的交互，负责用户界面和模型之间的流程控制，也就是说控制器不做任何的数据处理，它只把用户的信息传递给模型，告诉模型做什么，然后选择符合要求的视图返回给用户。因此一个模型可能对应多个视图，一个视图可能对应多个模型。

3. MVC 模式的处理过程

（1）控制器接收用户的请求，请求的表现形式可能是一些来自客户端的 GET 或 POST 的 HTTP 请求，控制器来决定应该调用哪个模型来进行处理。

（2） 模型调用业务逻辑方法来处理用户的请求并返回数据。

（3） 控制器调用相应的视图来处理模型返回的数据，并通过视图呈现给用户。

4. 应用 MVC 模式的必要性

目前，在国内很多 Web 应用程序都是用 ASP 和 PHP 等语言来创建的，它们将诸如对数据库查询语句这样的数据层代码和 HTML 这样的表示层代码紧密耦合在一起，这会对开发及维护工作造成非常大的麻烦。MVC 能从根本上强制性地将它们分开，尽管构造 MVC 应用程序需要一些额外的工作，但是这样更适合团队开发，具有明显的优势：

（1） 各司其职，互不干涉。

在 MVC 模式中，三个部分具有不同的功能，当某一部分的需求发生了变化，就只需要更改相应的部分中的代码而不会影响到其他部分中的代码。

（2） 有利于开发中的分工。

在 MVC 模式中，由于强制性地将系统划分为三部分，从而能更好地实现开发中的分工。美工或网页设计人员可以实现视图部分开发，对业务熟悉的开发人员可以实现模型部分开发，而其他开发人员可实现控制部分的开发。

（3） 有利于组件的重用。

分层后更有利于组件的重用。如控制层可独立成一个能用的组件，视图层也可做成通用的操作界面，在项目开发中可以重复使用。

5. 两种开发模式的比较

在模式一中，JSP 充当视图和部分控制器的作用，JavaBean 组件作为模型和控制器组件。JSP 接收请求，设置 JavaBean 组件的属性，调用 JavaBean 组件的方法执行业务逻辑，最后把执行的结果返回给 JSP 页面显示。模式一的页面中含有大量的 Java 代码，不便于后期开发和维护。

在模式二中，Servlet 接收客户请求，调用方法执行业务逻辑，用 JavaBean 来封装执行结果并将结果保持到请求对象中，传递给 JSP 页面，由 JSP 页面进行显示。页面中基本不含 Java 代码，方便后期开发和维护。

在模式二中，各部分分工明确，Servlet 用于执行业务逻辑，充当控制器的角色；JSP 用于显示，充当视图的角色；JavaBean 用于保存数据和提供业务逻辑方法，充当模型的角色。

综上所述，模式二比模式一层次清楚，分工明确，便于开发和维护，适合大型软件项目的开发。

练习题

一、简答题

1．什么是 Servlet？Servlet 的技术特点是什么？Servlet 与 JSP 有什么区别？

2．创建一个 Servlet 通常分为哪几个步骤？

3．运行 Servlet 需要在 web.xml 文件中进行哪些配置？

二、单选题

1．当访问一个 Servlet 时，以下 Servlet 中的那个方法先被执行？

A．destroy()　　B．doGet()

C．service()　　D．init()

答案：D

2．假设在 MyServlet 应用中有一个 MyServlet 类，在 web.xml 文件中对其进行如下配置：

```
<servlet>
    <servlet-name>myservlet</servlet-name>
    <servlet-class>com.hhxy.servlet.MyServlet</servlet-class>
</servlet>
<servlet-mapping>
    <servlet-name>myservlet</servlet-name>
    <url-pattern>/welcome</url-pattern>
</servlet-mapping>
```

则以下可以访问到 MyServlet 的是哪些选项？

A．http://localhost:8080/MyServlet

B．http://localhost:8080/myservlet

C．http://localhost:8080/com/hhxy/servlet/MyServlet

D．http://localhost:8080/hhxy/welcome

答案：BD

第 8 章　JSP 高级程序设计

教学目标

通过本章的学习使得学生掌握 Ajax 技术，并能够应用 Ajax 技术实现无刷新操作；掌握表达式语言和 JSTL 标准标签库的基本应用，并能够在 JSTL 中应用表达式语言；掌握自定义标签库的开发技术。为后续大型项目的开发做好知识储备。

教学内容

本章主要介绍 JSP 高级程序设计的相关技术，主要包括 Ajax 技术在 JSP 中的应用、表达式语言及 JSTL 标准标签库的应用、自定义标签库的开发。主要包括：

（1） JSP 与 Ajax 技术。

（2） EL 表达式及标签。

教学重点与难点

（1） JSP 与 Ajax 技术开发。

（2） EL 表达式及标签的应用。

案例 1　Ajax 实现不刷新页面更新查询

【任务描述】

在 Ajax 应用开发模式中通过 JavaScript 实现在不刷新页面的情况下，对数据进行更新，从而降低了网络流量，给用户带来了更好的体验。本案例利用 Ajax 技术实现页面刷新功能。

【任务分析】

本案例通过具体实例实现当前流行的省、市、区的三级联动查询功能。要完成本系统的开发需要了解 Ajax 技术的基本概念和方法的应用，扎实地掌握数据库的开发技术，对 JavaScript 语言有一定的了解。

【实施方案】

1. 建立三级联动数据库

本案例主要用到三张表，建立数据库和数据表的 SQL 具体代码如下：

```
create database lovo;//创建数据库 lovo
use lovo;//打开数据库
create table province//创建数据表 province
(
  p_id int primary key auto_increment,
  p_name varchar(30)
);
create table city//创建数据表 city
(
  c_id int primary key auto_increment,
  c_name varchar(30),
  p_id int,
  foreign key (p_id) references province(p_id)
);
create table district//创建数据表 district
(
  d_id int primary key auto_increment,
  d_name varchar(30),
  c_id int,
  foreign key (c_id) references city(c_id)
);
```

分别向数据表中插入数据，由于数据比较多，本案例每个表中只插入几条，其他省略。代码如下：

```
insert into province values(null,'北京市');//向表 province 中插入数据
…
insert into city values(null,'东城区',1); //向表 city 中插入数据
…
insert into district values(null,'长安区',37);//向表 district 中插入数据
…
```

2. 加载数据库驱动程序

将 MySQL 数据库驱动程序拷贝到当前工程的 lib 文件夹下即可。

3. 编写具体实现

本功能主要实现三个页面，即 index.jsp、index2.jsp 和 index3.jsp。index.jsp 是实现三级联动查询功能的主界面。其功能代码如下：

```
<%@ page contentType="text/html; charset=gb2312"%>
<%--导入数据库操作的数据包--%>
<jsp:directive.page import="java.sql.Connection"/>
<jsp:directive.page import="java.sql.DriverManager"/>
<jsp:directive.page import="java.sql.PreparedStatement"/>
```

```
<jsp:directive.page import="java.sql.ResultSet"/>
<!DOCTYPE HTML PUBLIC "-//W3C//DTD HTML 4.01 Transitional//EN">
<html>
  <head>
    <title></title>
    <script type="text/javascript">
        var request;
        function test(){
              <%--AJAX 判断浏览器的类型--%>
              if(window.XMLHttpRequest){
                    request = new XMLHttpRequest();
              }else if(window.ActiveXObject){
                    request = new ActiveXObject("Microsoft.XMLHTTP");
        }
        <%--设置回调函数--%>
        request.onreadystatechange = callback;
        <%--得到 select 的值--%>
        var s1 = document.getElementById("s1").value;
        var url = "index2.jsp?p_id=" + s1;
        <%--转到其他页面(index2.jsp)去处理--%>
        request.open("get",url,true);
        request.send(null);
    }

    function callback(){
        <%--如果成功返回--%>
        if(request.readyState==4){
            if(200 == request.status){
                <%--得到返回的 xml 文件--%>
                var dom = request.responseXML;
                var provinceEle = dom.getElementsByTagName("city");
                <%--调用 innerContent 函数把根节点传进去--%>
                innerContent(provinceEle);
        }
      }
    }
    <%--清空 select2 里面的值--%>
    function clearCity(){
        var s2 = document.getElementById("s2")
        s2.length = 0;
    }
    <%--清空 select3 里面的值--%>
    function clearDistrict(){
        var s3 = document.getElementById("s3")
        s3.length = 0;
    }

    function innerContent(provinceEle){
      clearCity();
      clearDistrict();
```

```
    <%--用循环得到 xml 字节点的值--%>
    for(i = 0; i < provinceEle.length;i++){
        var c_idEle = provinceEle[i].getElementsByTagName("c_id");
        var c_id = c_idEle[0].firstChild.data;
        var c_nameEle =  provinceEle[i].getElementsByTagName("c_name");
        var c_name = c_nameEle[0].firstChild.data;
        var s2 = document.getElementById("s2");
        <%--添加到 select2 里面--%>
        s2[i] = new Option(c_name,c_id);
    }
    <%--如果 select2 里面只有一个值就不能调用 select2 的 onchange () 方法，当选
    项内容发生改变的时候，自动调用 test1 方法直接获取 select3 的值--%>
    test1();
}

function test1(){
  if(window.XMLHttpRequest){
      request = new XMLHttpRequest();
  }else if(window.ActiveXObject){
      request = new ActiveXObject("Microsoft.XMLHTTP");
  }
  request.onreadystatechange = callback1;
  var s2 = document.getElementById("s2").value;
  var url1 = "index3.jsp?c_id=" + s2;
<%--转到其他页面 index3.jsp 去处理--%>
  request.open("get",url1,true);
  request.send(null);
}

function callback1(){
  if(request.readyState==4){
    if(200 == request.status){
      var dom1 = request.responseXML;
      var citeEle = dom1.getElementsByTagName("district");
      innerContent1(citeEle);
    }
  }
}

function innerContent1(citeEle){
  clearDistrict();
    for(i = 0; i < citeEle.length;i++){
      var d_idEle = citeEle[i].getElementsByTagName("d_id");
      var d_id = d_idEle[0].firstChild.data;
      var d_nameEle =  citeEle[i].getElementsByTagName("d_name");
      var d_name = d_nameEle[0].firstChild.data;
      var s3 = document.getElementById("s3");
      s3[i] = new Option(d_name,d_id);
    }
}
```

```
    </script>

    </head>

    <body>
      <select id="s1" name="s1" onchange="test()">
        <%
          //链接数据库
          Class.forName("com.MySQL.jdbc.Driver");
            Connection con = DriverManager.getConnection("jdbc:MySQL://
localhost/ lovo","root","123456");
          String sql = "select * from province";
          PreparedStatement pstmt = con.prepareStatement(sql);
          ResultSet rs = pstmt.executeQuery();
          //得到数据库里面表 province 的所有值
          while(rs.next()){
            int p_id = rs.getInt(1);
            String p_name = rs.getString(2);
            %>
            <option value="<%=p_id%>"><%=p_name%></option>
            <%
          }
        %>
        <option selected="selected">--请选择--</option>
      </select>

      <select id="s2" name="s2" onchange="test1()">
        <option selected="selected">--请选择--</option>
      </select>

      <select id="s3" name="s3" >
        <option selected="selected">--请选择--</option>
      </select>
    </body>
  </html>
```

index2.jsp 页面主要实现省级查询。主要功能是当用户单击某个省的时候显示该省所包含的市级城市。主要代码如下：

```
<%@ page contentType="text/html; charset=gb2312"%>
<jsp:directive.page import="java.sql.Connection"/>
<jsp:directive.page import="java.sql.DriverManager"/>
<jsp:directive.page import="java.sql.PreparedStatement"/>
<jsp:directive.page import="java.sql.ResultSet"/>
<html>
  <head>
    <title></title>
      </head>
  <body>
  <%
    //接收 index 传过来的 p_id
```

```
    String str_id = request.getParameter("p_id");
    if(str_id != null){
      int p_id = Integer.parseInt(str_id);
      //链接数据库
      Class.forName("com.MySQL.jdbc.Driver");
      Connection con = DriverManager.getConnection("jdbc:MySQL://localhost/
lovo","root","123456");
      String sql = "select * from city where p_id = ?";
      PreparedStatement pstmt = con.prepareStatement(sql);
      pstmt.setInt(1,p_id);
      ResultSet rs = pstmt.executeQuery();
      //发送，转换为 XML 传出去
      response.setContentType("text/xml;charset=utf-8");
      out.println("<province>");
      while(rs.next()){
        out.println("<city>");
          out.print("<c_id>" + rs.getInt(1) + "</c_id>");
          out.print("<c_name>" + rs.getString(2) + "</c_name>");
        out.println("</city>");
      }
      out.println("</province>");
    }
    %>
    </body>
</html>
```

index3.jsp 页面主要实现市级查询。主要功能是当用户单击某个市级城市的时候显示该市级城市所包含的县区。主要代码如下：

```
<%@ page contentType="text/html; charset=gb2312"%>
<jsp:directive.page import="java.sql.*"/>
<html>
  <head>
    <title></title>
  </head>
  <body>
  <%
    String str_id = request.getParameter("c_id");
    if(str_id != null){
      int c_id = Integer.parseInt(str_id);
      Class.forName("com.MySQL.jdbc.Driver");
      Connection con =DriverManager.getConnection("jdbc:MySQL://localhost/
lovo","root","123456");
      String sql = "select * from district where c_id = ?";
      PreparedStatement pstmt = con.prepareStatement(sql);
      pstmt.setInt(1,c_id);
      ResultSet rs = pstmt.executeQuery();
      response.setContentType("text/xml;charset=utf-8");
      out.println("<city>");
      while(rs.next()){
        out.println("<district>");
```

```
            out.print("<d_id>" + rs.getInt(1) + "</d_id>");
            out.print("<d_name>" + rs.getString(2) + "</d_name>");
          out.println("</district>");
          //System.out.println(rs.getInt(1));
          //System.out.println(rs.getString(2));
        }
        out.println("</city>");
      }
      %>
      </body>
</html>
```

4. 运行效果

本案例运行后，查询结果如图 8-1 所示。

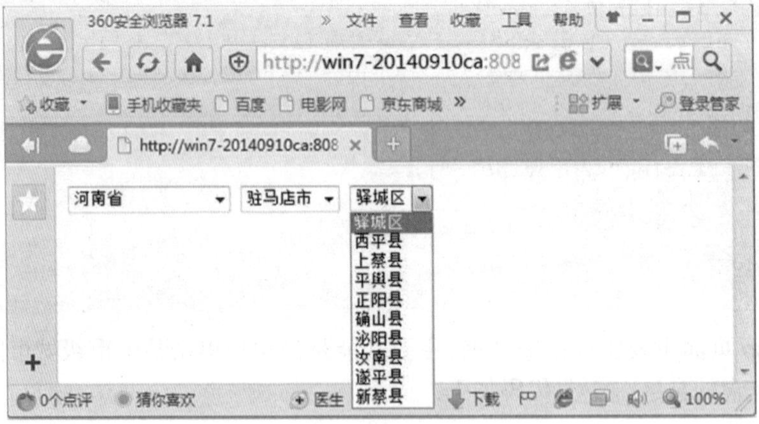

图 8-1　查询结果

相关知识

1. JSP 与 Ajax 技术

Ajax 是 Asynchronous JavaScript and XML 的缩写，意思是异步的 JavaScript 与 XML。Ajax 并不是一门新的语言或技术，它是 JavaScript、XML、CSS、DOM 等多种已有技术的组合，它可以实现客户端的异步请求操作。这样可以实现在不需要刷新页面的情况下与服务器进行通信，从而减少了用户的等待时间。

（1） Ajax 的开发模式。

在传统的 Web 应用模式中，页面中用户的每一次操作都将触发一次返回 Web 服务器的 HTTP 请求，服务器进行相应的处理（如获得数据、运行与不同的系统会话）后，返回一个 HTML 页面给客户端，如图 8-2 所示。

而在 Ajax 应用模式中，页面中用户的操作将通过 Ajax 引擎与服务器端进行通信，然后将返回结果提交给客户端页面的 Ajax 引擎，再由 Ajax 引擎来将这些数据插入到页面的指定位置，如图 8-3 所示。

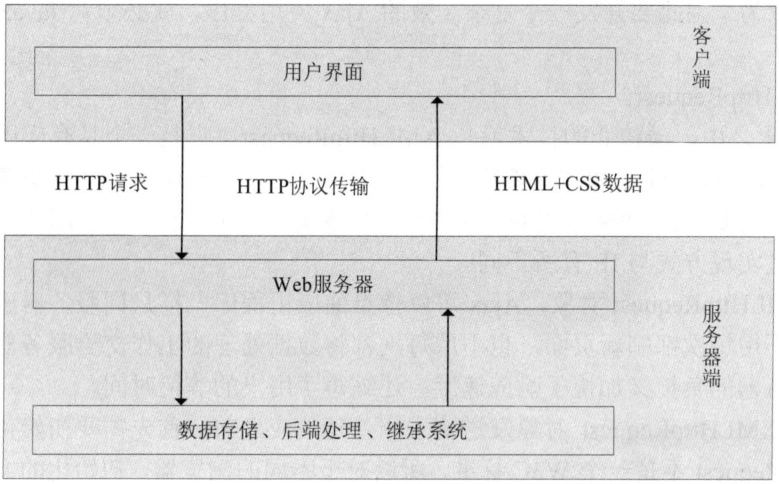

图 8-2　传统的 Web 应用模式

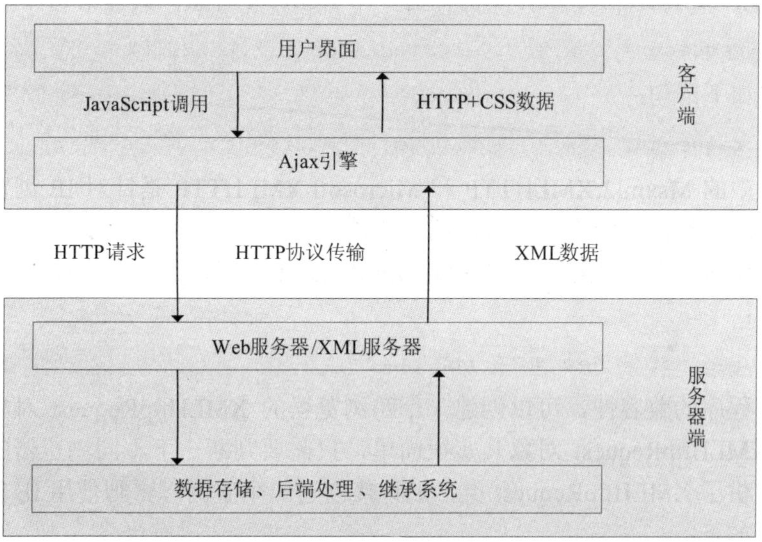

图 8-3　Ajax 应用模式

从图 8-2 和图 8-3 中可以看出，对于用户的每个行为，在传统的 Web 应用模式中，将生成一次 HTTP 请求，而在 Ajax 应用开发模式中，将变成对 Ajax 引擎的一次 JavaScript 调用。在 Ajax 应用开发模式中通过 JavaScript 实现在不刷新整个页面的情况下，对部分数据进行更新，从而降低了网络流量，给用户带来了更好的体验。

（2） Ajax 使用的技术。

① JavaScript 脚本语言。

JavaScript 是一种在 Web 页面中添加动态脚本代码的解释性程序语言，其核心已经嵌入到目前主流的 Web 浏览器中。虽然平时应用最多的是通过 JavaScript 实现一些网页特效及表单数据验证等功能，但实际上 JavaScript 可以实现的功能远不止这些。JavaScript 是一种具有丰富的面向对象特性的程序设计语言，利用它能执行许多复杂的任务。例如，Ajax 就是利用 JavaScript 将 DOM、XHTML（或 HTML）、XML 以及 CSS 等技术综合起来，并控制它们的行为。因此要开发一个复杂高效的 Ajax 应用程序，就必须对 JavaScript 有深入的了解。

② XMLHttpRequest。

Ajax 技术之中，最核心的技术就是 XMLHttpRequest，它是一个具有应用程序接口的 JavaScript 对象，能够使用超文本传输协议（HTTP）连接一个服务器。它是微软公司为了满足开发者的需要，于 1999 年在 IE 5.0 浏览器中率先推出的。现在许多浏览器都对其提供了支持，不过实现方式与 IE 有所不同。

通过 XMLHttpRequest 对象，Ajax 可以像桌面应用程序一样只同服务器进行数据层面的交换，而不用每次都刷新页面，也不用每次都将数据处理的工作交给服务器来做，这样既减轻了服务器的负担又加快了响应速度，还缩短了用户的等待时间。

在使用 XMLHttpRequest 对象发送请求和处理响应之前，首先需要初始化该对象，由于 XMLHttpRequest 不是一个 W3C 标准，所以对于不同的浏览器，初始化的方法也是不同的。

IE 浏览器把 XMLHttpRequest 实例化为一个 ActiveX 对象。具体语句如下：

```
var http_request = new ActiveXObject("Msxml2.XMLHTTP");
```

或者采用如下语句：

```
var http_request = new ActiveXObject("Microsoft.XMLHTTP");
```

上面语法中的 Msxml2.XMLHTTP 和 Microsoft.XMLHTTP 是针对 IE 浏览器的不同版本而进行设置的，目前比较常用的是这两种语法。

Mozilla、Safari 等其他浏览器把 XMLHttpRequest 实例化为一个本地 JavaScript 对象。具体语句如下：

```
var http_request = new XMLHttpRequest();
```

为了提高程序的兼容性，可以创建一个跨浏览器的 XMLHttpRequest 对象。创建一个跨浏览器的 XMLHttpRequest 对象其实很简单，只需要判断一下不同浏览器的实现方式，如果浏览器提供了 XMLHttpRequest 类，则直接创建一个实例，否则使用 IE 的 ActiveX 控件。具体代码如下：

```
if (window.XMLHttpRequest) { // Mozilla、Safari...
    http_request = new XMLHttpRequest();
} else if (window.ActiveXObject) { // IE 浏览器
    try {
        http_request = new ActiveXObject("Msxml2.XMLHTTP");
    } catch (e) {
        try {
            http_request = new ActiveXObject("Microsoft.XMLHTTP");
        } catch (e) {}
    }
}
```

说明：由于 JavaScript 具有动态类型特性，而且 XMLHttpRequest 对象在不同浏览器上的实例是兼容的，所以可以用同样的方式访问 XMLHttpRequest 实例的属性的方法，不需要考虑创建该实例的方法是什么。

下面对 XMLHttpRequest 对象常用的方法进行详细介绍。

open()方法用于设置进行异步请求目标的 URL、请求方法以及其他参数信息，具体语法如下：

```
open("method","URL"[,asyncFlag[,"userName"[, "password"]]]);
```

在上面的语法中，method 用于指定请求的类型，一般为 get 或 post；URL 用于指定请求地址，可以使用绝对地址或者相对地址，并且可以传递查询字符串；asyncFlag 为可选参数，用于指定请求方式，同步请求为 true，异步请求为 false，默认情况下为 true；userName 为可选参数，用于指定求用户名，没有用户名时可省略；password 为可选参数，用于指定请求密码，没有密码时可省略。

send()方法用于向服务器发送请求。如果请求声明为异步，该方法将立即返回，否则将等到接收到响应为止。具体语法格式如下：

```
send(content);
```

在上面的语法中，content 用于指定发送的数据，可以是 DOM 对象的实例、输入流或字符串。如果没有参数需要传递则可以设置为 null。

setRequestHeader()方法为请求的 HTTP 头设置值。具体语法格式如下：

```
setRequestHeader("label", "value");
```

在上面的语法中，label 用于指定 HTTP 头；value 用于为指定的 HTTP 头设置值。

注意：setRequestHeader()方法必须在调用 open()方法之后才能调用。

abort()方法用于停止当前异步请求。

getAllResponseHeaders()方法用于以字符串形式返回完整的 HTTP 头信息，当存在参数时，表示以字符串形式返回由该参数指定的 HTTP 头信息。

XMLHttpRequest 对象的常用属性如表 8-1 所示。

表 8-1　XMLHttpRequest 对象的常用属性

属　性	说　明
onreadystatechange	每个状态改变时都会触发这个事件处理器，通常会调用一个 JavaScript 函数
readyState	请求的状态。有以下 5 个取值： 0 = "未初始化" 1 = "正在加载" 2 = "已加载" 3 = "交互中" 4 = "完成"
responseText	服务器的响应，表示为字符串
responseXML	服务器的响应，表示为 XML，这个对象可以解析为一个 DOM 对象
status	返回服务器的 HTTP 状态码，如： 200 = "成功" 202 = "请求被接受，但尚未成功" 400 = "错误的请求" 404 = "文件未找到" 500 = "内部服务器错误"
statusText	返回 HTTP 状态码对应的文本

③ XML 语言。

XML 是 Extensible Markup Language（可扩展的标记语言）的缩写，它提供了用于描述结构化数据的格式。XMLHttpRequest 对象与服务器交换的数据，通常采用 XML 格式，但也可以是基于文本的其他格式。

④ DOM。

DOM 是 Document Object Model（文档对象模型）的缩写，是表示文档（如 HTML 文档）和访问、操作构成文档的各种元素（如 HTML 标记和文本串）的应用程序接口（API）。W3C 定义了标准的文档对象模型，它以树形结构表示 HTML 和 XML 文档，定义了遍历树和添加、修改、查找树节点的方法和属性。在 Ajax 应用中，通过 JavaScript 操作 DOM，可以达到在不刷新页面的情况下实时修改用户界面的目的。

⑤ CSS。

CSS 是 Cascading Style Sheet（层叠样式表）的缩写，用于（增强）控制网页样式并允许将样式信息与网页内容分离的一种标记性语言。在 Ajax 出现以前，CSS 已经广泛地应用到传统的网页中了。在 Ajax 中，通常使用 CSS 进行页面布局，并通过改变文档对象的 CSS 属性控制页面的外观和行为。

（3） Ajax 开发需要注意的几个问题。

① 浏览器兼容性问题。

Ajax 使用了大量的 JavaScript 和 Ajax 引擎，而这些内容需要浏览器提供足够的支持。目前提供这些支持的浏览器有 IE 5.0 及以上版本、Mozilla 1.0、NetScape 7 及以上版本。Mozilla 虽然也支持 Ajax，但是提供 XMLHttpRequest 对象的方式不一样。所以使用 Ajax 的程序必须测试其针对各个浏览器的兼容性。

② XMLHttpRequest 对象封装。

Ajax 技术的实现主要依赖于 XMLHttpRequest 对象，但是在调用其进行异步数据传输时，由于 XMLHttpRequest 对象的实例在处理事件完成后就会被销毁，所以如果不对该对象进行封装处理，那么在下次需要调用它时就得重新构建，而且每次调用都需要写一大段的代码，使用起来很不方便。不过，现在很多开源的 Ajax 框架都提供了对 XMLHttpRequest 对象的封装方案，感兴趣的读者可以上网查询。

③ 性能问题。

由于 Ajax 将大量的计算从服务器移到了客户端，这就意味着浏览器将承受更大的负担，而不再是只负责简单的文档显示。由于 Ajax 的核心语言是 JavaScript，而 JavaScript 并不以高性能知名。另外，JavaScript 对象也不是轻量级的，特别是 DOM 元素耗费了大量的内存。因此，如何提高 JavaScript 代码的性能对于 Ajax 开发者来说尤为重要。下面是 3 种优化 Ajax 应用执行速度的方法：

- 优化 for 循环。
- 将 DOM 节点附加到文档上。
- 尽量减少点“.”号操作符的使用。

④ 中文编码问题。

Ajax 不支持多种字符集，它默认的字符集是 UTF-8，所以在应用 Ajax 技术的程序中应及时进行编码转换，否则程序中出现的中文字符将变成乱码。一般情况下，以下两种情况会产生中文乱码。

第一种情况：发送路径的参数中包括中文，在服务器端接收参数值时产生乱码。

将数据提交到服务器有两种方法，一种是使用 GET 方法提交；另一种是使用 POST 方法提交。使用不同的方法提交数据，在服务器端接收参数时解决中文乱码的方法是不同的。

当接收使用 GET 方法提交的数据时，要将编码转换为 GB2312，关键代码如下：

```
String name=request.getParameter("name");
out.println("姓名"+new String(name.getBytes("iso-8859-1"),"gb2312"));//
解决中文乱码
```

由于应用 POST 方法提交数据时，默认的字符编码是 UTF-8，所以当接收使用 POST 方法提交的数据时，要将编码转换为 utf-8，关键代码如下：

```
String name=request.getParameter("name");
out.println("姓名"+new String(name.getBytes("iso-8859-1"),"utf-8"));//
解决中文乱码
```

第二种情况：返回到 responseText 或 responseXML 的值中包含中文时产生乱码。

由于 Ajax 在接收 responseText 或 responseXML 的值时是按照 UTF-8 的编码格式进行解码的，所以如果服务器端传递的数据不是 UTF-8 格式，在接收 responseText 或 responseXML 的值时，就可能产生乱码。解决的办法是保证从服务器端传递的数据采用 UTF-8 的编码格式。

案例 2　标签的使用

【任务描述】

在 Ajax 开发过程中经常会用到标签，本案例主要练习表达式语言（EL）和标签的使用。

【任务分析】

要完成本案例需要了解 EL 的基本内容和标签的基本用法，通过本案例的实践掌握 JSP 程序设计中的 EL 和标签的使用。

【实施方案】

1. EL 和标签程序

在 index.jsp 中编写 EL 表达式和标签的用法程序，具体代码如下：

```
<%@ page language="java" import="java.util.*" pageEncoding="gb2312"%>
<%@ taglib prefix="c" uri="http://java.sun.com/jsp/jstl/core"%>
<html>
  <body>
    <c:set var="hours">
      <%=new java.util.Date().getHours() %>
    </c:set>
```

```
    <c:choose>
    <c:when test="${hours>6 && hours<11}" >上午好！</c:when>
    <c:when test="${hours>11 && hours<17}" >下午好！</c:when>
    <c:otherwise>晚上好！</c:otherwise>
    </c:choose>
    现在时间是：${hours}时
    <%
    List list =new ArrayList();
    list.add("厚德");
    list.add("博学");
    list.add("笃行");
    list.add("自强");
    request.setAttribute("list",list);
    %>
    <br>
    <c:forEach items="${list}" var="tag" varStatus="id">
    ${id.count}  ${tag}<br>
    </c:forEach>

  </body>
</html>
```

2．运行结果

运行程序，结果如图 8-4 所示。

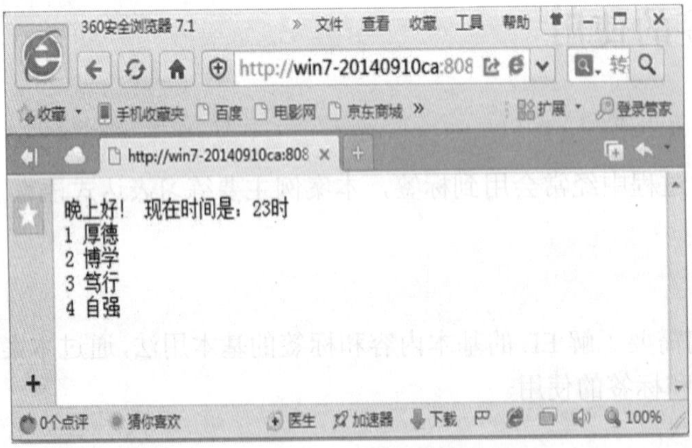

图 8-4　运行结果

相关知识

1．表达式语言

表达式语言简称为 EL（Expression Language），下面称为 EL 表达式，它是 JSP2.0 中引入的一种计算和输出 Java 对象的简单语言。EL 为不熟悉 Java 语言的页面开发人员提供了一个开发 JSP 应用程序的新途径。EL 表达式具有以下特点：

① 在 EL 表达式中可以获得命名空间（PageContext 对象，它是页面中所有其他内置对象的最大范围的集成对象，通过它可以访问其他内置对象）。

② 表达式可以访问一般变量，还可以访问 JavaBean 类中的属性以及嵌套属性和集合对象。

③ 在 EL 表达式中可以执行关系、逻辑和算术等运算。

④ 扩展函数可以与 Java 类的静态方法进行映射。

⑤ 在表达式中可以访问 JSP 的作用域（request，session，application 以及 page）。

（1） EL 表达式的简单使用。

在 JSP2.0 之前，程序员只能使用下面的代码访问系统作用域的值：

```
<%=session.getAttribute("name")%>
```

或者使用下面的代码调用 JavaBean 中的属性值或方法：

```
<jsp:useBean id="dao" scope="page" class="edu.UserInfoDao"></jsp:useBean>
<%dao.name;%>     <!--调用 UserInfoDao 类中 name 属性-->
<%dao.getName();%>  <!--调用 UserInfoDao 类中 getName()方法-->
```

在 EL 表达式中允许程序员使用简单语法访问对象。例如，使用下面的代码访问系统作用域的值：

```
${name}
```

其中${name}为访问 name 变量的表达式，而通过表达式语言调用 JavaBean 中的属性值或方法的代码如下：

```
<jsp:useBean id="dao" scope="page" class="edu.UserInfoDao"></jsp:useBean>
${dao.name}     <!--调用 UserInfoDao 类中 name 属性-->
${dao.getName()}     <!--调用 UserInfoDao 类中 getName()方法-->
```

（2） EL 表达式的语法。

EL 表达式语法很简单，它最大的特点就是使用方便。表达式语法格式如下：

```
${expression}
```

在上面的语法中，“${” 符号是表达式起始点，因此，如果在 JSP 网页中要显示 “${” 字符串，必须在前面加上 “\” 符号，即 “\${”，或者写成 “${'${'}”，也就是用表达式来输出 “${” 符号。在表达式中要输出一个字符串，可以将此字符串放在一对单引号或双引号内。例如，要在页面中输出字符串 “黄淮学院，应用科技大学”，可以使用下面的代码：

${"黄淮学院，应用科技大学"}

技巧：如果想在 JSP 页面中输出 EL 表达式，可以使用 “\” 符号，即在 “${}” 之间加 “\”，例如 “\${5+3}”，将在 JSP 页面中输出 “${5+3}”，而不是 5+3 的结果 8。

说明：由于在 EL 表达式是 JSP2.0 以前没有的，所以为了和以前的规范兼容，可以通过在页面代码的前面加入以下语句声明是否忽略 EL 表达式：

```
<%@ page isELIgnored="true|false" %>
```

在上面的语法中，如果为 true，则忽略页面中的 EL 表达式，否则为 false，则解析页面中的 EL 表达式。

(3) EL 表达式的运算符。

在 JSP 中，EL 表达式提供了存取数据运算符、算术运算符、关系运算符、逻辑运算符、条件运算符及 empty 运算符，下面进行详细介绍。

① 存取数据运算符。

在 EL 表达式中可以使用运算符“[]”和“.”来取得对象的属性。例如，${user.name}或者${user[name]}都是表示取出对象 user 中的 name 属性值。

② 算术运算符。

算术运算符可以作用在整数和浮点数上。EL 表达式的算术运算符包括加(+)、减(–)、乘（*)、除（/或 div)、和求余（%或 mod）等 5 个。

注意：EL 表达式无法像 Java 一样将两个字符串用“+”运算符连接在一起（"a"+"b"），所以${"a"+"b"}的写法是错误的。但是，可以采用${"a"}${"b"}这样的方法来表示。

③ 关系运算符。

关系运算符除了可以作用在整数和浮点数之外，还可以依据字母的顺序比较两个字符串的大小，这方面在 Java 中没有体现出来。EL 表达式的关系运算符包括等于（==或 eq)、不等于（!=或 ne)、小于（<或 lt)、大于（>或 gt)、小于等于（<=或 le）和大于等于（>=或 ge）等 6 个。

注意：在使用 EL 表达式关系运算符时，不能够写成：

```
${param.password1} == ${param.password2}
```

或：

```
${${param.password1} == ${param.password2}}
```

正确的写法是：

```
${param.password1 == param.password2}
```

④ 逻辑运算符。

逻辑运算符可以作用在布尔值（Boolean）上。EL 表达式的逻辑运算符包括与（&&或 and)、或（||或 or）和非（!或 not）等 3 个。

⑤ empty 运算符。

empty 运算符是一个前缀（prefix）运算符，即 empty 运算符位于操作数前方，被用来决定一个对象或变量是否为 null 或空。

⑥ 条件运算符。

EL 表达式中可以利用条件运算符进行条件求值，其格式如下：

```
${条件表达式? 计算表达式 1: 计算表达式 2}
```

在上面的语法中，如果条件表达式为真，则计算表达式 1，否则计算表达式 2。但是 EL 表达式中的条件运算符功能比较弱，一般可以用 JSTL（JSTL 是一个不断完善的开放源代码的 JSP 标准标签库，主要给 Java Web 开发人员提供一个标准的通用的标签库，关于 JSTL 的详细介绍参见 9.2.2 节）中的条件标签<c:if>或<c:choose>替代，如果处理的问题比较简单也可以使用。EL 表达式中的条件运算符唯一的优点是方便简单，和 Java 语言里的用法完全一致。

上面所介绍的各运算符的优先级如图 8-5 所示。

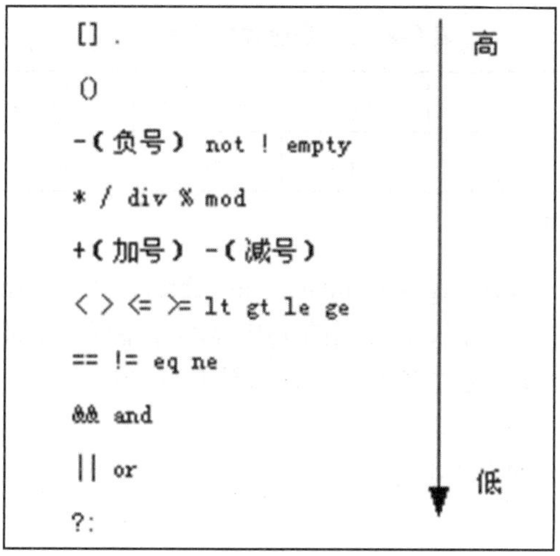

图 8-5　运算符的优先级

（4） EL 表达式中的隐含对象。

为了能够获得 Web 应用程序中的相关数据，EL 表达式中定义了一些隐含对象。这些隐含对象分为以下 3 种。

① PageContext 隐含对象。

PageContext 隐含对象可以用于访问 JSP 内置对象，例如，request、response、out、session、config、servletContext 等，使用时格式如“${PageContext.session}”。

② 访问环境信息的隐含对象。

EL 表达式中定义的用于访问环境信息的隐含对象包括以下 6 个：

Cookie：用于把请求中的参数名和单个值进行映射。

initParam：把上下文的初始参数和单一的值进行映射。

header：把请求中的 header 名字和单值映射。

param：把请求中的参数名和单个值进行映射。

headerValues：把请求中的 header 名字和一个 Arrar 值进行映射。

paramValues：把请求中的参数名和一个 Array 值进行映射。

③ 访问作用域范围的隐含对象。

EL 表达式中定义的用于访问环境信息的隐含对象包括以下 4 个：

applicationScope：映射 application 范围内的属性值。

sessionScope：映射 session 范围内的属性值。

requestScope：映射 request 范围内的属性值。

pageScope：映射 page 范围内的属性值。

④ EL 表达式中的保留字。

EL 表达式中定义了若干保留字，当在为变量命名时，应该避免使用这些保留字。EL 表达式中的保留字见表 8-2。

表 8-2 EL 表达式中的保留字

and	eq	gt	true	instanceof	div	or	ne
le	false	lt	empty	mod	not	ge	null

2．JSTL 标准标签库

JSTL 的全称是 JavaServer Pages Standard Tag Library，是由 Apache 的 Jakarta 小组负责维护的，它是一个不断完善的开放源代码的 JSP 标准标签库，主要给 Java Web 开发人员提供一个标准的通用的标签库。通过 JSTL，可以取代传统 JSP 程序中嵌入 Java 代码的做法，大大提高程序的可维护性。

JSTL 主要包括以下 5 种标签库。

① 核心标签库。

核心标签库主要用于完成 JSP 页面的基本功能，包含 JSTL 的表达式标签、条件标签、循环标签和 URL 操作 4 种标签。

② 格式标签库。

格式标签库提供了一个简单的标记集合国际化（I18N）标记，用于处理和解决国际化相关的问题，另外，格式标签库中还包含用于格式化数字和日期的显示格式的标签。

③ SQL 标签。

SQL 标签封装了数据库访问的通用逻辑，使用 SQL 标签，可以简化对数据库的访问。如果结合核心标签库，可以方便地获取结果集、迭代输出结果集中的数据结果。

④ XML 标签库。

XML 标签库可以处理和生成 XML 的标记，使用这些标记可以很方便地开发基于 XML 的 Web 应用。

⑤ 函数标签库。

函数标签库提供了一系列字符串操作函数，用于分解和连接字符串、返回子串、确定字符串是否包含特定的子串等。

在使用这些标签之前必须在JSP页面的首行使用<%@ taglib%>指令定义标签库的位置和访问前缀。例如，使用核心标签库的 taglib 指令格式如下：

```
<%@ taglib prefix="c" uri="http://java.sun.com/jsp/jstl/core" %>
```

使用格式标签库的 taglib 指令格式如下：

```
<%@ taglib prefix="fmt" uri="http://java.sun.com/jsp/jstl/fmt"%>
```

使用 SQL 标签库的 taglib 指令格式如下：

```
<%@ taglib prefix="sql" uri="http://java.sun.com/jsp/jstl/sql"%>
```

使用 XML 标签库的 taglib 指令格式如下：

```
<%@ taglib prefix="xml" uri="http://java.sun.com/jsp/jstl/xml"%>
```

使用函数标签库的 taglib 指令格式如下：

```
<%@ taglib prefix="fn" uri="http://java.sun.com/jsp/jstl/functions"%>
```

下面将对 JSTL 中最常用的核心标签库的 4 种标签进行介绍。

（1） 表达式标签。

表达式标签包括<c:out>、<c:set>、<c:remove>、<c:catch>等 4 个标签，下面分别介绍它们的语法及应用。

① <c:out>标签。

<c:out>标签用于将计算的结果输出到 JSP 页面中，该标签可以替代<%=%>。<c:out>标签的语法格式如下：

语法格式 1：

```
<c:out value="value" [escapeXml="true|false"] [default="defaultValue"]/>
```

语法格式 2：

```
<c:out value="value" [escapeXml="true|false"]>
   defalultValue
</c:out>
```

这两种语法格式的输出结果完全相同。

<c:out>标签属性见表 8-3。

表 8-3 <c:out>标签的属性

属 性	类 型	描 述	是否可以引用 EL
value	Object	将要输出的变量或表达式	可以
escapeXml	boolean	转换特殊字符，默认值为 true。例如“<”转换为“<”	不可以
default	Object	如果 value 属性值等于 NULL，则显示 default 属性定义的默认值	不可以

② <c:set>标签。

<c:set>标签用于定义和存储变量，它可以定义变量是在 JSP 会话范围内还是 JavaBean 的属性中，可以使用该标签在页面中定义变量，而不用在 JSP 页面中嵌入打乱 HTML 排版的 Java 代码。<c:set>标签有 4 种语法格式。

语法格式 1：该语法格式在 scope 指定的范围内将变量值存储到变量中。

```
<c:set value="value" var="name" [scope="page|request|session|application"]/>
```

语法格式 2：该语法格式在 scope 指定的范围内将标签主体存储到变量中。

```
<c:set var="name" [scope="page|request|session|application"]>
   标签主体
</c:set>
```

语法格式 3：该语法格式将变量值存储在 target 属性指定的目标对象的 propName 属性中。

```
<c:set value="value" target="object" property="propName"/>
```

语法格式 4：该语法格式将标签主体存储到 target 属性指定的目标对象的 propName 属性中。

```
<c:set target="object" property="propName">
标签主体
</c:set>
```

<c:set>标签的属性见表 8-4。

表 8-4　<c:set>标签的属性

属　性	类　型	描　述	是否可以引用 EL
value	Object	将要存储的变量值	可以
var	String	存储变量值的变量名称	不可以
target	Object	存储变量值或者标签主体的目标对象，可以是 JavaBean 或 Map 集合对象	可以
property	String	指定目标对象存储数据的属性名	可以
scope	String	指定变量存在于 JSP 的范围，默认值是 page	不可以

③ <c:remove>标签。

<c:remove>标签可以从指定的 JSP 范围中移除指定的变量，其语法格式如下：

```
<c:remove var="name" [scope="page|request|session|application"]/>
```

在上面语法中，var 用于指定存储变量值的变量名称；scope 用于指定变量存在于 JSP 的范围，可选值有 page、request、session、application，默认值是 page。

④ <c:catch>标签。

<c:catch>标签是 JSTL 中处理程序异常的标签，它还能够将异常信息保存在变量中。<c:catch>标签的语法格式如下：

```
<c:catch [var="name"]>
......存在异常的代码
</c:catch>
```

在上面的语法中，var 属性可以指定存储异常信息的变量。这是一个可选项，如果不需要保存异常信息，可以省略该属性。

（2） 条件标签。

条件标签在程序中会根据不同的条件去执行不同的代码来产生不同的运行结果，使用条件标签可以处理程序中任何可能发生的事情。

在 JSTL 中，条件标签包括<c:if>标签、<c:choose>标签、<c:when>标签和<c:otherwise>标签等 4 种，下面将详细介绍这些标签的语法及应用。

① <c:if>标签。

这个标签可以根据不同的条件去处理不同的业务，也就是执行不同的程序代码。它和 Java 基础中 if 语句的功能一样。<c:if>标签有两种语法格式。

语法格式 1：该语法格式会判断条件表达式，并将条件的判断结果保存在 var 属性指定的变量中，而这个变量存在于 scope 属性所指定范围中。具体格式如下：

```
<c:if test="condition" var="name" [scope=page|request|session|application]/>
```

语法格式 2：该语法格式不但可以将 test 属性的判断结果保存在指定范围的变量中，还可以根据条件的判断结果去执行标签主体。标签主体可以是 JSP 页面能够使用的任何元素，例如 HTML 标记、Java 代码或者嵌入其他 JSP 标签。具体格式如下：

```
<c:if test="condition" var="name" [scope=page|request|session|application]>
  标签主体
</c:if>
```

</c:if>标签的属性见表 8-5。

表 8-5　</c:if>标签的属性

属　性	类　型	描　述	是否可以引用 EL
test	Boolean	条件表达式，这是<c:if>标签必须定义的属性	可以
var	String	指定变量名，这个属性会指定 test 属性的判断结果将存放在那个变量中，如果该变量不存在就创建它	不可以
scope	String	存储范围，该属性用于指定 var 属性所指定的变量的存在范围	不可以

② <c:choose>标签。

<c:choose>标签可以根据不同的条件去完成指定的业务逻辑，如果没有符合的条件会执行默认条件的业务逻辑。<c:choose>标签只能作为<c:when>和<c:otherwise>标签的父标签，可以在它之内嵌套这两个标签完成条件选择逻辑。<c:choose>标签的语法格式如下：

```
<c:choose>
  <c:when>
    业务逻辑
  </c:when>
  …  <!--多个<c:when>标签-->
  <c:otherwise>
    业务逻辑
  </c:otherwise>
</c:choose>
```

<c:choose>标签中可以包含多个<c:when>标签来处理不同条件的业务逻辑，但是只能有一个<c:otherwise>标签来处理默认条件的业务逻辑。<c:when>标签的语法格式如下：

```
<c:when test="condition">
    标签主体
</c:when>
```

③ <c:otherwise>标签。

<c:otherwise>标签也是一个包含在<c:choose>标签的子标签，用于定义<c:choose>标签中的默认条件处理逻辑，如果没有任何一个结果满足<c:when>标签指定的条件，将会执行这个标签主体中定义的逻辑代码。在<c:choose>标签范围内只能存在一个该标签的定义。<c:otherwise>标签的语法格式如下：

```
<c:otherwise>
    标签主体
</c:otherwise>
```

注意：<c:otherwise>标签必须定义在所有<c:when>标签的后面，也就是说它是<c:choose>标签的最后一个子标签。

（3） 循环标签。

JSP 页面开发经常需要使用循环标签生成大量的代码，例如生成 HTML 表格等。JSTL 标签库中提供了<c:forEach>和<c:forTokens>两个循环标签。

① <c:forEach>标签。

<c:forEach>标签可以枚举集合中的所有元素，也可以循环指定的次数，这可以根据相应的属性确定。

<c:forEach>标签的语法格式如下：

```
<c:forEach items="data" var="name" begin="start" end="finish" step="step" varStatus="statusName">
    标签主体
</c:forEach>
```

<c:forEach>标签中的属性都是可选项，可以根据需要使用相应的属性。<c:forEach>标签的属性见表 8-6。

表 8-6　<c:forEach>标签的属性

属　性	类　型	描　述	是否可以引用 EL
items	数组、集合类、字符串和枚举类型	被循环遍历的对象，多用于数组与集合类	可以
var	String	循环体的变量，用于存储 items 指定的对象的成员	不可以
begin	int	循环的起始位置	可以
end	int	循环的终止位置	可以
step	int	循环的步长	可以
varStatus	String	循环的状态变量	不可以

② <c:forTokens>标签。

<c:forTokens>标签可以用指定的分隔符将一个字符串分割开，根据分割的数量确定循环的次数。<c:forTokens>标签的语法格式如下：

```
<c:forTokens items="String" delims="char" [var="name"] [begin="start"] [end="end"] [step="len"] [varStatus="statusName"]>
    标签主体
</c:forTokens>
```

<c:forTokens>标签的属性见表 8-7。

表 8-7　<c:forTokens>标签的属性

属　性	类　型	描　述	是否可以引用 EL
items	String	被循环遍历的对象，多用于数组与集合类	可以
delims	String	字符串的分割字符，可以同时有多个分隔字符	不可以
var	String	变量名称	不可以
begin	int	循环的起始位置	可以
end	int	循环的终止位置	可以
step	int	循环的步长	可以
varStatus	String	循环的状态变量	不可以

（4） URL 操作标签。

JSTL 标签库包括<c:import>、<c:redirect>和<c:url>3 种 URL 标签，它们分别用来实现导入其他页面、重定向和产生 URL 的功能。

① <c:import>标签。

<c:import>标签可以导入站内或其他网站的静态和动态文件到 JSP 页面中，例如，使用<c:import>标签导入其他网站的天气信息到自己的 JSP 页面中。与此相比，<jsp:include>只能导入站内资源，<c:import>的灵活性要高很多。<c:import>标签的语法格式如下。

语法格式 1：

```
<c:import url="url" [context="context"] [var="name"]
 [scope="page|request|session|application"] [charEncoding="encoding"]
标签主体
</c:import>
```

语法格式 2：

```
<c:import url="url" varReader="name" [context="context"] [charEncoding="
encoding"]
```

<c:import>标签的属性见表 8-8。

表 8-8　<c:import>标签的属性

属　性	类　型	描　述	是否可以引用 EL
url	String	被导入的文件资源的 URL 路径	可以
context	String	上下文路径，用于访问同一个服务器的其他 Web 工程，其值必须以“/”开头，如果指定了该属性，那么 url 属性值也必须以“/”开头	可以
var	String	变量名称，将获取的资源存储在变量中	不可以
scope	String	变量的存在范围	不可以
varReader	String	以 Reader 类型存储被包含文件内容	不可以
charEncoding	String	被导入文件的编码格式	可以

② <c:redirect>标签。

<c:redirect>标签可以将客户端发出的 request 请求重定向到其他 URL 服务端，由其他程序处理客户的请求。而在这期间可以对 request 请求中的属性进行修改或添加，然后把所有属性传递到目标路径。该标签有两种语法格式。

语法格式 1：该语法格式没有标签主体，并且不添加传递到目标路径的参数信息。具体格式如下：

```
<c:redirect url="url" [context="/context"]/>
```

语法格式 2：该语法格式将客户请求重定向到目标路径，并且在标签主体中使用<c:param>标签传递其他参数信息。具体格式如下：

```
<c:redirect url="url" [context="/context"]>
 ......<c:param>
</c:redirect>
```

③ <c:url>标签。

<c:url>标签用于生成一个 URL 路径的字符串，这个生成的字符串可以赋予 HTML 的<a>标记实现 URL 的连接，或者用这个生成的 URL 字符串实现网页转发与重定向等。在使用该标签生成 URL 时还可以搭配<c:param>标签动态添加 URL 的参数信息。<c:url>标签

有两种语法格式。

语法格式 1：该语法将输出产生的 URL 字符串信息，如果指定了 var 和 scope 属性，相应的 URL 信息就不再输出，而是存储在变量中以备后用。具体格式如下：

```
<c:url value="url" [var="name"] [scope="page|request|session|application"]
[context="context"]/>
```

语法格式 2：语法格式 2 不仅实现了语法格式 1 的功能，而且还可以搭配<c:param>标签完成带参数的复杂 URL 信息。具体格式如下：

```
<c:url value="url" [var="name"] [scope="page|request|session|application"]
[context="context"]>
   <c:param>
</c:url>
```

<c:url>标签的属性见表 8-9。

表 8-9　<c:url>标签的属性

属　性	类　型	描　述	是否可以引用 EL
url	String	生成的 URL 路径信息	可以
context	String	上下文路径，用于访问同一个服务器的其他 Web 工程，其值必须以“/”开头，如果指定了该属性，那么 url 属性值也必须以“/”开头	可以
var	String	变量名称，将获取的资源存储在变量中	不可以
scope	String	变量的存在范围	不可以
context	String	url 属性的相对路径	可以

④ <c:param>标签。

<c:param>标签只用于为其他标签提供参数信息，它与本节中的其他 3 个标签组合可以实现动态定制参数，从而使标签可以完成更复杂的程序应用。<c:param>标签的语法格式如下：

```
<c:param name="paramName" value="paramValue"/>
```

在上面的语法中，name 属性用于指定参数名称，可以引用 EL；value 属性用于指定参数值。

3. 自定义标签库的开发

自定义标签是程序员自己定义的 JSP 语言元素，它的功能类似于 JSP 自带的<jsp:forward>等标准动作元素。实际上自定义标签就是一个扩展的 Java 类，它是运行一个或者两个接口的 JavaBean。当多个同类型的标签组合在一起时就形成了一个标签库，这时候还需要为这个标签库中的属性编写一个描述性的配置文件，这样服务器才能通过页面上的标签查找到相应的处理类。使用自定义标签可以加快 Web 应用开发的速度，提高代码重用性，使得 JSP 程序更加容易维护。引入自定义标签后的 JSP 程序更加清晰、简洁、便于管理维护以及日后的升级。

（1） 自定义标签的定义格式。

自定义标签在页面中通过 XML 语法格式来调用的。它们由一个开始标签和一个结束标签组成。

① 无标签体的标签。

无标签体的标签有两种格式，一种是没有任何属性的，另一种是带有属性的。例如下面的代码：

```
<wgh:displayDate/>          <!--无任何属性-->
<wgh:displayDate name="contact" type="com.UserInfo"/><!--带属性-->
```

在上面的代码中，wgh 为标签前缀，displayDate 为标签名称，name 和 type 是自定义标签使用的两个属性。

② 带标签体的标签。

自定义的标签中可包含标签体，例如下面的代码：

```
<wgh:iterate>Welcome to BeiJing</wgh:iterate>
```

（2） 自定义标签的构成。

自定义标签由实现自定义标签的 Java 类文件和自定义标签的 TLD 文件构成。

① 实现自定义标签的 Java 类文件

任何一个自定义标签都要有一个相应的标签处理程序，自定义标签的功能是由标签处理程序定义的。因此，自定义标签的开发主要就是标签处理程序的开发。

标签处理程序的开发有固定的规范，即开发时需要实现特定接口的 Java 类，开发标签的 Java 类时，必须实现 Tag 或者 BodyTag 接口类（它们存储在 javax.servlet.jsp.tagext 包下）。BodyTag 接口是继承了 Tag 接口的子接口，如果创建的自定义标签不带标签体，则可以实现 Tag 接口，如果创建的自定义标签包含标签体，则需要实现 BodyTag 接口。

② 自定义标签的 TLD 文件。

自定义标签的 TLD 文件包含了自定义标签的描述信息，它把自定义标签与对应的处理程序关联起来。一个标签库对应一个标签库描述文件，一个标签库描述文件可以包含多个自定义标签声明。

自定义标签的 TLD 文件的扩展名必须是.tld。该文件存储在 Web 应用的 Web-INF 目录下或者子目录下，并且一个标签库要对应一个标签库描述文件，而在一个描述文件中可以保存多个自定义标签的声明。

自定义标签的 TLD 文件的完整代码如下：

```
<?xml version="1.0" encoding="ISO-8859-1" ?>
<taglib xmlns="http://java.sun.com/xml/ns/j2ee"
    xmlns:xsi="http://www.w3.org/2001/XMLSchema-instance"
    xsi:schemaLocation="http://java.sun.com/xml/ns/j2ee web-jsptaglibrary_
2_0.xsd"
    version="2.0">
    <description>A tag library exercising SimpleTag handlers.</description>
    <tlib-version>1.2</tlib-version>
    <jsp-version>1.2</jsp-version>
    <short-name>examples</short-name>
<tag>
    <description>描述性文字</description>
    <name>showDate</name>
```

```
    <tag-class>com.ShowDateTag</tag-class>
    <body-content>empty</body-content>
    <attribute>
        <name>value</name>
        <required>true</required>
    </attribute>
</tag>
</taglib>
```

（3） 在JSP文件中引用自定义标签。

JSP文件中，可以通过下面的代码引用自定义标签：

```
<%@ taglib uri="tld uri"  prefix="taglib.prefix"%>
```

上面语句中的uri和prefix属性说明如下。

① uri属性。

uri属性指定了tld文件在Web应用中的存放位置，此位置可以采用以下两种方式指定。

在uri属性中直接指明tld文件的所在目录和对应的文件名，例如下面的代码

```
<%@ taglib uri="/Web-INF/showDate.tld"  prefix="taglib.prefix"%>
```

通过在web.xml文件中定义一个关于tld文件的uri属性，让JSP页面通过该uri属性引用tld文件，这样可以向JSP页面隐藏tld文件的具体位置，有利于JSP文件的通用性。例如在web.xml中进行以下配置：

```
<taglib>
  <taglib-uri>showDateUri</taglib-uri>
  <taglib-location>/Web-INF/showDate.tld</taglib-location>
</taglib>
```

在JSP页面中就可应用以下代码引用自定义标签：

```
<%@ taglib uri="showDateUri "  prefix="taglib.prefix"%>
```

② prefix属性。

prefix属性规定了如何在JSP页面中使用自定义标签，即使用什么样的前缀来代表标签，使用时标签名就是在tld文件中定义的<tag></tag>段中的<name>属性的取值，它和前缀之间要用冒号“:”隔开。

练习题

一、简单题

1．什么是Ajax？简述Ajax中使用的技术。

2．如何创建一个跨浏览器的XMLHttpRequest对象？

3．如何解决返回到responseText或responseXML的值因包含中文而产生乱码的问题？

4．EL表达式的基本语法是什么？如何让JSP页面忽略EL表达式？

5．如何在JSP文件中引用自定义的标签？

第 9 章　JSP 综合实例

教学目标

通过本章的学习，使学生能够将所学知识进行总结并综合应用，提高对具体问题的需求分析，总体设计，详细设计和测试等软件工程的开发能力，为就业做好对接培养。

教学内容

本章主要将学习使学生能够过的 JSP 技术应用到具体的案例中，主要用到 JSP 技术及其相关技术，数据库访问技术、设计模式和软件工程的软件开发方法等。主要包括:

（1） JSP 技术及其相关技术。

（2） 软件工程及其相关方法。

（3） 数据库访问技术。

（4） 设计模式。

教学重点与难点

（1） 软件工程及其相关方法。

（2） 数据库访问技术。

案例　简单网上购书管理系统

【任务描述】

当前网上购物成为热门，本案例将设计一个简单的网上购书管理系统，完成用户登录、图书添加、加入购物车、修改购物车等基本功能。

【任务分析】

本案例通过具体实现总结 JSP 技术及其相关技术。要完成本案例需要掌握 JSP 技术，掌握数据库访问技术，掌握设计模式的应用，掌握软件工程的开发方法等。

【实施方案】

一、设计数据库

1. 实体属性图

数据库的 E-R 图设计是在系统功能结构图的基础上进行的，目的是设计出能够满足用户需求的各种实体以及它们之间的关系，为后边的逻辑结构设计打下坚实基础。根据本案例的需求分析，得到会员实体、图书实体、订单实体和订单详情实体。

（1） 会员实体包括会员账号、登录次数、登录密码、联系电话、通讯地址、邮政编码、会员姓名、邮箱等会员实体属性图如图 9-1 所示。

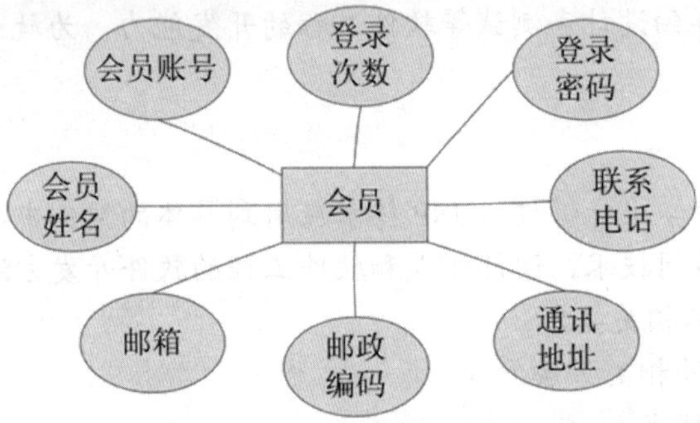

图 9-1 会员实体属性图

（2） 图书实体包括图书名、图书号、图书作者、图书出版社、图书价格、图书简介等。图书实体属性图如图 9-2 所示。

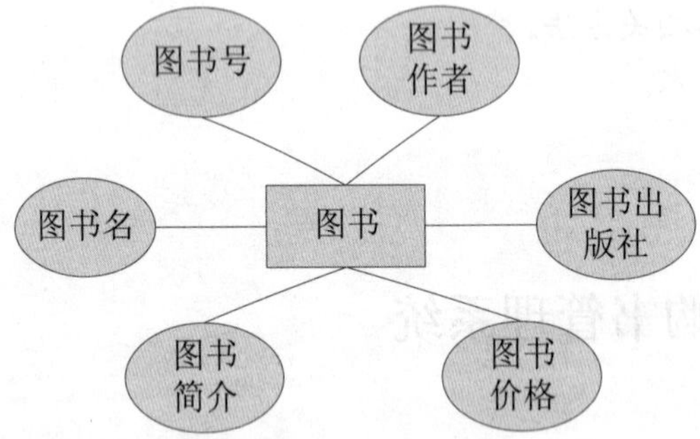

图 9-2 图书实体属性图

（3） 订单实体包括订单号、会员账号、接收人姓名、接收人地址、接收人邮编、订单价格、订单日期、订单说明等。订单实体属性图如图 9-3 所示。

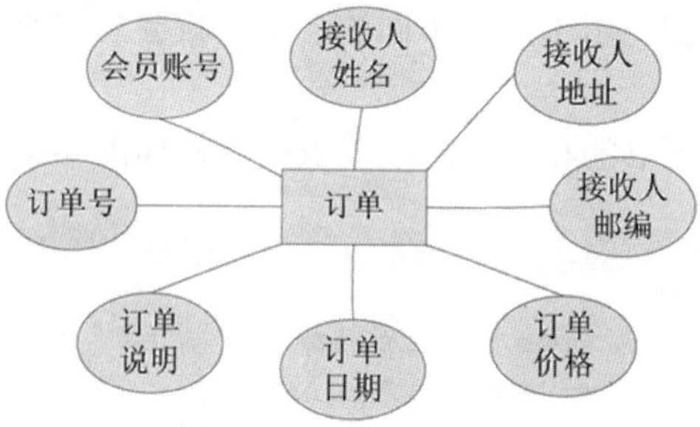

图 9-3　订单实体属性图

（4） 订单详情包括订单号、图书号、图书数量等订单详情属性图如图 9-4 所示。

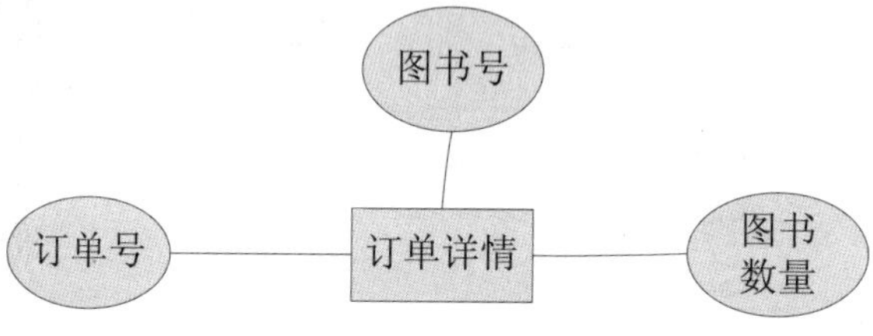

图 9-4　订单详情属性图

2. 主要数据表的结构

数据库在整个管理系统中占据非常重要的地位，数据库结构设计的好坏直接影响着系统的效率和实现效果。本案例采用 MySQL 数据库，数据库名为 books。主要的数据表包括会员信息表、图书信息表、订单信息表和订单详情表。

会员信息表用来存储会员的基本信息，该表的结构如图 9-5 所示。

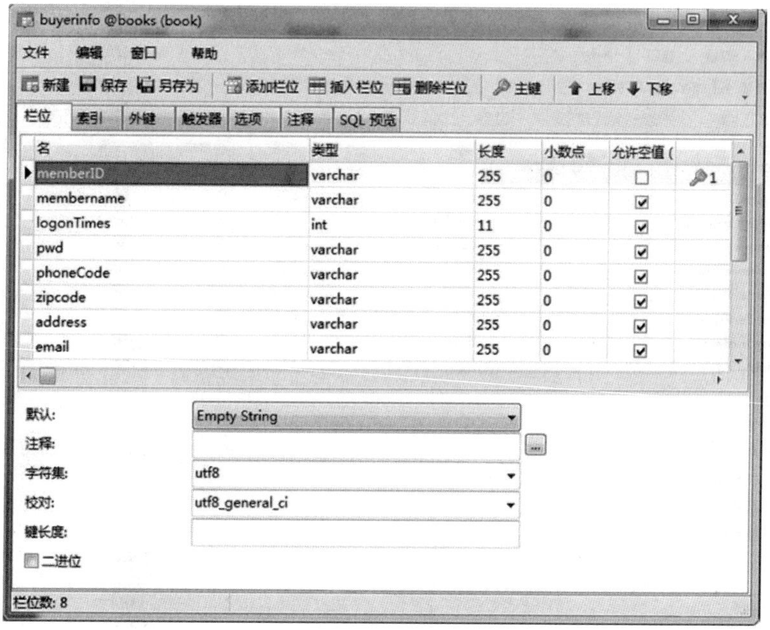

图 9-5　会员信息表结构

其中 memberID 是主键，用于区分不同的会员，新会员注册时只能使用没有被使用的用户代码。

图书信息表主要存储图书的相关信息，该表的结构如图 9-6 所示。

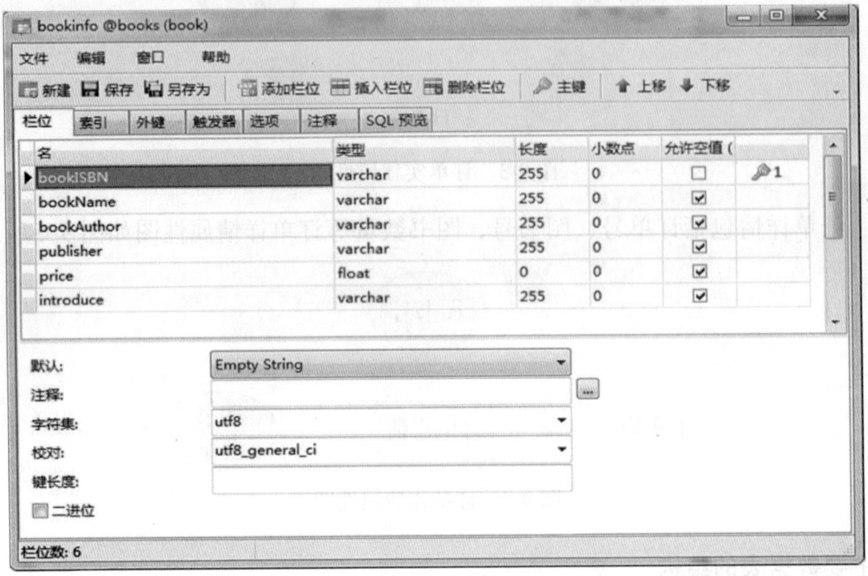

图 9-6　图书信息表结构

其中，bookISBN 是主键，用以区分不同的图书。

为了减少数据冗余，定单信息由两张表来记录：订单信息表记录与订单有关的公用信息，订单详情表记录该定单包含哪些书籍及数量，它们的表结构分别如图 9-7 和 9-8 所示。

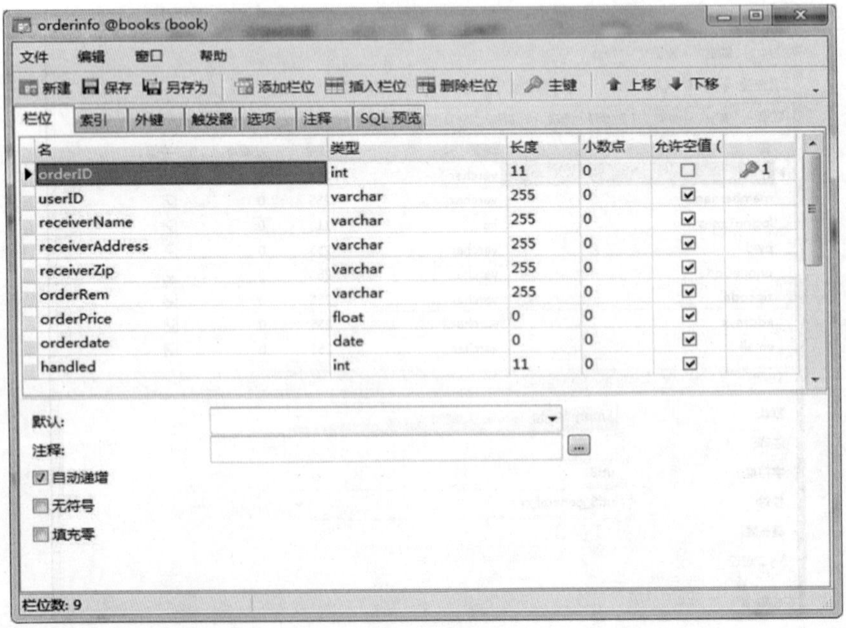

图 9-7　订单信息表结构

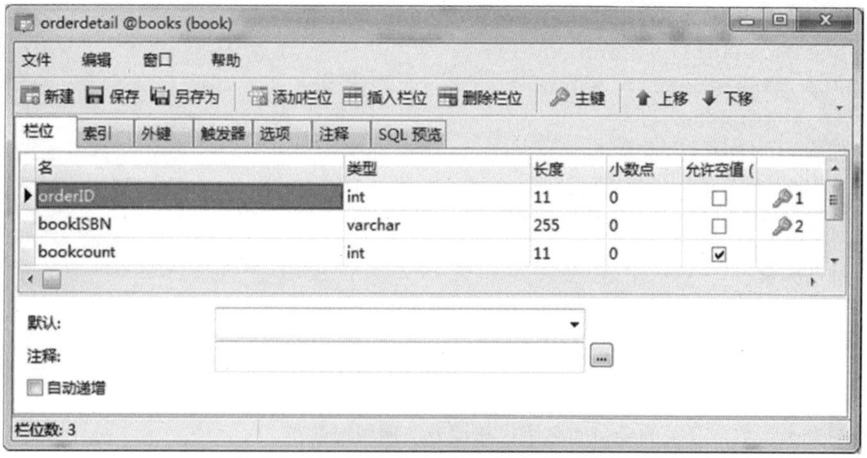

图 9-8 订单详情表结构

二、主要功能及公共类的编写

1. 会员登录功能的实现

简单的网上购书管理系统在用户开始购书之前，必须要记录用户的一些信息以便用户在不同的分类、不同的页面购书时，最后能够去收款台统一结帐。因此，要求用户在购书之前进行注册成为会员，以后只用会员账号和密码即可登录。

在本案例将会员登录程序分成两大部分：JavaBean 用于对数据库的操作，验证用户名和密码是否正确；JSP 页面部分，用于供用户会员账号和密码以及显示验证结果。

（1） 会员登录 JavaBean 的实现。

在登录的时候需要验证用户的 memberID 和其 pwd 是否一致，如果一致即可判断该用户是合法的，将其登录次数加 1；否则需要重新登录。

用户验证部分的 JavaBean 文件 BuyerBean.Java 的详细代码如下：

```
/* ************************************************************
文件名称：BuyerBean.Java
设计时间：2014.9.30
功能：本 Bean 中有两个 set 方法和两个 get 方法：
setMemberID()—对 BuyerBean 中的 memberID 属性进行赋值；
setPwd()—对 BuyerBean 中的 pwd 属性进行赋值；
getLogontimes()—取该会员登录的次数；
getMenberName()获得该会员的真实姓名，用于显示欢迎信息。
********************************************************* **/
package hhxy;
import java.sql.*;
public class BuyerBean {
  private String memberID = null ;     //会员账号
  private String memberName = null;   //会员姓名
  private String pwd = null;      //密码
  private int logontimes = -1;       //登录的次数
  private static String strDBDriver = "com.MySQL.jdbc.Driver";
```

```
private static String strDBUrl = "jdbc:MySQL://localhost/books";
private Connection conn =null;              //连接
private ResultSet rs = null;          //结果集
public BuyerBean (){
  //加载 JDBC-ODBC 驱动
  try {
    Class.forName(strDBDriver );
  }
  //捕获异常
  catch(java.lang.ClassNotFoundException e){
    System.err.println("BuyerBean():"+ e.getMessage());
  }
}
//获得登录次数，登录的会员的名字也在该方法调用时获得
public int getLogontimes(){
  String strSql = null;
  try{
    conn = DriverManager.getConnection(strDBUrl,"root","123456");
    Statement stmt = conn.createStatement();
 strSql = "Select logonTimes,membername from buyerInfo
where memberID = '" + memberID +"' and pwd ='" + pwd + "'";
    rs = stmt.executeQuery(strSql);
    while (rs.next()){
      // 登录的次数
      logontimes = rs.getInt("logonTimes");
      //会员姓名
       memberName = rs.getString("membername");
    }
    rs.close();
    //如果是合法会员则将其登录次数加 1
    if (logontimes != -1 ) {
      strSql = "Update buyerInfo set logonTimes = logonTimes +1
where memberID = '" + memberID + "'";
      stmt.executeUpdate(strSql);
    }
    stmt.close();
    conn.close();

  }
  //捕获异常
  catch(SQLException e){
    System.err.println("BuyerBean.getLogontimes():" + e.getMessage());
  }
  return logontimes ;
}
//设置 memberID 属性:
public  void setMemberID(String ID){
  this.memberID = ID;
}
//设置 pwd 属性
```

```
    public void  setPwd(String password){
      this.pwd = password;
    }
    //获得该会员的真实姓名，必须在取该会员登录的次数之后才能被赋予正确的值
    public String getMemberName(){
      return memberName;
    }
    //测试 Bean 中的各个方法是否能够正常工作
    public  static void main(String args[]){
      BuyerBean buyer = new BuyerBean();
      buyer.setMemberID("abcd");
      buyer.setPwd("1234");
      System.out.println(buyer.getLogontimes());
      System.out.println(buyer.getMemberName());
    }
  }
```

在 BuyerBean 中用了 package hhxy; 在发布到 Web SERVER 时，可以用 JAR（JDK 中带的打包工具）把编译后的 BuyerBean.class 打包成 JAR 文件在服务器的环境变量 classpath 中给予指定，或者在服务器 classpath 环境变量指定的目录下建一个 hhxy 文件夹，把 BuyerBean.class 放到 hhxy 目录下。

（2） 会员登录页面设计与实现。

会员登录的首页面用于会员输入其 ID 和密码。首页面 index.jsp 的详细代码如下：

```
  <%@ page language="java" import="java.util.*" pageEncoding="gbk"%>
  <%
  String path = request.getContextPath();
  String basePath = request.getScheme()+"://"+request.getServerName()+":"+
request.getServerPort()+path+"/";
  %>
  <HTML>
  <HEAD>
  <TITLE>CUUG ON LINE BOOK STORE - MEMBER LOGIN</TITLE>
  </HEAD>
  <BODY bgcolor="white">
  <H1 align="center">网上书店</H1>
  <H2 align="center">会员登录页</H2>
  <P> </P>
  <P> </P>
  <CENTER>
  <FORM METHOD="POST" ACTION="checklogon.jsp">
  <BR>
  <font size=5 color="green">
  请输入会员账号和密码: <br>
  会员账号:<input TYPE="text" name="memberID"  ><BR>
  密    码:<input TYPE="password" name="pwd"  ><BR>

  <br><INPUT TYPE="submit" name="submit" Value="登录">
  </font>
```

```
</FORM>
</CENTER>
</BODY>
</HTML>
```

当运行该页面时，用户输入会员账号和登录密码，其运行结果如图 9-9 所示，当会员输入其账号和密码后调用 checklogon.jsp 来验证该网络用户是否是合法会员。

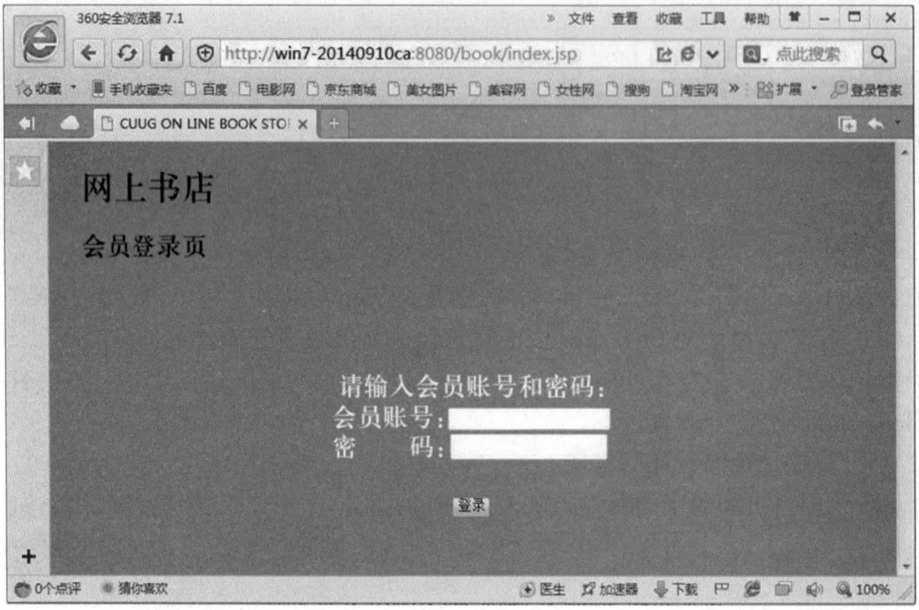

图 9-9　会员登录页面

在 checklogon.jsp 中接收从 index.jsp 中由用户所填的会员账号和密码，把它传给 BuyerBean，由 BuyerBean 判断该用户的会员账号和密码的正确性，若正确则显示欢迎信息；若不正确，则提供一个重新登录的链接。

checklogon.jsp 文件的详细代码如下：

```
<%@ page language="java" import="java.util.*" pageEncoding="gbk"%>
<%
String path = request.getContextPath();
String basePath = request.getScheme()+"://"+request.getServerName()+":"+
request.getServerPort()+path+"/";
%>
<!DOCTYPE HTML PUBLIC "-//W3C//DTD HTML 4.0 Transitional//EN">
<jsp:useBean class="hhxy.BuyerBean" id="buyer" scope="page"></jsp:useBean>
<HTML>
<HEAD>
<META name="CHECKLOGON" >
<TITLE>
简单网上购书管理系统
</TITLE>
</HEAD>
<BODY BGCOLOR="#FFFFFF">
```

```
<H1 align="center">简单网上购书管理系统</H1>
<%
  String memberID = request.getParameter("memberID");
  String pwd = request.getParameter("pwd");
  buyer.setMemberID(memberID);
  buyer.setPwd(pwd);
%>
<% int logonTimes = buyer.getLogontimes() ;
   if (logonTimes > 0){
    session.putValue("memberID",memberID);
%>
    <H2 align="center"><%= buyer.getMemberName() %>欢迎你第
<%= logonTimes +1%>次来到网上书店</H2>
    <H2 align="center"><A href="booklist.jsp">进入书店</A></H2>
<%
   }
   else{
%>
  <H2 align="center">对不起,<%= memberID %>你的用户名和密码不一致</H2>
  <H2 align="center"><A href="index.jsp">重新登录</A></H2>
<%
   }
%>
</BODY>
</HTML>
```

登录正确时则显示登录成功界面，如图 9-10 所示。登录错误时，则显示用户登录失败界面，如图 9-11 所示。

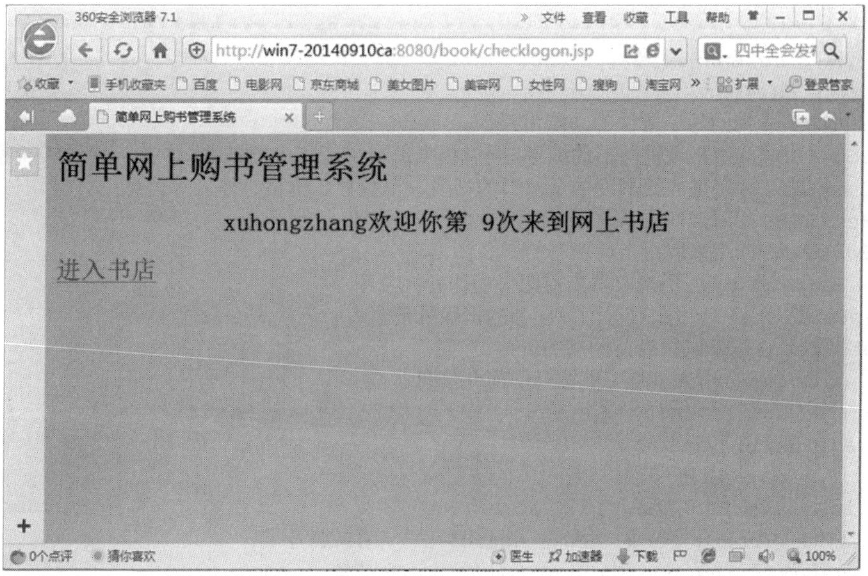

图 9-10　登录成功界面

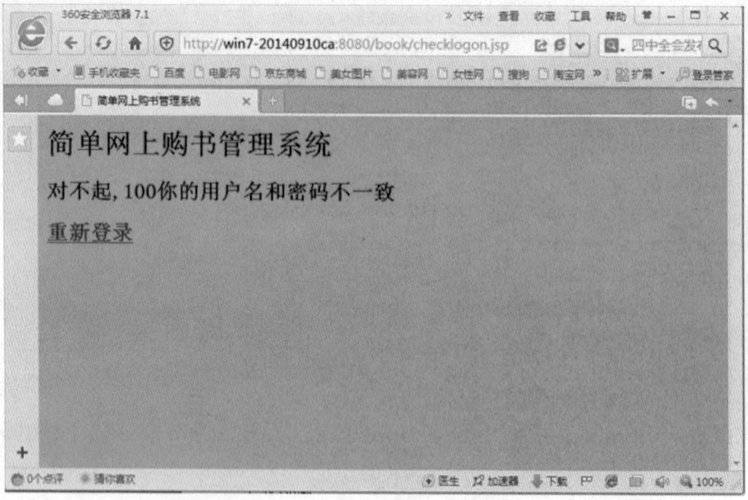

图 9-11　用户登录失败界面

2. 选书功能

会员登录之后，合法的用户将可以看到本书店中可供选择的图书，并且可以将感兴趣的书放入“购物车”，在去“收银台”结账之前，该用户可以放弃购买其购物车中的任何一本书。在此处用 BookBean 来获取图书的信息，在 booklist.jsp 中显示这些书。在会员选书部分仍用 JavaBean 来操作数据库，用 JSP 来做页面表现。

（1） 选书功能 JavaBean 的实现。

JavaBean 要根据不同的图书的 bookISBN 来获得其相应的书名、作者、出版社、价格、简介等信息，同时 JavaBean 还要有列出书店中所有图书的信息的功能。

```
/* *****************************************************************
文件名称：BookBean.Java
设计时间：2014.9.30
功能：本 Bean 中的各个方法的功能为：
setBookISBN()用来设置图书的编号，同时根据编号更新相应的书名、作者、出版社、价格和简介；
getBookList()用来取得书库中全部书的书名、出版社、价格、作者等信息；
getBookISBN()用来取得当前图书的编号；
getBookName()用来取得当前图书的书名；
  getBookAuthor()用来取得当前图书的作者；
  getPublisher()用来取得当前图书的出版社信息；
  getPrice()用来取得当前图书的价格；
getIntroduce()用来取得当前图书的简介信息。
  ************************************************************ **/
package hhxy;
import java.sql.*;
public class BookBean {
  private String bookISBN = null;    //图书编号
  private String bookName = null;    //书名
  private String bookAuthor = null;    //作者
  private String publisher = null;      //出版社
  private String introduce = null;    //简介
```

```
    private String price = null;      //价格
    private static String strDBDriver = "com.MySQL.jdbc.Driver";
    private static String strDBUrl = "jdbc:MySQL://localhost/books";
    private Connection conn =null;
    private ResultSet rs = null;
    public BookBean(){
      //加载驱动
      try {
        Class.forName(strDBDriver );
      }
      catch(java.lang.ClassNotFoundException e){
        System.err.println("BookBean ():" + e.getMessage());
      }
    }
    //取出当前书库中全部图书信息
    public ResultSet getBookList(){
      String strSql = null;
      try{
        //建立与数据库的连接
        conn = DriverManager.getConnection(strDBUrl,"root","123456");
        Statement stmt = conn.createStatement();
         strSql = "Select bookISBN,bookName,bookAuthor,publisher,price from
bookInfo ";
        rs = stmt.executeQuery(strSql);
      }
      //捕获异常
      catch(SQLException e){
        System.err.println("BookBean.getBookList():" + e.getMessage());
      }
      return rs ;
    }
    //根据图书的编号给图书的其他信息赋值
    private  void getBookInfo(String ISBN){
      String strSql = null;
      bookName = null;
      bookAuthor = null;
      publisher = null;
      introduce = null;
      price = null;
      try{
        //建立和数据库的连接
        conn = DriverManager.getConnection(strDBUrl);
        Statement stmt = conn.createStatement();
        strSql = "Select * from bookInfo where bookISBN = '" + ISBN + "'";
        rs = stmt.executeQuery(strSql);
        while (rs.next()){
          bookName = rs.getString("bookName");
          bookAuthor = rs.getString("bookAuthor");
          publisher = rs.getString("publisher");
          introduce = rs.getString("introduce");
```

```
      price = rs.getString("price");
    }
  }
  //捕获异常
  catch(SQLException e){
    System.err.println("BookBean.getBookList():" + e.getMessage());
  }
}
//给图书的编号赋值，同时调用函数给图书的其他信息赋值
public  void setBookISBN (String ISBN){
  this.bookISBN = ISBN;
  getBookInfo(bookISBN);
}
//取图书编号
public  String getBookISBN (){
  return bookISBN ;
}
//取书名
public String getBookName(){
  return bookName ;
}
//取作者信息
public String getBookAuthor(){
  return bookAuthor;
}
//取出版社信息
public String getPublisher(){
  return publisher;
}
//取图书简介
public String getIntroduce(){
  return introduce ;
}
//取图书价格
public String getPrice(){
  return price;
}
//将 Bean 作为一个 application 进行测试用
public  static void main(String args[]){
  BookBean book = new BookBean ();
  book.setBookISBN("7-5053-5316-4");
  System.out.println(book.getBookName());
  System.out.println(book.getBookAuthor());
  System.out.println(book.getPublisher());
  System.out.println(book.getIntroduce());
  System.out.println(book.getPrice());
  try{
    ResultSet tmpRS = book.getBookList();
    while (tmpRS.next()){
      System.out.println(tmpRS.getString("bookname"));
```

```
        }
        tmpRS.close();
      }
      //捕获异常
      catch(Exception e){
        System.err.println("main()" + e.getMessage());
      }
    }
  }
```

（2） 选书 JSP 页面设计与实现。

会员正确登录之后，可进入书店进行选书，在 checklogon.jsp 中将会员的账号（memberID）放入系统的 session 中，为了保证用户只能从主页面登录进入书店，在给会员显示可供选择的图书之前，先检查 session 中是否有 memberID 的合法值，如果没有则提示用户先去登录。

图书列表显示页面 booklist.jsp 的详细代码如下：

```
   <%@ page language="java" import="java.util.*" pageEncoding="gbk"%>
   <%@  page  language="java"  import="java.sql.*"  contentType="text/html;
charset = gb2312"%>
   <HTML>
   <HEAD>
   <META http-equiv="Content-Style-Type" content="text/css">
   <TITLE>
   CUUG Book Store On Line -member:<%= session.getValue("memberID") %>
   </TITLE>
   <SCRIPT language="JavaScript">
   <!--
   function openwin(str)
   {  window.open("addcart.jsp?isbn="+str,
   "shoppingcart","width=300,height=200,resizable=1,scrollbars=2");
     return;
   }
   //-->
   </SCRIPT>
   </HEAD>
   <BODY BGCOLOR="#FFFFFF">
   <H1 align="center">简单网上购书管理系统</H1>
   <jsp:useBean class="hhxy.BookBean" id="book" scope="page"></jsp:useBean>
   <%
   if   (session.getValue("memberID")   ==   null||"".equals(session.getValue
("memberID"))){
   %>
   <H2 align="center">请先登录,然后再选书</H2>
   <H2 align="center"><A href="index.jsp">登录</A></H2>
   <%
   }
   else{
   %>
```

```
<table width="100%" border="1" cellspacing="0" bordercolor="#9999FF">
<tr>
<td><font color="#3333FF">书名</font></td>
<td><font color="#3333FF">作者</font></td>
<td><font color="#3333FF">出版社</font></td>
<td><font color="#3333FF">定价</font></td>
<td> </td>
</tr>
<%
    ResultSet rs = book.getBookList();
    while(rs.next()){
  String ISBN = rs.getString("bookISBN");
%>
<tr>
<td><a href="bookinfo.jsp?isbn=<%= ISBN%>"><%= rs.getString("bookName")%>
</A></td>
<td><%= rs.getString("bookAuthor")%></td>
<td><%= rs.getString("publisher")%></td>
<td><%= rs.getString("price")%></td>
<td><a href='Javascript:openwin("<%= ISBN %>")'>加入购物车</a></td>
</tr>
<%
   }
%>
</table>
<table align="center" border="0">
<tbody>
<tr>
<td><a href="shoppingcart.jsp"><font color="#0000FF">查看购物车</font></a>
</td>
<td></td>
</tr>
</tbody>
</table>
<p> </p>
<%
}
%>
</BODY>
</HTML>
<SCRIPT language="JavaScript">
<!--
function openwin(str)
{  window.open("addcart.jsp?isbn="+str,
"shoppingcart","width=300,height=200,resizable=1,scrollbars=2");
  return;
}
//-->
</SCRIPT>
```

已经登录过的会员进入该页面，显示结果如图 9-12 所示。

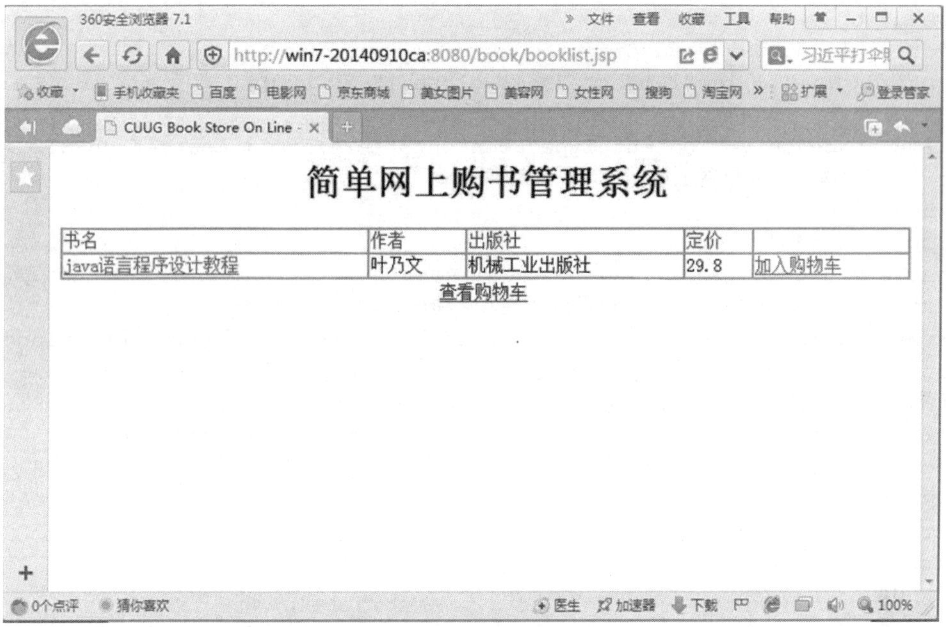

图 9-12　显示结果

在本案例中利用 JavaScript 语句定义了一个函数来将所调用另外的一个 JSP 文件来处理把书加入购物车的操作：

```
<SCRIPT language="JavaScript">
<!--
function openwin(str)
{  window.open("addcart.jsp?isbn="+str,
"shoppingcart","width=300,height=200,resizable=1,scrollbars=2");
  return;
}
//-->
</SCRIPT>
```

该函数用于打开 addcart.jsp 并将图书编号作为参数传给 addcart.jsp。

addcart.jsp 利用 Cookie 来保存所选购的图书信息，Cookie 相当于一个购物车。为了与其他的 Cookie 变量区分，每个写入 Cookie 的图书编码前面都加上"ISBN"作为标志，向购物车中加入图书的代码如下：

```
<%@ page language="java" import="java.util.*" pageEncoding="gbk"%>
<%
/*Cookie 信息处理*/
/*增加 Cookie*/
if (request.getParameter("isbn")!=null)
{  Cookie cookie=new Cookie("ISBN"+request.getParameter("isbn"),"1");
  cookie.setMaxAge(30*24*60*60);//设定 Cookie 有效期限 30 日
  response.addCookie(cookie);
}
%>
<html>
```

```
<head>
<script language="Javascript">
function Timer(){setTimeout("self.close()",300000)}
</script>
<META http-equiv="Content-Type" content="text/html; charset=gb2312">
<title>购物车——简单网上购书管理系统</title>
</head>
<BODY onload="Timer()">
<table width=100%>
<tr><td align=center>图书已经成功放入购物车！</td></tr>
<tr><td align=center><A href="shoppingcart.jsp" target=resourcewindow>
<font class=font1 color=darkblue>
查看购物车 SHOPPING CART</font></A></u></font></td></tr>
<tr><td align=center><a href="order.jsp" target=resourcewindow>
<font class=font1 color=darkblue>
提交定单 ORDER</font></a></u></font></td></tr>
<tr><td align=center>
<input type="button" value="继续购买" name="B3"
LANGUAGE="Javascript" onclick="window.close()"
style="border: #006699 solid 1px;background:#ccCCcc"></td>
</tr>
<tr><td align=center>
(此窗口将为您在 3 分钟内自动关闭，您的商品已经安全地保存在购物车中。)
</td></tr>
</table>
</BODY>
</html>
```

在 addcart.jsp 中利用 JavaScript 定义了一个函数 Timer(),由它来控制该窗口的显示时间（<BODY onload="Timer()">）。继续购买部分也是由 JavaScript 定义的函数来控制关闭本窗口。加入购物车的结果如图 9-13 所示。

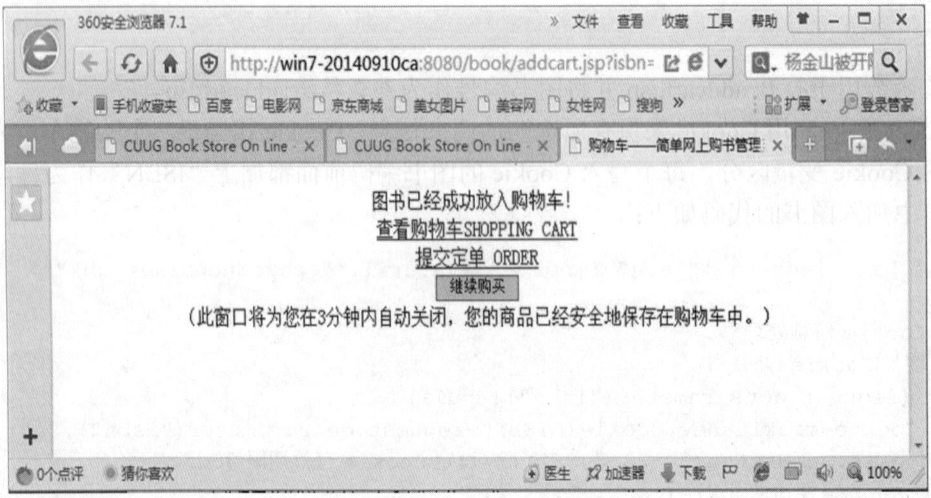

图 9-13　加入购物车

无论是图 9-12 还是图 9-13 所示的界面中，都提供了一个查看购物车的超链接。查看购物车的程序从 Cookie 中取出图书的编号，并将它传给 BookBean，由 BookBean 来获得图书的详细资料。查看购物车的 JSP 文件 shoppingcart.jsp 具体代码如下：

```
    <%@ page language="java" import="java.util.*" pageEncoding="gbk"%>
    <jsp:useBean  class="hhxy.BookBean"  id="bookinfo"  scope="page"></jsp:
useBean>
    <%
    /*禁止使用浏览器 Cache*/
    response.setHeader("Pragma", "No-cache");
    response.setHeader("Cache-Control", "no-cache");
    response.setDateHeader("Expires",0);
    %>
    <HTML>
    <HEAD>
    <META http-equiv="Content-Style-Type" content="text/css">
    <TITLE>
    查看购物车 -member:<%= session.getValue("memberID") %>
    </TITLE>
    </HEAD>
    <BODY BGCOLOR="#FFFFFF">
    <H1 align="center">简单网上购书管理系统购物车</H1>
    <FORM>
      <TABLE border="1" width="100%" cellspacing="0" bordercolor="#9999FF">
        <TR>
          <TD width="82"><font color="#0000FF">ISBN</font></TD>
          <TD width="258"><font color="#0000FF">书名</font></TD>
          <TD width="62"><font color="#0000FF">单价</font></TD>
          <TD width="36"><font color="#0000FF">数量</font></TD>
          <TD width="43"><font color="#0000FF"></font></TD>
        </TR>
        <%
    /*读取购物车信息*/
        Cookie[] cookies=request.getCookies();
        for (int i=0;i<cookies.length;i++)
        {
          String isbn=cookies[i].getName();
          String num=cookies[i].getValue();
          if (isbn.startsWith("ISBN")&&isbn.length()==17)
          {
            bookinfo.setBookISBN(isbn.substring(4,17));
        %>
    <TR>
        <TD width="82"><%=bookinfo.getBookISBN()%></TD>
          <TD  width="258"><A  href="bookinfo.jsp?isbn=<%=bookinfo.getBookISBN
()%>">
        <%= bookinfo.getBookName()%></A></TD>
        <TD width="62"><%= bookinfo.getPrice()%></TD>
        <TD width="36">
          <INPUT size="5" type="text" maxlength="5" value="<%=num%>"
        name="num" readonly>
```

```
        </TD>
         <TD width="43"><A href="delbook.jsp?isbn=<%= bookinfo. getBookISBN
()%>">
      删除</A></TD>
        </TR>
        <%
                 }
        }
    %>
      </TABLE>
    <BR>
      <TABLE border="0" width="100%">
      <TBODY>
      <TR>
        <TD width="19%"><A href="booklist.jsp">返回首页</A></TD>
        <TD width="24%"><a href="emptycart.jsp">清空购物车</a></TD>
        <TD width="27%">修改数量</TD>
        <TD width="30%"><a href="order.jsp">填写 / 提交订单</a></TD>
      </TR>
      </TBODY>
    </TABLE>
  </FORM>
  </BODY>
  </HTML>
```

查看购物车的结果如图 9-14 所示。

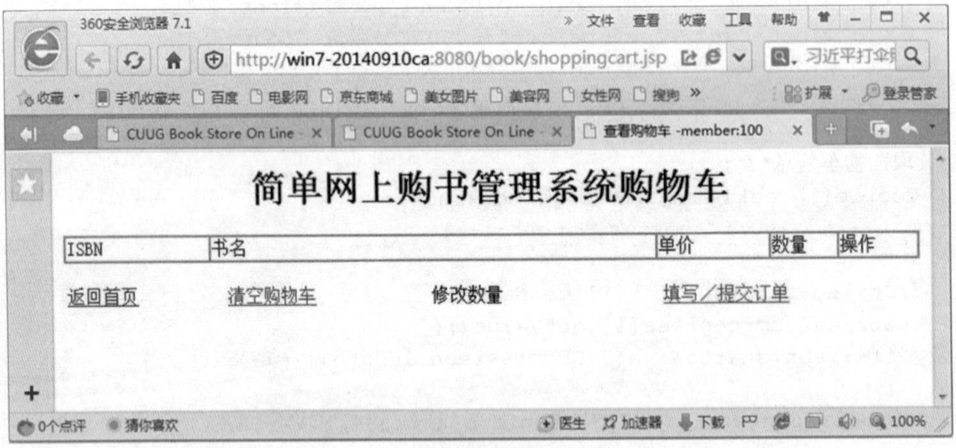

图 9-14　查看购物车

在查看购物车内容时提供了一个删除图书的功能，其目的是从购物车删除不想购买的图书，其源代码如下：

```
  <%@ page language="java" import="java.util.*" pageEncoding="gbk"%>
  <%
  String path = request.getContextPath();
  String basePath = request.getScheme()+"://"+request.getServerName()+":"+
request.getServerPort()+path+"/";
```

```
%>

<!DOCTYPE HTML PUBLIC "-//W3C//DTD HTML 4.01 Transitional//EN">
<%
/*Cookie 信息处理*/
/*清除 Cookie*/
if (request.getParameter("isbn")!=null)
{
    Cookie cookie=new Cookie("ISBN"+request.getParameter("isbn"),"0");
    cookie.setMaxAge(0);//设定 Cookie 立即失效
    response.addCookie(cookie);
}
%>
<!--jsp:forward page="shoppingcart.jsp" /-->
<html>
<head>
<meta http-equiv="refresh" content="0;URL=shoppingcart.jsp">
</head>
<body >
删除图书 ......
</body>
</html>
```

本案例中利用jsp:forward动作在删除图书动作完成之后，将页面继续转向购物车页面。

如果一个会员选了很多书，逐个删除比较麻烦。为了方便会员放弃选购的所有图书，重新开始选书，本例提供了清空购物车程序（emptycart.jsp），用于清空购物车，其原理与删除图书相同，只是把全部的 Cookie 中与图书的有关的内容都清空了。其代码如下：

```
<%@ page language="java" import="java.util.*" pageEncoding="gbk"%>
<%
String path = request.getContextPath();
String basePath = request.getScheme()+"://"+request.getServerName()+":"+
request.getServerPort()+path+"/";
%>
<!DOCTYPE HTML PUBLIC "-//W3C//DTD HTML 4.01 Transitional//EN">
<%
/*清空 Cookie(购物车)信息*/
Cookie[] cookies=request.getCookies();
for (int i=0;i<cookies.length;i++)
{
String isbn=cookies[i].getName();
    if (isbn.startsWith("ISBN")&&isbn.length()==17)
    {
      Cookie c=new Cookie(isbn,"0");
      c.setMaxAge(0);//设定 Cookie 立即失效
      response.addCookie(c);
    }
}
%>
<!--jsp:forward page="shoppingcart.jsp" /-->
```

```
<html>
<head>
<meta http-equiv="refresh" content="0;URL=shoppingcart.jsp">
</head>
<body >
清空购物车......
</body>
</html>
```

清空购物车的结果如图 9-15 所示。

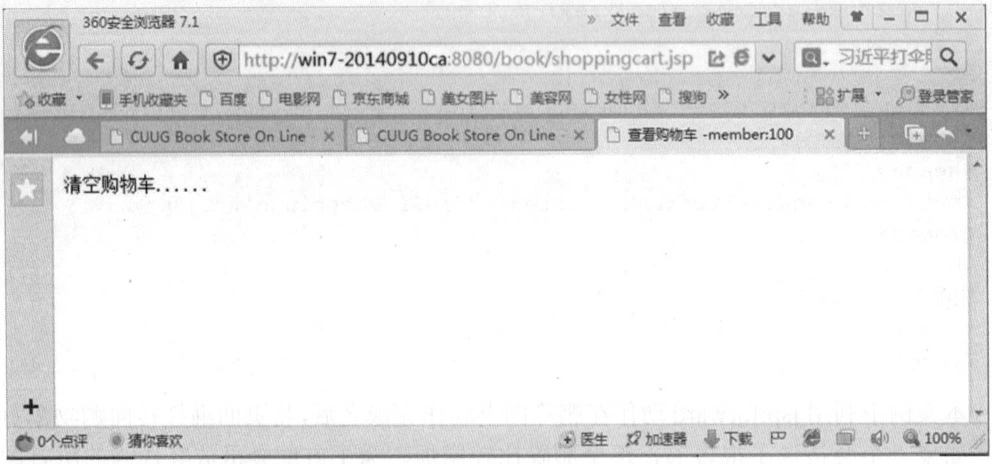

图 9-15　清空购物车

在图书选择页面和购物车页面，单击图书名称，都可以查看图书的详细信息，查看图书详细信息的 JSP 文件仍用 BookBean 来获取图书的详细信息，只是在该页中可以看到更加详细的信息。

```
<%@ page language="java" import="java.util.*" pageEncoding="gbk"%>
<%
String path = request.getContextPath();
String basePath = request.getScheme()+"://"+request.getServerName()+":"+
request.getServerPort()+path+"/";
%>
<jsp:useBean  class="hhxy.BookBean"  id="bookinfo"  scope="page"></jsp:
useBean>
<!DOCTYPE HTML PUBLIC "-//W3C//DTD HTML 4.01 Transitional//EN">
<HTML>
<HEAD>
<META http-equiv="Content-Style-Type" content="text/css">
<TITLE>
图书信息
</TITLE>
<SCRIPT language="JavaScript">
<!--
function openwin(str)
{  window.open("addcart.jsp?isbn="+str,
```

```
"shoppingcart","width=300,height=200,resizable=1,scrollbars=2");
    return;
}
//-->
</SCRIPT>
</HEAD>
<BODY BGCOLOR="#FFFFFF">
<FORM>
  <%
/*读取购物车信息*/
if (request.getParameter("isbn")!=null)
{
String isbn = request.getParameter("isbn");
          bookinfo.setBookISBN(isbn);
%>
    <TABLE border="0" width="100%">
        <TBODY>
        <TR>
            <TD width="116"><font color="#6600FF">ISBN</font></TD>
            <TD width="349"><font color="#6600FF">
<%= bookinfo.getBookISBN()%></font></TD>
    </TR>
    <TR>
            <TD width="116"><font color="#6600FF">书名</font></TD>
            <TD width="349"><font color="#6600FF">
<%= bookinfo.getBookName()%></font></TD>
    </TR>
    <TR>
            <TD width="116"><font color="#6600FF">出版社</font></TD>
            <TD width="349"><font color="#6600FF">
<%= bookinfo.getPublisher()%></font></TD>
    </TR>
    <TR>
            <TD width="116"><font color="#6600FF">作者/译者</font></TD>
            <TD width="349"><font color="#6600FF">
    <%= bookinfo.getBookAuthor()%></font></TD>
    </TR>
    <TR>
            <TD width="116"><font color="#6600FF">图书价格</font></TD>
            <TD width="349"><font color="#6600FF">
<%= bookinfo.getPrice()%></font></TD>
    </TR>
    <TR>
            <TD height="18" colspan="3">
              <div align="center"><font color="#6600FF">内容简介</font></div>
            </TD>
    </TR>
    <TR>
            <TD height="18" colspan="3">
            <div align="right"><br>
```

```
                <TEXTAREA rows="10" cols="60" readonly name="content">
<%= bookinfo.getIntroduce()%></TEXTAREA>
         </div>
      </TD>
    </TR>
    </TBODY>
  </TABLE>
<%
}
else
{  out.println("没有该图书数据");
}
%>
</FORM>
<TABLE align="center" border="0">
  <TBODY>
  <TR>
    <TD><a href='Javascript:openwin("<%=request.getParameter("isbn")%>")'>
加入购物车</a></TD>
    <TD><A href="shoppingcart.jsp">查看购物车</A></TD>
    <TD><A href="booklist.jsp">返回首页</A></TD>
    <TD></TD>
    </TR>
  </TBODY>
</TABLE>
</BODY>
</HTML>
```

3. 订单提交及查询功能

用户一旦确定购物车中所选的图书都是其所要购买的，就要去提交其定单，以便书店按照相应的方式进行处理。为了方便用户查询是否已经提交定单，及定单的状态，本案例提供了定单查询功能。在此处用 OrderBean 来将定单提交到数据库中，在 order.jsp 中显示并提交定单信息，queryorder.jsp 来查询定单。

（1） 定单提交 JavaBean 实现。

所有的对数据库的操作都由 JavaBean 来完成，其代码如下：

```
package hhxy;
import java.sql.*;
public class OrderBean {
  private static String strDBDriver = "com.MySQL.jdbc.Driver";
  private static String strDBUrl = "jdbc:MySQL://localhost/books";
  private Connection conn =null;
  private ResultSet rs = null;
  private java.lang.String bookinfo = null;
  private java.lang.Float oderprice;
  private java.lang.String orderDate = null;
  private int orderID ;
  private java.lang.String orderRem = null;
  private java.lang.String receiverAddress = null;
```

```
  private java.lang.String receiverName = null;
  private java.lang.String receiverZip = null;
  private java.lang.String userID = null;
  public OrderBean(){
    try {
        Class.forName(strDBDriver );
    }
    catch(java.lang.ClassNotFoundException e){
        System.err.println("OrderBean ():" + e.getMessage());
    }
  }
  public  static void main(String args[]){
  }
 /**
  * 返回定单的总价。
  * @return java.lang.String
  */
 public java.lang.Float getOderprice() {
        return oderprice;
 }
 /**
  *返回定单的日期。
  * @return java.lang.String
  */
 public java.lang.String getOrderDate() {
        orderDate = new java.util.Date().toString();
        return orderDate;
 }
 /**
  * 返回定单的 ID 号。
  * @return java.lang.String
  */
 public int getOrderID() {
        return orderID;
 }
 /**
  * 返回定单的备注信息。
  * @return java.lang.String
  */
 public java.lang.String getOrderRem() {
        return orderRem;
 }
 /**
  * 返回接收者的地址。
  * @return java.lang.String
  */
 public java.lang.String getReceiverAddress() {
      return receiverAddress;
 }
 /**
```

```
     * 返回接收者的姓名。
     * @return java.lang.String
     */
    public java.lang.String getReceiverName() {
          return receiverName;
    }
    /**
     * 返回接收者的邮政编码。
     * @return java.lang.String
     */
    public java.lang.String getReceiverZip() {
          return receiverZip;
    }
    /**
     * 获得用户 ID。
     * @return java.lang.String
     */
    public java.lang.String getUserID() {
          return userID;
    }
    /**
     * 给图书信息赋值。
     * @param newBooks java.util.Properties
     */
    public void setBookinfo(java.lang.String newBookinfo) {
          bookinfo = newBookinfo;
          createNewOrder();
          int fromIndex = 0;
          int tmpIndex = 0;
          int tmpEnd = 0;
          String strSql = null;
          try{
              conn = DriverManager.getConnection(strDBUrl,"root","123456");
              Statement stmt = conn.createStatement();
              while(bookinfo.indexOf(';',fromIndex) != -1 ){
                    tmpEnd = bookinfo.indexOf(';',fromIndex);
                    tmpIndex = bookinfo.lastIndexOf('=',tmpEnd);
                     strSql = "insert into orderdetail (orderID ,bookISBN,
bookcount)"+ " values( '"+ getOrderID()+ "', '" + bookinfo.substring (fromIndex,
tmpIndex) + "', "+ bookinfo.substring(tmpIndex+1 ,tmpEnd) + " )";
                    stmt.executeUpdate(strSql);
             fromIndex = tmpEnd + 1;
             }
            stmt.close();
            conn.close();
          }
          catch(SQLException e){
          System.err.println("BuyerBean.getLogontimes():" + e.getMessage());
      }
    }
```

```
/**
 *给定单的总价赋值。
 * @param newOderprice java.lang.String
 */
public void setOderprice(java.lang.Float newOderprice) {
          oderprice = newOderprice;
}
/**
 * 给定单的备注赋值。
 * @param newOrderRem java.lang.String
 */
public void setOrderRem(java.lang.String newOrderRem) {
          orderRem = newOrderRem;
}
/**
 * 给接收者的地址赋值。
 * @param newReceiverAddress java.lang.String
 */
public void setReceiverAddress(java.lang.String newReceiverAddress) {
          receiverAddress = newReceiverAddress;
}
/**
 * 给接收者的姓名赋值。
 * @param newReceiverName java.lang.String
 */
public void setReceiverName(java.lang.String newReceiverName) {
          receiverName = newReceiverName;
}
/**
 * 给接收者的邮政编码代码赋值。
 * @param newReceiverZip java.lang.String
 */
public void setReceiverZip(java.lang.String newReceiverZip) {
          receiverZip = newReceiverZip;
}
/**
 * 给用户代码赋值。
 * @param newUserID java.lang.String
 */
public void setUserID(java.lang.String newUserID) {
          userID = newUserID;
}
/**
 * 创建一个新定单
 */
private void createNewOrder() {
          String strSql = null;
     try{
          conn = DriverManager.getConnection(strDBUrl);
          Statement stmt = conn.createStatement();
```

```
                strSql = "insert into orderInfo (userID,receiverName,
receiverAddress,receiverZip,orderRem,orderPrice,Orderdate)"+ " values( '"
+getUserID() + "', '" + getReceiverName() + "', '"+ getReceiverAddress() + "',
'" + getReceiverZip() + "', '" + getOrderRem() + "', "+ getOderprice() + " ,'"+
getOrderDate() + "')" ;
                stmt.executeUpdate(strSql);
                strSql = "select max(OrderID) from orderInfo where userID
= '"+ getUserID() + "' and receiverName = '" + getReceiverName() + "' and
receiverAddress = '" + getReceiverAddress()+"' and receiverZip = '" +
getReceiverZip() +"' and orderRem = '" + getOrderRem() + "' and orderPrice =
" + getOderprice() +" and Orderdate = '" +getOrderDate() + "'" ;
                orderID =0;
                rs = stmt.executeQuery(strSql);
                while (rs.next()){
                    orderID = rs.getInt("OrderID");
                }
                rs.close();
                stmt.close();
                conn.close();
            }
            catch(SQLException e){
              System.err.println("BuyerBean.getLogontimes():" + e.getMessage());
            }
    }
    }
```

在本 Bean 中，如果一张定单中有多种书籍，可以用“BOOKISBN = BOOKCOUNT；BOOKISBN = BOOKCOUNT；”的形式组成字符串，来向 JAVABEAN 中的 bookinfo 赋值。在赋值后，Bean 内部完成创建定单，并将各个图书信息拆分，提交定单的详细信息。

（2） 定单提交 JSP 的设计与实现。

用 jsp 页面来显示用户所选的图书的信息，并提供一个提交按钮。为便于程序的管理，将显示和处理结果放在一个 JSP 中，其代码如下：

```
<%@ page language="java" import="java.util.*" pageEncoding="gbk"%>
<%
String path = request.getContextPath();
String basePath = request.getScheme()+"://"+request.getServerName()+":"+
request.getServerPort()+path+"/";
%>
<!DOCTYPE HTML PUBLIC "-//W3C//DTD HTML 4.01 Transitional//EN">
<jsp:useBean class="hhxy.BookBean" id="bookinfo" scope="page"></jsp:
useBean>
<jsp:useBean class="hhxy.OrderBean" id ="orderBean" scope="page"></jsp:
useBean>
<%
/*禁止使用浏览器 Cache，网页立即失效*/
response.setHeader("Pragma", "No-cache");
response.setHeader("Cache-Control", "no-cache");
response.setDateHeader("Expires",0);
```

```
%>
<HTML>
<HEAD>
<META http-equiv="Content-Style-Type" content="text/css">
<TITLE>
填写订单
</TITLE>
</HEAD>
<BODY BGCOLOR="#FFFFFF">
<%
if ("send".equals(request.getParameter("send")))
{
  orderBean.setUserID(session.getValue("memberID").toString());
  String str=request.getParameter("receivername");
  orderBean.setReceiverName(str==null?"":str);
  str=request.getParameter("orderprice");
  orderBean.setOderprice(java.lang.Float.valueOf(str==null?"0":str).
floatValue());
  str=request.getParameter("address");
  orderBean.setReceiverAddress(str==null?"":str);
  str=request.getParameter("postcode");
  orderBean.setReceiverZip(str==null?"":str);
  str=request.getParameter("bookinfo");
  orderBean.setBookinfo(str==null?"":str);
  str=request.getParameter("memo");
  orderBean.setOrderRem(str==null?"":str);
  int orderID=orderBean.getOrderID();
  if (orderID>0)
  {  /*清空 Cookie(购物车)信息*/
    Cookie[] cookies=request.getCookies();
    for (int i=0;i<cookies.length;i++)
    {  String isbn=cookies[i].getName();
      if (isbn.startsWith("ISBN")&&isbn.length()==17)
      {  Cookie c=new Cookie(isbn,"0");
        c.setMaxAge(0);//设定 Cookie 立即失效
        response.addCookie(c);
      }
    }
%>
<p align="center">订购成功!</p>
<p align="center">订单号:<%=orderID%></p>
<p align="center"><a href="booklist.jsp">返回首页</a></p>
<%
  }
  else
  {
  out.print("订购失败\n");
  }
}
else
```

```
 { float price=0;
   String bookInfo="";
 %>
 <FORM method="post" name="frm">
   <TABLE border="1" width="100%" cellspacing="0" bordercolor="#9999FF">
     <TR>
       <TD width="90">ISBN</TD>
       <TD width="269">书名</TD>
       <TD width="50">单价</TD>
       <TD width="75">数量</TD>
       <TD width="48">价格</TD>
     </TR>
 <%  /*读取购物车信息*/
   Cookie[] cookies=request.getCookies();
   for (int i=0;i<cookies.length;i++)
   {  String isbn=cookies[i].getName();
     String num=cookies[i].getValue();
     if (isbn.startsWith("ISBN")&&isbn.length()==17)
     {
      bookinfo.setBookISBN(isbn.substring(4,17));
      Float bookPrice = new Float(bookinfo.getPrice());
 %>
    <TR>
      <TD width="90"><%= bookinfo.getBookISBN()%></TD>
       <TD  width="269"><A  href="bookinfo.jsp?isbn=<%=  bookinfo.getBookISBN
()%>">  <%= bookinfo.getBookName()%></A></TD>
      <TD width="50"><%= bookPrice%></TD>
      <TD width="75">
        <INPUT size="5" type="text" maxlength="5" value="<%= num%>" name="num"
readonly></TD>
      <TD width="48"><%=  bookPrice.floatValue() * java.lang.Integer. parseInt
(num) %></TD>
   </TR>

  <%
      price += bookPrice.floatValue()*java.lang.Integer.parseInt(num);
      bookInfo += bookinfo.getBookISBN()+"="+num+";";
     }
   }
  %>
  </TABLE>
   <p> </p>
   <table width="100%" border="0">
     <tr>
       <td width="34%"> </td>
       <td width="41%">
         <div align="center"><a href="shoppingcart.jsp">修改图书订单</a></div>
       </td>
       <td width="25%"> </td>
     </tr>
```

```
    </table>
    <p><font color="#0000FF">如以上信息无误，请填写以下信息并按提交按钮提交订单，完
成网上订书：</font></p>
    <table width="100%" border="0">
      <tr>
    <td width="17%"><font color="#0000FF">收书人姓名</font></td>
    <td width="83%">
      <input type="text" name="receivername" size="10" maxlength="10">
    </td>
  </tr>
  <tr>
    <td width="17%"><font color="#0000FF">订单总金额</font></td>
    <td width="83%">
        <input  type="text"  name="orderprice"  size="10"  value="<%=price%>"
readonly>
      </td>
  </tr>
  <tr>
      <td width="17%"><font color="#0000FF">发送地址</font></td>
      <td width="83%">
        <input type="text" name="address" size="60" maxlength="60">
      </td>
  </tr>
  <tr>
      <td width="17%"><font color="#0000FF">邮编</font></td>
      <td width="83%">
        <input type="text" name="postcode" size="6" maxlength="6">
      </td>
  </tr>
  <tr>
      <td width="17%"><font color="#0000FF">备注</font></td>
      <td width="83%">
        <textarea name="memo" cols="60" rows="6"></textarea>
      </td>
  </tr>
  <tr>
      <td width="17%"><font color="#0000FF"></font></td>
      <td width="83%">
        <input type="submit" name="Submit" value="提交订单">
        <input type="hidden" name="send" value="send">
        <input type="hidden" name="bookInfo" value="<%= bookInfo%>">
      </td>
    </tr>
    </table>
  </FORM>
  <%
  }
  %>
  </BODY>
  </HTML>
```

在本 JSP 中将图书信息按照“BOOKISBN = BOOKCOUNT;BOOKISBN = BOOKCOUNT; ”的形式组成字符串，用来向 JAVABEAN 中的 bookinfo 赋值，并根据 JSP 的处理结果进行响应的处理：如果定单被正确处理，则显示定单号并清空（购物车）Cookie 信息，如果定单未被正确提交，则显示出错信息。填写订单运行界面如图 9-16 所示。

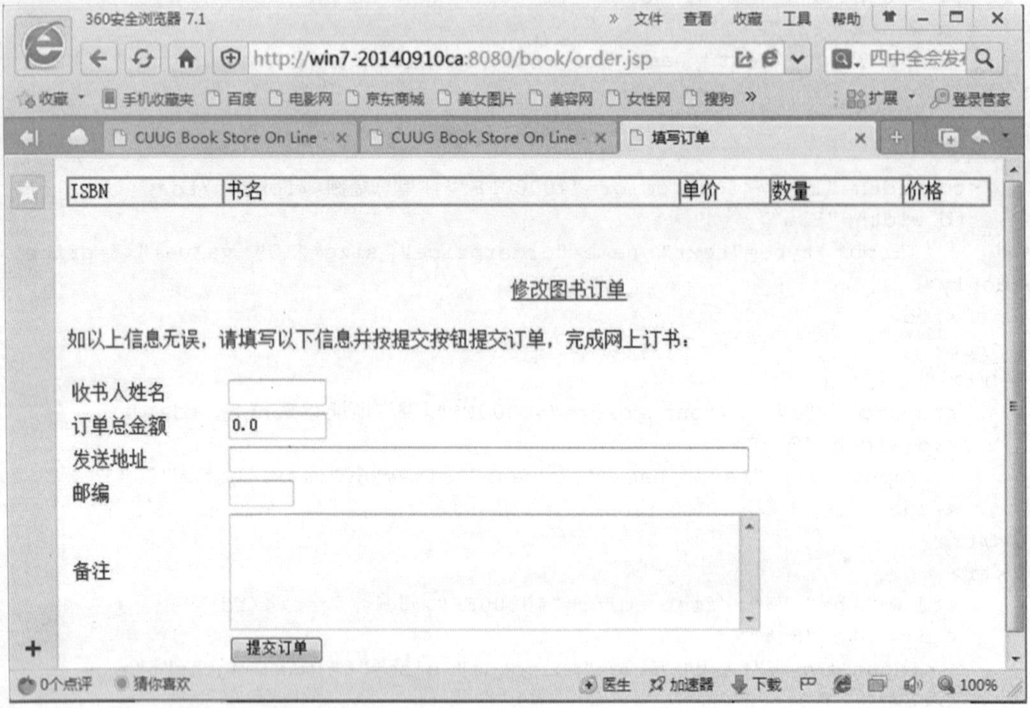

图 9-16　填写订单

相关知识

软件开发流程（Software development process）即软件设计的思路和方法的一般过程，包括设计软件的功能、实现功能的算法和方法、软件的总体结构设计和模块设计、编程和调试、程序联调和测试以及编写、提交程序。

1. 需求分析

（1） 需求分析的意义。

软件需求的深入理解是软件开发工作获得成功的前提条件，不论我们把设计和编码做得如何出色，不能真正满足用户需求的程序只会令用户失望，同时给开发者带来烦恼。

需求分析是软件定义时期的最后一个阶段，它的基本任务不是确定系统怎样完成它的工作，而是确定系统必须完成哪些工作，也就是对目标系统提出完整、准确、清晰、具体的要求。

在需求分析阶段结束之前，应由系统分析员写出软件需求规格说明书，以书面形式准确地描述软件需求，即准确地回答系统必须做什么。

（2）需求分析的组成。

需求分析全景图如图 9-17 所示，其中，业务需求反映组织机构和客户对系统、产品高层次的目标要求。用户需求从用户使用的角度给出需求的描述。

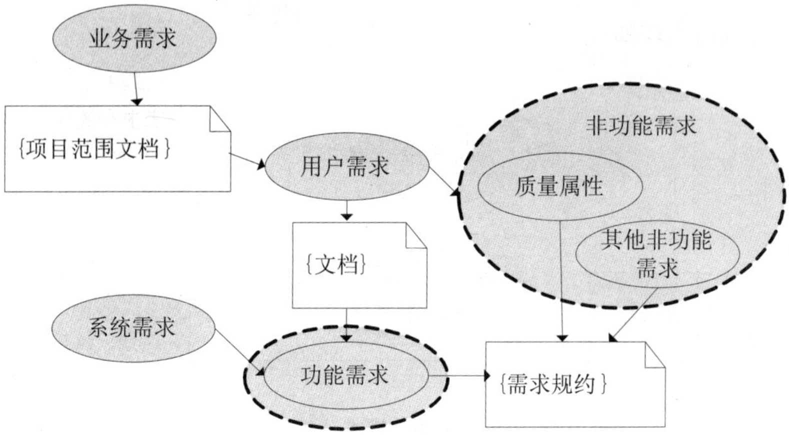

图 9-17　需求分析全景图

例如，在一个小型超市需要一个商品的查询系统中，各项含义如下：

业务需求：进货人员需要查询商品库存以便保证及时进货；收款员需要查询商品的销售价格以便结账；经理需要查询商品的销售及盈利情况。

用户需求：业务需求中的三类用户怎样去查询系统，查询哪些信息，还需要哪些操作。

系统需求：从系统的角度描述要提供的服务以及所受到的约束。

功能性需求：描述系统应该做什么，即为用户和其他系统完成的功能、提供的服务。

非功能性需求：产品必须具备的属性或品质。

设计约束：设计与实现必须遵循的标准、约束条件。如运行平台、协议、选择的技术、编程语言和工具等。

软件需求的描述可利用结构化语言、PDL、图形化表示、数学描述（形式化语言描述）等进行。

（3）　需求分析的具体任务。

① 确定对系统的综合要求，如功能需求、性能需求、可靠性和可用性需求、出错处理需求、接口需求、约束、逆向需求、将来可能提出的要求等。

② 分析系统的数据要求。

③ 导出系统的逻辑模型。

④ 修正系统开发计划。

（4）　需求的获取。

需求分析是一个包括创建和维持系统需求文档所必需的一切活动的过程，如图 9-18 所示。它包含了需求获取和分析、需求描述和文档编写、需求有效性验证、需求管理（管理需求工程的变更）等活动。

需求获取是开发人员与客户或用户一起对应用领域进行调查研究，收集系统需求的过程。

需求分析是将获取到的需求准确的理解、求精，并将其转化为完整的需求定义（包括建模），进而生成需求规约的过程，如图 9-18 所示。

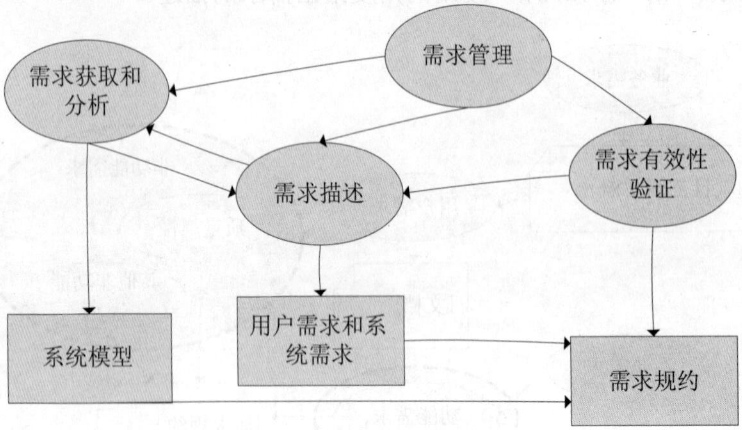

图 9-18　需求分析

需求获取和分析有一定的难度，原因如下：

① 用户通常并不真正知道希望计算机做什么，让他们清晰地表达出需要系统做什么是件困难的事，他们或许提出不切实际的要求。

② 用户用自己的语言表达需求，这些语言包含很多工作中的专业术语和专业知识。系统分析员没有这些知识和经验，而他们又必须了解这些需求。

③ 不同的用户有不同的需求，可能以不同的方式表达，分析人员必须发现所有潜在的需求资源，而且能发现这些需求的相容或冲突之处。

④ 经济和业务环境决定了分析是动态的，需求在分析过程中会发生变更。个别需求的重要程度会改变，新的需求会从新的项目相关人员那里得到。

（5） 需求获取技术。

建立由客户（用户）、系统分析员、领域专家参加的联合小组。

需求获取的方法：个别访谈、召集会议、文档研究、问卷调查、观察用户工作流程、建立原型。

获取的需求的表达方式：

① 需求列表。需求与系统的特殊视角或环境的关系。

② 业务流程图（状态/活动图）。

③ 数据流图。

④ 实体—联系图。

2. 概要设计

软件开发阶段由设计、编码和测试三个基本活动组成，其中设计活动是获取高质量、低耗费、易维护软件最重要的一个环节。

需求分析阶段获得的需求规格说明书包括对欲实现系统的信息、功能和行为方面的描述，这是软件设计的基础。

软件设计也可看作将需求规格说明逐步转换为软件源代码的过程。从工程管理的角度看，软件设计可分为概要设计和详细设计两大步骤：概要设计是根据需求确定软件和数据的总体框架，详细设计是将其进一步精化成软件的算法表示和数据结构。

概要设计和详细设计由若干活动组成，除总体结构设计、数据结构设计和过程设计外，许多现代应用软件，还包括一个独立的界面设计活动。

开发者需要对软件系统进行概要设计，即系统设计。概要设计需要对软件系统的设计进行考虑，包括系统的基本处理流程、系统的组织结构、模块划分、功能分配、接口设计、运行设计、数据结构设计和出错处理设计等，为软件的详细设计提供基础。

3. 详细设计

在概要设计的基础上，开发者需要进行软件系统的详细设计。在详细设计中，描述实现具体模块所涉及到的主要算法、数据结构、类的层次结构及调用关系，需要说明软件系统各个层次中的每一个程序（每个模块或子程序）的设计考虑，以便进行编码和测试。应当保证软件的需求完全分配给整个软件。详细设计应当足够详细，即能够根据详细设计报告进行编码。

4. 编码

编码（系统实现）就是把软件设计结果翻译成用某种程序设计语言书写的程序。在软件编码阶段，开发者根据《软件系统详细设计报告》中对数据结构、算法分析和模块实现等方面的设计要求，开始具体的编写程序工作，分别实现各模块的功能，从而实现对目标系统的功能、性能、接口、界面等方面的要求。

（1） 选择程序设计语言。

程序设计语言是人和计算机通信的最基本的工具，它的特点必然会影响人的思维和解题方式。它不仅会影响人和计算机通信的方式和质量，也会影响其他人阅读和理解程序的难易程度。因此，编码之前的一项重要工作就是选择一种适当的程序设计语言。

选择程序设计语言的主要实用标准有以下几条：

① 系统用户的要求。

② 可以使用的编译程序。

③ 可以得到的软件工具。

④ 工程规模。

⑤ 程序员的知识。

⑥ 软件可移植性要求。

⑦ 软件的应用领域。

（2） 程序设计风格。

程序设计风格指一个人编制程序时所表现出来的特点、习惯、逻辑思路等。在程序设计中要使程序结构合理、清晰，形成良好的编程习惯，对程序的要求不仅是可以在机器上执行，给出正确的结果，而且要便于程序的调试和维护，这就要求编写的程序不仅自己看得懂，而且也要让别人能看懂。包括良好的代码设计，函数模块，接口功能以及可扩展性等，更重要的是程序设计过程中代码的风格，包括缩进，注释，变量及函数的命名，泛型和容易理解。

5．测试

测试编写好的系统交给用户使用，用户使用后依次确认每个功能。

软件测试并不等于程序测试。软件测试应贯穿于软件定义与开发的整个期间。因此，需求分析、概要设计、详细设计以及程序编码等所得到的文档资料，包括需求规格说明、概要设计说明、详细设计规格说明以及源程序，都应成为软件测试的对象。

6．软件交付准备

在软件测试证明软件达到要求后，软件开发者应向用户提交开发的目标安装程序、数据库的数据字典、《用户安装手册》、《用户使用指南》、需求报告、设计报告、测试报告等双方合同约定的产物。

《用户安装手册》应详细介绍安装软件对运行环境的要求、安装软件的定义和内容、在客户端、服务器端及中间件的具体安装步骤、安装后的系统配置。《用户使用指南》应包括软件各项功能的使用流程、操作步骤、相应业务介绍、特殊提示和注意事项等方面的内容，在必要时还应举例说明。

7．验收

由用户进行验收。